Fishery Intelligent Equipment

国 家 出 版 基 金 资 助 项 目

湖北省公益学术著作出版专项资金资助项目

智 能 化 农 业 装 备 技 术 研 究 丛 书

组编单位　中国农业机械学会

丛书主编　赵春江

渔业智能装备

李道亮　王聪　赵然 ◎著

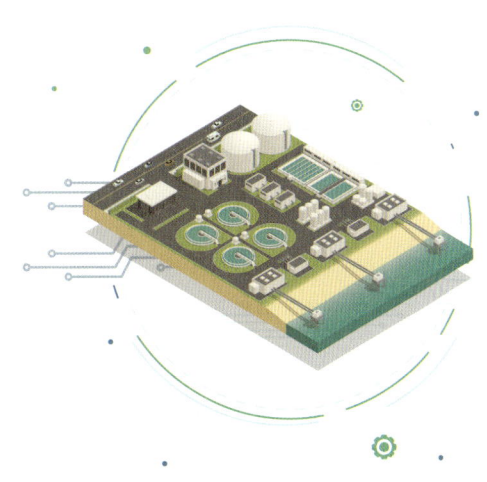

华中科技大学出版社

http://press.hust.edu.cn

中国·武汉

内 容 简 介

　　为了更好地总结信息技术与智能装备技术在水产养殖中的研究和应用现状,本书按照水产养殖中主要的业务对象和生产场景,分别梳理了信息技术在水产养殖物联网、渔业遥感、渔业声学探测、海洋浮标监测和智能装备技术在池塘养殖、陆基工厂养殖、鱼菜共生系统、网箱养殖、养鱼工船系统、渔业船联网系统、渔业精准捕捞、水产品加工与流通等方面的国内外研究进展,详细阐述了信息技术与智能装备技术如何深度融合为水产养殖提供技术支持,凝练了依托国家自然科学基金、国家重点研发计划等项目的研究结果,总结了技术发展面临的挑战,同时提出了未来发展方向,以期为人工智能在水产养殖中的应用和推进提供参考,为中国智慧渔业和农业现代化发展提供新方法与新思路。

图书在版编目(CIP)数据

　　渔业智能装备 / 李道亮,王聪,赵然著. -- 武汉 : 华中科技大学出版社,2025. 3.
(智能化农业装备技术研究丛书). -- ISBN 978-7-5772-1341-5

　　Ⅰ. S971.3-39

　　中国国家版本馆 CIP 数据核字第 20254GS570 号

渔业智能装备
Yuye Zhineng Zhuangbei

李道亮　王　聪　赵　然　著

策划编辑:俞道凯　王　勇

责任编辑:郭星星

封面设计:廖亚萍

责任监印:朱　玢

出版发行:华中科技大学出版社(中国·武汉)　　　电话:(027)81321913
　　　　　武汉市东湖新技术开发区华工科技园　　　邮编:430223

录　　排:武汉市洪山区佳年华文印部

印　　刷:武汉市洪林印务有限公司

开　　本:710mm×1000mm　1/16

印　　张:20.5

字　　数:347 千字

版　　次:2025 年 3 月第 1 版第 1 次印刷

定　　价:168.00 元

智能化农业装备技术研究丛书
编审委员会

《渔业智能装备》
编写人员

（按姓氏笔画排序）

王　聪（中国农业大学）

刘金存（中国农业大学）

安　冬（中国农业大学）

李国栋（中国水产科学研究院渔业机械仪器研究所）

李道亮（中国农业大学）

位耀光（中国农业大学）

沈　建（中国水产科学研究院渔业机械仪器研究所）

陈　军（中国水产科学研究院渔业机械仪器研究所）

陈英义（中国农业大学）

赵　然（中国农业大学）

段青玲（中国农业大学）

徐志强（中国水产科学研究院渔业机械仪器研究所）

崔铭超（中国水产科学研究院渔业机械仪器研究所）

樊　伟（中国水产科学研究院东海水产研究所）

作者简介

▶ **李道亮** 男，工学博士，中国农业大学国际学院院长、信息与电气工程学院教授，博士生导师，国家数字渔业创新中心主任，教育部长江学者特聘教授，农业农村部农业农村信息化专家咨询委员会副主任委员。长期从事农业智能信息处理与农业农村信息化研究。先后承担国家自然科学基金、国家863计划、国家科技支撑计划、欧盟第七个科研框架计划和地平线2020计划、国家重大科技攻关计划等60多个国家级和省部级项目。入选国家"万人计划"、科技部中青年科技创新领军人才、农业部农业科研杰出人才、教育部新世纪人才，是全国创新争先奖、中国青年科技奖、全国优秀科技工作者、北京高校优秀共产党员获得者。现任国际信息处理联合会农业信息处理分会主席，*Information Processing in Agriculture*期刊的主编，中国数字渔业协同创新平台（原中国渔业物联网与大数据产业技术创新联盟）执行理事长，获国家科技进步奖二等奖1项（第一完成人），省部级科技进步奖一等奖3项，授权国家发明专利75项（其中以第一发明人获国家发明专利授权28项），出版专著12部，以第一作者或通讯作者发表SCI论文149篇，制定国家标准4项、行业和地方标准7项。研究成果水产集约化养殖精准测控技术入选2019中国智能制造十大科技进展，带领的团队入选农业农村部水产养殖物联网技术创新团队。

▶ **王 聪** 男，博士，中国农业大学信息与电气工程学院副教授，硕士生导师，研究方向为新一代电子信息技术（含量子技术）、农业先进感知与智能信息处理。国家数字渔业创新中心核心成员，兼任农业农村部智慧养殖技术重点实验室副主任、*Information Processing in Agriculture*期刊的副主编、*Agronomy*期刊的特刊编辑、*Life*期刊的特刊编辑等职务。主持或参与国家自然科学基金项目、国家重点研发计划等项目5项，授权发明专利12项，发表1区SCI论文2篇。

▶ **赵 然** 男，博士，中国农业大学信息与电气工程学院副教授，博士生导师，研究方向为农业人工智能技术、农业机器人。国家数字渔业创新中心核心成员，兼任*Information Processing in Agriculture*期刊的副主编、中国仿真学会机器人系统仿真专业委员会委员，现代农业产业技术体系北京市创新团队核心成员（数字渔场应用场景建设岗位），主持或参与国家自然科学基金项目、国家重点研发计划等省部级及以上项目8项，发表SCI/EI论文40余篇。

总序一

　　智能化农业装备是转变农业发展方式、提高农业综合生产能力的重要基础，是加快建设农业强国的重要支撑。它以数据、知识和装备为核心要素，将先进设计、智能制造、新材料、物联网、大数据、云计算和人工智能与农业装备深度融合，实现农业生产全过程所需的信息感知、定量决策、智能控制、精准投入及个性化服务的一体化。智能化农业装备是农业产业技术进步和农业生产方式转变的核心内容，已成为现代农业创新增长的驱动力之一。

　　"智能化农业装备技术研究丛书"是由中国农业机械学会与华中科技大学出版社共同发起，为服务"乡村振兴"和"创新驱动发展"国家重大战略，贯彻落实"十四五"规划和 2035 年远景目标纲要，面向世界农业科技前沿、国家经济主战场和农业现代化建设重大需求，精准策划的一套汇集我国智能化农业装备先进技术的科技著作。

　　丛书结合国际农业发展新趋势与我国农业产业发展形势，聚焦智能化农业装备领域前沿技术和产业现状，展示我国智能化农业装备领域取得的自主创新研究成果，助力我国智能化农业装备领域高端、专精科研人才的培养。为此，向为丛书出版付出辛勤劳动的专家、学者表示崇高的敬意和衷心的感谢。

　　党中央把加快建设农业强国摆上建设社会主义现代化强国的重要位置。

我国正处在全面推进乡村振兴、实现农业现代化的关键时期，智能化农业装备领域前沿技术发展大有可为！丛书汇集了高校、科研院所以及企业的理论科研成果与产业应用成果。期望丛书深厚的技术理论和扎实的产业应用能切实推进我国智能化农业装备领域的发展，为我国建设农业强国和实现农业现代化做出新的、更大的贡献。

中国工程院院士

国家农业信息化工程技术研究中心主任

北京市农林科学院信息技术研究中心研究员

2024 年 1 月

智能化农业装备是提升农业生产效率、促进农业可持续发展以及推动农业现代化建设的重要支撑。"智能化农业装备技术研究丛书"的编写立足于贯彻落实制造强国战略部署,锚定农业强国建设目标,全方位夯实粮食安全根基,积极落实"藏粮于技",加强农业科技和装备支撑,聚焦智能化农业装备领域前沿技术、基础共性技术及关键核心技术,突出自主创新,为农业强国建设提供理论与技术支持。

党的二十大报告明确提出"加快建设农业强国",这是党中央着眼全面建成社会主义现代化强国做出的战略部署。"强国必先强农,农强方能国强",中国农业机械学会始终不忘"农业的根本出路在于机械化"之初心,牢记推进中国农业机械化发展之使命,全面贯彻习近平总书记提出的"大力推进农业机械化、智能化,给农业现代化插上科技的翅膀"的重要指示,团结凝聚广大的科技工作者,聚焦大食物观、粮食安全和食品科技自立自强,围绕农业装备补短板、强弱项、促智能,不断促进科技创新、服务国家重大战略需求、助力科技经济融合发展,为促进农业装备转型升级、农业强国建设和乡村振兴积极贡献智慧与力量。

中国农业机械学会作为专业性的学术组织,本着"合作、开放、共享"理念,充分发挥桥梁和纽带作用,组织行业专家、学者群策群力,撰写丛书,并与华中科技大学出版社通力合作共同推动丛书的出版。丛书可作为广大农业科技工作者、农业装备研发人员、农业院校师生的宝贵参考书,也将成为推动我国农业现代化进程的重要力量。

最后,衷心感谢为丛书做出贡献的专家、学者,他们具有深厚的专业知识、严谨的学术态度、卓越的成就和独到的见解。感谢华中科技大学出版社相关人员在组织、策划过程中付出的辛勤劳动。

中国工程院院士

中国农业机械学会名誉理事长

2024 年 1 月

前 言
PREFACE

当今时代,以数字化、智能化为特征的新一轮工业革命蓬勃兴起,物联网、大数据、人工智能等新一代信息技术与农业农村加速渗透融合,推动我国农业迈向智慧农业时代。2019年,"渔业智慧化"被写入《数字农业农村发展规划(2019—2025年)》,为渔业产业打开新的发展格局。树立大食物观、建设"蓝色粮仓"等提出后,渔业科技加速突破,生态养殖模式不断推广,创新的养殖装备不断涌现,质量安全工作稳步推进,为渔业高质量绿色发展注入新动能。《渔业智能装备》属于2024年度国家出版基金资助项目"智能化农业装备技术研究丛书"中的一本。本书的作者团队由我国最早实践水产养殖物联网、智慧渔业、无人渔场技术的学者组成,在汇聚了几十年相关技术应用成果及经验后,集众家之长,于2024年编写了本书。

本书通过介绍传感器技术、信息传输技术、信息智能处理技术,实现以物联网技术为支撑的现代化渔场智慧管控,通过人工智能、大数据、渔业智能装备,实施根据养殖对象生产需求的精准水质调控、变量自动投喂、养殖设施工况诊断、鱼病防控、生物量估计、智能捕捞等,使读者了解和认识现代渔业的发展现状及需求,培养他们的科学素养与社会责任感。希望读者在深入理解相关原理和具体实践的基础上,能够运用渔业智能装备和信息科学的最新技术成果,分析并解决水产养殖全过程中的高效管理与可持续发展问题。

本书共13章。第1章绪论,主要介绍了水产养殖产业发展面临的主要问题、新一代信息技术如何推动渔业现代化的发展。第2章水产养殖物联网,主要介绍了水产养殖物联网的体系架构、信息感知技术、信息传输技术、信息智能处理技术。第3章渔业遥感技术,主要介绍了遥感技术的原理、海洋渔场监测与分析技术、水产养殖遥感监测技术、鱼类栖息地遥感监测技术。第4章渔业声学探测技术与装备,主要介绍了渔业声学探测关键技术、影响渔业声学仪器探测性能的主要因素、典型的渔业声学探测仪器。第5章海洋浮标监测系统及装备,主要介绍了海洋浮标监测系统、海洋潜标监测系统。第6章池塘养殖智能装备,主要介绍了环境监测系统与装备、智能增氧系统与装备、智能投饵系统与装备。第7章陆基工厂养殖智能装备,主要介绍了循环水处理装备、智能投饵系统与装备、循环水设备故障监测系统。第8章鱼菜共生系统与智能装备,主要介绍了温室系统与装备、循环水处理系统与装备、智能投饵系统与装备、物联网测控系统与云平台。第9章网箱养殖智能装备,主要介绍了环境立体监测系统、网箱智能投饵系统与装备、水下机器人、无人船、水面视觉监控系统。第10章养鱼工船系统与智能装备,主要介绍了水质调控系统与装备、生境营造与收获系统、船载智能作业软件系统。第11章渔业船联网及智能渔船,主要介绍了渔业船联网结构、导航技术的渔业应用、智能渔船的典型应用场景。第12章渔业精准捕捞装备,主要介绍了海洋选择性捕捞装备、大规模养殖收获装备。第13章水产品加工与流通智能装备,主要介绍了水产品初加工智能装备、水产品综合利用加工智能装备、水产品鲜活储运智能装备。

本书汇集了多位专家学者的智慧,具体分工如下:第1、2章由中国农业大学李道亮、王聪负责,第3章由中国水产科学研究院东海水产研究所樊伟负责,第4章由中国水产科学研究院渔业机械仪器研究所李国栋负责,第5章由中国农业大学安冬负责,第6章由中国农业大学段青玲负责,第7章由中国农业大学位耀光负责,第8章由中国农业大学陈英义负责,第9章由中国农业大学赵然、刘金存负责,第10章由中国水产科学研究院渔业机械仪器研究所崔铭超负责,第11章由中国水产科学研究院渔业机械仪器研究所陈军负责,第12章由中国水产科学研究院渔业机械仪器研究所徐志强负责,第13章由中国水产科学研究院渔业机械仪器研究所沈建负责。此外参加编写及整理材料的还有徐先宝、白壮壮、杜壮壮、韩杰、王帅星、王柳、李娜、陈冉、李万超、王炳雄、张盼、刘畅、王广旭、李新、徐文凯、于家旋等专家学者。李道亮负责全书的组稿、统稿、修改和审定工作。

本书获得国家数字渔业创新中心、农业农村部智慧养殖技术重点实验室、北京市农业物联网工程技术研究中心的支持。这里一并表示感谢。

本书内容多为编者团队多年的实践经验总结,编写过程中也参考了国内外同行的相关论著中的观点和图表资料。由于渔业智能装备这一领域研究涉及多学科知识,再加上作者专业水平有限,书中难免有疏漏和不妥之处,恳请广大读者批评指正。

著者

2024 年 5 月

目 录
CONTENTS

第 1 章
绪论

海淡水养殖和海洋捕捞是水产品获取的两种主要途径。近海鱼类种群退化、海洋污染与渔获资源稀少，使得以人工为主的水产养殖在水产品供应上占据主导地位。目前，我国的农业劳动力老龄化严重，2019 年，渔业从业人员有1291.70 万人，比上年减少 34.03 万人，下降 2.57%；水产养殖面积有 7108.50千公顷，同比下降 1.13%。此外，每年的渔业灾情造成的直接经济损失多达百亿元。近年来，中国对水产养殖智能化、现代化发展高度重视，先后颁布了《全国渔业发展第十三个五年规划(2016—2020 年)》和《关于加快推进水产养殖业绿色发展的若干意见》等文件，为加快我国渔业和水产养殖数字化改造提供政策支持。

1.1　水产养殖产业发展面临的主要问题

党的十八大以来，我国渔业形势总体稳定向好，但也要清醒地认识到，随着中国特色社会主义进入新时代，我国渔业发展的内外环境都已发生深刻变化，渔业发展的主要矛盾也已经转变为人民对优质安全水产品和优美水域生态环境的需求，与水产品供给结构失衡和渔业对资源环境过度利用之间的矛盾，水产养殖产业发展不平衡不充分问题还比较突出，主要表现为以下几点。

（1）集约化水产养殖使得水域环境逐渐恶化。

集约化规模化养殖产业，虽然能够带来更高的经济收入，但是过大的养殖密度会使水产动物之间相互接触争斗，使水产动物体表存在大量损伤，给致病源提供侵染机会。高密度养殖模式下，水产动物的排泄量超过了水体自身的可净化能力，使水质破坏，水体的溶解氧量显著下降，有毒有害物质含量显著增加，加速了水产动物发病死亡。

（2）水产养殖发展与环境资源矛盾不断加剧。

现阶段，水产养殖产业的快速发展是以牺牲水域环境为代价的，以消耗资源换取产量的粗放式生产模式造成了水域环境严重失衡,生态环境恶化问题不断凸显,养殖和工业用地之间的矛盾日趋凸显。如果不能在短时间内转变传统生产模式,实现资源的高效科学利用,就会对整个水产养殖产业造成不可挽回的影响。

（3）新型水产生态养殖模式亟须构建。

目前在水产养殖模式的整体布局和养殖容量的控制方面,还缺乏科学有效的政策调控和养殖规划,很多养殖户片面追求经济效益与养殖规模,水产品种搭配不合理,养殖方式比较单一,水域环境利用率较低,使水产动物生活环境受到影响。养殖户对水生态环境的承载能力重视程度不够,致使有些养殖水域超容量开发,而忽视水域环境的保护。

（4）水产养殖管理制度有待进一步加强。

水产养殖产业发展过程中,有关部门主要通过水域使用证和养殖许可证发放进行有效管理,相关的水产养殖户在获得上述两个证件之后,可以在确权的水域当中从事养殖活动。但是在水产养殖过程中,以上证件对于养殖密度、养殖结构和养殖产业布局并没有有效的限制和明确的规定。在早期的水产养殖产业发展过程中,利用上述两个证件能够有效管理水产养殖产业的发展。但是最近几年随着水产养殖规模不断扩大,养殖空间不断向着纵深化方向拓展,单位水体面积内的水产动物养殖数量显著增多,加重了水体环境污染,使得整个水体环境质量显著下降,造成多种传染性疾病频发,水产品质量难以保证。

1.2　新一代信息技术推动渔业现代化发展

中国在 2002—2016 年期间一直是世界上最大的鱼类和鱼类产品出口国,但随着近年来其他国家智能化、信息化渔业生产模式的逐渐开展,挪威以及一些欧盟国家和地区成为领先的鱼类和鱼类产品市场,而中国目前仍处于从传统养殖向现代化养殖的过渡阶段,智能化建设尚不完善。因此,利用现代信息技术与智能装备技术实现中国智慧渔业建设已成为目前水产养殖领域的重要任务。

新一代信息技术主要指的是传感器、物联网、深度学习、人工智能、大数据与云计算。信息技术在数字渔场中的具体应用如图 1-1 所示。

（1）传感器。

传感器技术是把周围环境、养殖对象和各种设备的模拟信号转化成数字信号的技术,它是数字渔场的感知系统,是实现数字渔场各种设备数字化的基础。

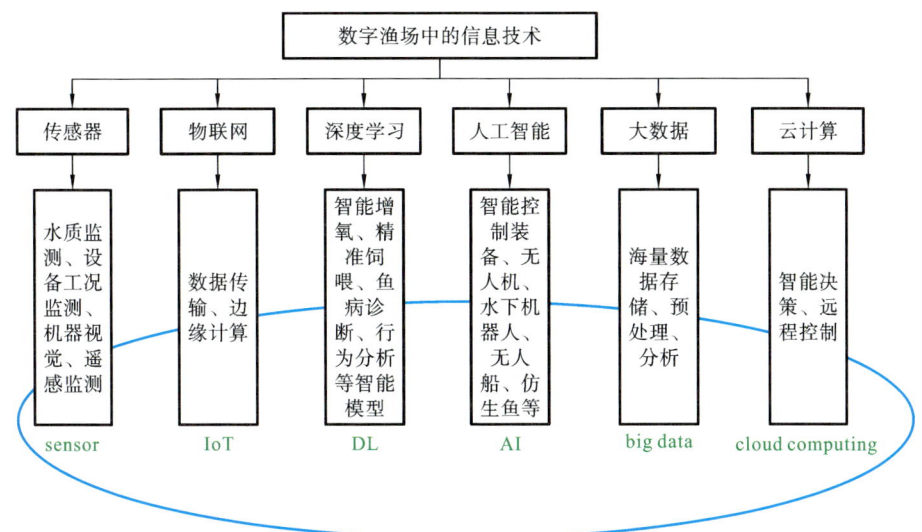

图 1-1　新一代信息技术在数字渔场中的应用

随着传感器技术的发展,用于数字渔场环境感知设备的传感器朝着集成化和智能化方向发展,大大降低了传感器的成本,提高了传感器的可靠性。机器视觉识别技术在鱼的生物信息感知方面已得到大量的研究,基本能实现以机器视觉技术代替传统人工检测,极大提高了生产效率。

（2）物联网。

物联网是数字渔场中各种设备通信的纽带,它能够根据特定的协议,将数字渔场中各种设备和物品数字化,通过物联网进行信息交换和通信。数字渔场中的物联网系统包括"端-网-云"三个层:"端"由各种水质传感器、智能终端和智能装备组成,负责感知和执行任务;"网"由私有网络、互联网、有线和无线通信网、网络管理系统等组成,负责信息实时传输;"云"由云平台和用户管理系统组成,负责实时数据处理、智能决策等任务。物联网使得数字渔场的各种设备连接成一个完整的整体,是实现智能化、无人化的基础。

（3）深度学习。

深度学习是机器学习的一个新的研究方向,目的是在大量样本数据中发掘内在规律,它比传统的机器学习更强调模型结构的深度,更加侧重于特征学习。深度学习技术在智慧渔业中被广泛应用于图像识别、数据处理等方面。相比于其他方法,深度学习在复杂的场景下具有更好的效果。在数字渔场中,深度学习技术使得无人渔场运行得更稳定,无人化的程度更高。

（4）人工智能。

人工智能技术使机器像人一样具有思考、决策的能力，它是无人渔场智能化、无人化的根本。人工智能在渔业领域已经有了广泛的应用，如自适应传感器、机器视觉系统、机器人、智能装备和云管控平台等领域，其可靠性已经得到验证。在无人渔场中，云平台＋人工智能可以代替人类完成数据处理、智能决策，装备＋人工智能可以代替人工执行生产作业任务，传感器＋人工智能可以实现系统长久稳定和实时应用。

（5）大数据。

渔业数字化必将产生大量的多维数据，如何处理这些数据是非常重要的。大数据技术对海量数据处理是一种有效的方式，它包括大数据采集、大数据预处理、大数据存储和大数据分析。数字渔场的构建需要大数据技术，各种信息的数字化需要用到大数据采集技术，采集到的海量数据需要用到大数据预处理和大数据存储，在海量的数据中发掘有效的信息需要用到大数据分析。

（6）云计算。

云计算是一种按使用量付费的模式，这种模式提供可用的、便捷的、按需的网络访问，进入可配置的计算资源（包括网络、服务器、存储、应用软件、服务）共享池，这些资源能够被快速提供，只需投入很少的管理工作，或与服务供应商进行很少的交互。云计算平台在数字渔场中发挥巨大作用，首先云计算平台是数据处理、智能决策、远程控制和用户监管的可视化系统；其次云计算平台降低了服务器和人员管理的成本；最后，云计算平台提供的资源服务可以加快大数据处理速度，为数据实时传输、信息快速交互提供了帮助。

随着物联网、大数据、人工智能、机器人等新一代信息技术与装备技术的不断进步，在水产养殖中利用机器替代人工成为可能。其中，农业物联网技术可感知和传输养殖场信息，实现智能装备的互联；大数据与云计算技术完成信息的存储、分析和处理，实现养殖信息的数字化；人工智能技术作为智能化养殖中最重要的一部分，通过模拟人类的思维和智能行为，学习物联网和大数据提供的海量信息，对产生的问题进行分析和判断，最终完成决策任务，实现养殖场精准作业。物联网、大数据、人工智能、智能装备四者相辅相成，深度融合，共同为加快中国完成水产养殖转型升级提供技术支持。与传统技术相比，人工智能技术侧重对问题的计算、处理、分析、预测和规划，这也是实现机器代替人工的关键。在传输和收集数据之后，人工智能技术进行数据归纳、分析以及经验学习，最后制定相关管理决策。

1.3 本书的基本框架逻辑

本书开篇先向读者介绍了我国水产养殖产业发展面临的主要问题,由此提出新一代信息技术对于发展我国智慧渔业的必要性。为了使读者更加深刻地理解智慧渔业,熟悉智能装备在水产养殖产前、产中、产后的作用,本书从水产养殖物联网、渔业遥感技术、渔业声学探测技术、海洋浮标监测系统等共性技术出发,重点阐述其关键技术原理、专用仪器设备以及国内外研究现状。同时按照池塘养殖、陆基工厂养殖、鱼菜共生系统、智能网箱养殖、养鱼工船、渔业船联网、渔业精准捕捞、水产品加工与流通等典型应用场景详细介绍了新一代信息技术与智能装备技术如何深度融合形成完整的集成方案。本书汇集了诸多国内外优秀智慧渔业项目案例,总结了各项技术的适用性和优缺点,以期为科研工作者、设备集成商等相关从业人员提供智慧渔场建设的方法指导。本书的基本框架体系如图 1-2 所示。

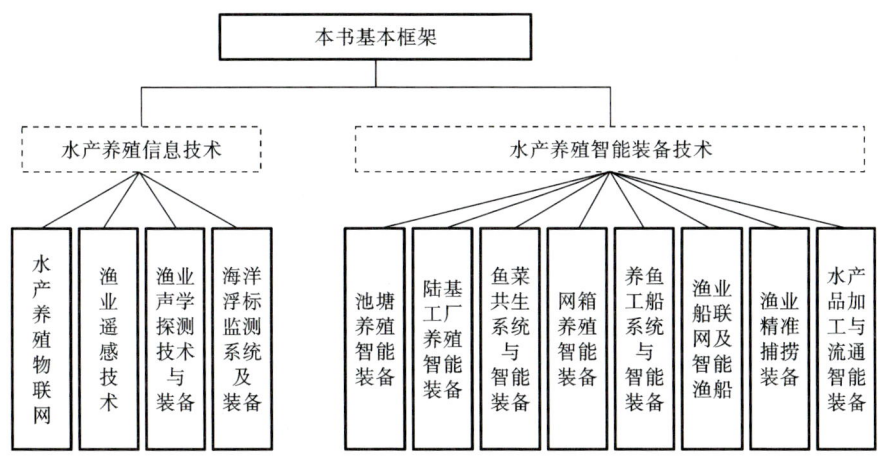

图 1-2 本书基本框架

本章参考文献

[1] 李道亮.中国农村信息化发展报告(2019)[M].北京:机械工业出版社,2020.
[2] 严谨.数字经济——从数字到智慧的升级路径[M].北京:九州出版社,2021.
[3] 李道亮.中国农村信息化发展报告(2020)[M].北京:机械工业出版社,2021.

第2章
水产养殖物联网

物联网(internet of things, IoT)即"万物相连的互联网",是在互联网基础上延伸和扩展的网络,它是将各种信息传感设备与网络结合起来而形成的一个巨大网络,实现任何时间、任何地点,人、机、物的互联互通。水产养殖物联网则是物联网技术在水产养殖领域的具体应用,通过集成各种与水产养殖活动相关的信息感知、无线传感器网络、移动通信、水产养殖智能管理和视频监控系统等专业技术和设备,对养殖环境、水质、鱼类生长状况等进行全方位的监测管理,达到节能减排、增产增收的目标。

2.1 水产养殖物联网体系架构

水产养殖物联网按照技术可分为感知层、传输层、处理层和应用层。感知层是整个系统的基础,主要通过各种水质传感器、水上或水下摄像机等设备搜集水产养殖环境参数、养殖动植物表型以及养殖设备工况等信息,感知层还包括水产养殖智能控制器和执行单元。传输层是整个系统数据的传输通道,负责将感知层采集的数据传送给远程服务器,同时能将水产养殖智能管理平台下发的决策指令传送给位于感知层的物联网执行单元,最终完成水质精准调控、饵料精准投放等任务。处理层是整个系统的核心,负责完成云计算、数据挖掘、模式识别等智能信息处理,最终实现信息技术与行业的深度融合,实现物品信息汇总、信息协同、信息共享、数据互通、数据分析、预测、决策等功能。应用层是物联网体系结构的最高层,是面向终端用户的,可以根据用户需求搭建不同的操作平台。

水产养殖物联网主要实现数字化在线监测、综合智能管理保障、生产过程智慧管理、公共数据库及技术服务,从而保证产前正确规划、产中精细管理、产后高效流通,实现安全溯源,促进水产养殖产业绿色、高产、优质、高效、安全。典型的水产养殖物联网体系架构如图 2-1 所示。

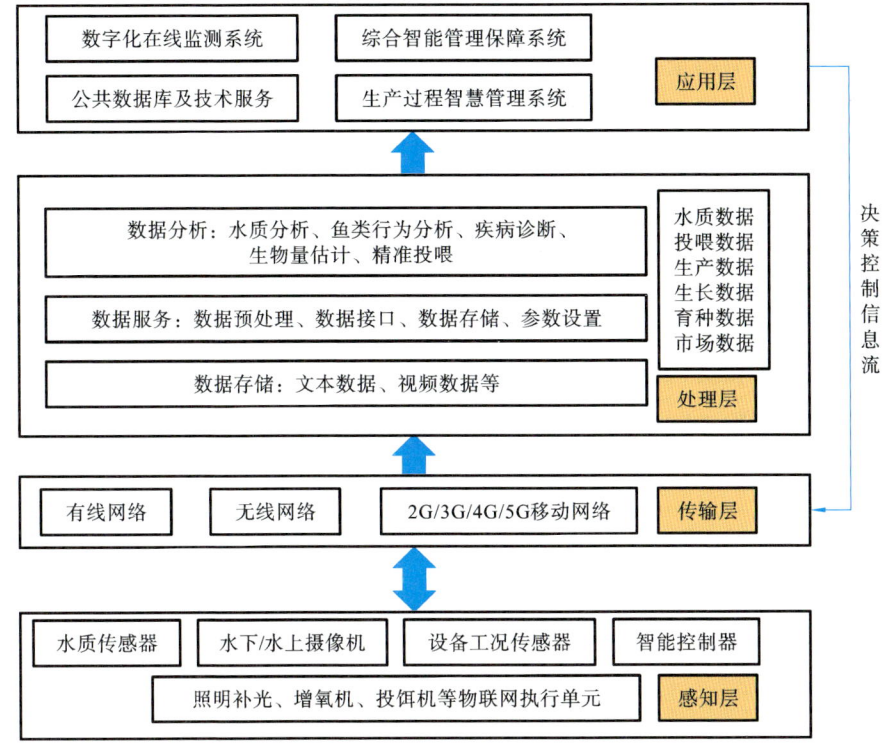

图 2-1　水产养殖物联网体系架构

2.2　水产养殖信息感知技术

水产养殖物联网系统中的信息感知主要包括对水产养殖水质环境检测和养殖装备工作状态信息监测。

2.2.1　水质环境检测

俗话说,养鱼先养水,水质的好坏直接影响着水生动植物的生长和发育。溶解氧是水产养殖中最重要且最容易出现问题的水质因素之一,水体的实际溶解氧含量受到生物、物理和化学等因素的共同影响而时刻变化。当水中溶解氧含量不足时,水体环境的理化指标改变,养殖动物的生存环境受到恶劣影响,致使其生长、繁殖甚至生存受到不同程度的危害,轻则体质下降、生长减缓,重则浮头、泛塘。

Clark 型溶解氧传感器所依据的检测原理是覆膜电极法,该方法是我国规定的溶解氧检测标准方法之一。这种方法使用一种由选择性透气膜覆盖的电化学检测腔进行测量,探头通常为一个凹陷的腔体,由选择性透气膜将腔体与外界溶液环境隔离,检测腔内设有工作电极和辅助电极,并由电解液浸没。选择性透气膜允许氧分子自由穿越,阻断其他分子(如水分子和大分子有机物)或离子的传输。当在工作电极和辅助电极间施加一定的电压时,检测腔中氧分子在工作电极上被还原,透气膜两侧溶解氧存在浓度差,使氧分子穿越透气膜进入检测腔,同时,在测量回路中产生正比于穿越透气膜氧分子数目的电流值,最终实现电极外部溶液中溶解氧浓度的测定。图 2-2 所示为一个典型的 Clark 型溶解氧传感器探头,其中工作电极和辅助电极分别为金电极和银电极。当在两个电极间施加恒定的工作电压时,检测腔内的溶解氧被消耗,进而使外部溶液中的氧分子穿越透气膜并连续扩散到内置电解液中,其中扩散到金电极表面的氧分子继续被还原并产生扩散电流,其大小与扩散到金电极表面的氧分子数目成正比。工作电极(阴极)和辅助电极(阳极)的反应过程用化学方程式分别表示为

$$O_2 + 2H_2O + 4e^- \longrightarrow 4OH^- \tag{2-1}$$

$$4Ag + 4Cl^- \longrightarrow 4AgCl + 4e^- \tag{2-2}$$

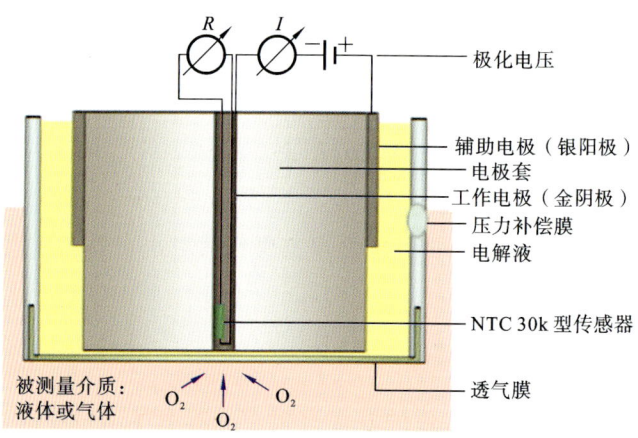

图 2-2　典型的 Clark 型溶解氧传感器探头结构

Clark 型溶解氧传感器结构简单,探头使用寿命长,能够实现不同养殖水体溶解氧的在线监测。同时,对于一些色度高的浑浊水样、含铁水样或能与碘发生反应的水样,由于选择性透气膜能够起到识别和保护的作用,通常推荐使用此种方法进行检测。

覆膜型原电池溶解氧传感器的工作原理与燃料电池类似,一般由贵金属材料(如 Pt、Au 或 Ag)制成阴极,由 Pb 构成阳极。薄膜一般采用聚四氟乙烯或聚四氟乙烯-聚六氟丙烯的共聚体,也曾用聚氯丙烯、聚乙烯、聚丙烯等。传感器的膜越薄,灵敏度越高。薄膜厚度一般为 0.01～0.05 mm。在电解质中加入 KOH 溶液后,当水样中的溶解氧分子到达阴极时,阴极和阳极分别会发生以下氧化还原反应:

$$O_2 + 2H_2O + 4e^- \longrightarrow 4OH^- \tag{2-3}$$

$$2Pb + 2KOH + 4OH^- \longrightarrow 2KHPbO_2 + 2H_2O + 4e^- \tag{2-4}$$

电池的标准电势为 0.94 V,表面反应是自动进行的,不需要外加电源。当 Ag-Pb 电池接通外电路时,电子由 Pb 极流向 Ag 极,氧在 Ag 极上获得电子还原为 OH^- 离子,而 Pb 极上 Pb 与 OH^- 离子反应生成 $HPbO_2^-$ 离子,向外电路输出电子。因此,外电路通过的电流大小与电极上反应的溶解氧浓度成正比。

光学溶解氧传感器是基于氧分子对荧光物质的荧光猝灭效应而设计的,某些荧光物质的原子受激发后,会以发射荧光的形式释放能量并返回基态,而氧分子的存在会干扰荧光激发的过程。在荧光敏感物质受激发射荧光的过程中,动态猝灭和静态猝灭同时存在。因此对荧光猝灭的检测也相应有两种方式:检测荧光寿命和检测荧光强度。

斯顿-伏尔莫(Stern-Volmer)方程式给出了荧光寿命、荧光强度和猝灭剂浓度的关系。

$$\frac{F_0}{F} = \frac{\tau_0}{\tau} = 1 + K_{SV}[Q] \tag{2-5}$$

式中:F_0 和 τ_0 分别为无氧水的荧光强度和寿命;F 和 τ 分别为待检测水样的荧光强度和寿命;K_{SV} 为 Stern-Volmer 方程常数;$[Q]$ 是猝灭剂的浓度即溶解氧浓度。

可以看出,荧光被猝灭的程度与猝灭剂的浓度呈线性关系,因此可以根据此原理来研制光学溶解氧传感器,即光纤式溶解氧传感器。光纤式溶解氧传感器通常使用溶胶-凝胶法把钌的络合物覆盖、固定在光纤探头表面,作为荧光指示剂;经氧分子猝灭后的荧光信号通过光纤传送至光电转换器,经信号处理后获取溶解氧浓度。基于荧光猝灭原理的溶解氧传感器能够克服覆膜型原电池溶解氧传感器和 Clark 型溶解氧传感器的不足,具有很强的抗干扰能力及较好的重复性和稳定性,而且可在各种复杂的环境(如外部磁场干扰等)中实现溶解氧的实时在线监测,已成为欧美各国的溶解氧浓度在线监测的标准设备。光纤式溶解氧传感器的检测原理如图 2-3 所示。

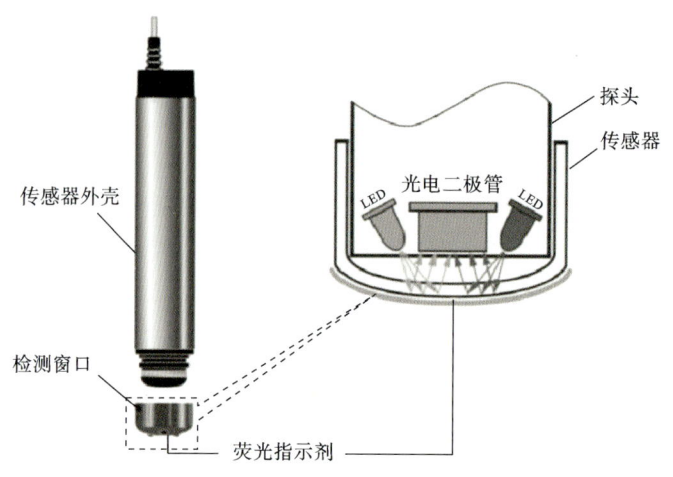

图 2-3　光纤式溶解氧传感器检测原理

　　不同水生动物对温度的要求不同,同类水生动物在不同的生长阶段对水温的要求也有差异。水温变化的影响主要表现在改变养殖动物的呼吸频率和新陈代谢等方面。在适温范围内,水温升高,动物的呼吸频率增快,代谢作用增强,耗氧量增大;温度的迅速变化将导致新陈代谢速度的改变,甚至会导致水生动物体内各种酶的失活,从而引起死亡。寒潮、暴雨、换水、转池等外界条件引起的水温变化,也会给水生动物带来不良影响,轻则发病,重则死亡。

　　温度传感器是通过测量物体随温度变化而改变的某种特性来间接测定温度的。随温度而变化的物理参数有膨胀率、电阻、电容、电动势、电磁性能、光学特性及热噪声等。养殖水体的水温常处于 0~50 ℃水平,因此,水产养殖一般选择具有窄测量范围、高精度、高灵敏度、高线性度的铂电阻、热敏电阻或半导体二极管等温敏元件作为水温传感器,如图 2-4 所示。

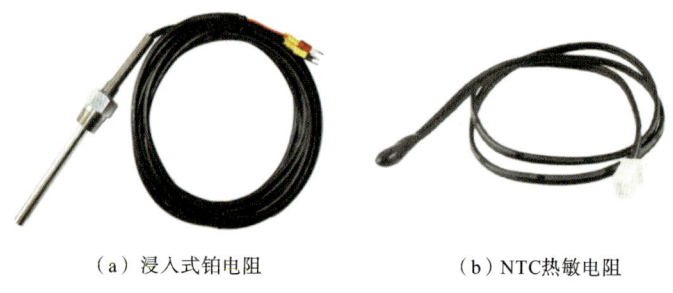

（a）浸入式铂电阻　　　　　　　　（b）NTC热敏电阻

图 2-4　温度传感器

鱼类适宜的 pH 值范围为 7.8～8.8,过低 pH 值的酸性水体,会使鱼类自身的载氧能力降低,产生缺氧症,养殖过程中常出现浮头现象。载氧能力的降低,将导致鱼类自身的新陈代谢缓慢,鱼类便易出现"厌食症",明明很饿,却吃不下东西。过高 pH 值的碱性水体,会使鱼类的腮部遭受严重腐蚀,造成大面积的死亡,这样的水体更加可怕。此外,pH 值的改变还会引发水体中硫化氢、氨氮、亚硝酸盐氮的含量的改变,这些都会严重影响鱼类的生长。

离子敏场效晶体管(ISFET)是一种新型 pH 传感器。ISFET 是一块硅晶体片,pH-ISFET 与金属-氧化物-半导体场效应晶体管(MOSFET)结构相似,由离子敏感膜代替 MOSFET 的金属栅极,当敏感膜与待测溶液接触时,在敏感膜与溶液接触面上感应出对 H^+ 的能斯特响应电位。

玻璃电极型 pH 传感器以饱和甘汞电极为参比电极,以玻璃电极为指示电极,与被测水样组成工作电池,通过电位差的改变来响应 pH 值的变化。在 25 ℃,溶液每变化 1 个 pH 单位,电位差改变 59.16 mV,据此计算出 pH 值。以上两种 pH 传感器的外形如图 2-5 所示。

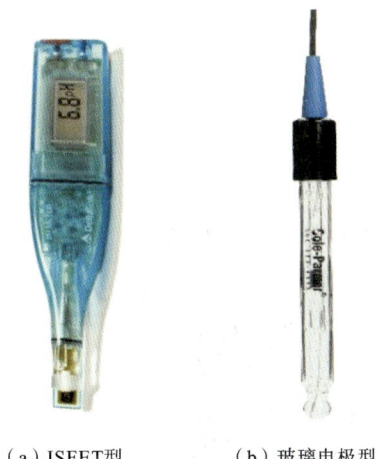

（a）ISFET型　　　（b）玻璃电极型

图 2-5　pH 传感器

水体中的氨氮主要来源于水中的残饵、水生生物代谢产物和残骸。氨氮是水体中的营养素,可导致水体富营养化,也是水体中的主要耗氧污染物。氨氮浓度过高会导致养殖鱼虾的免疫力下降,摄食减少,生长缓慢,容易产生疾病。

靛酚蓝分光光度法(IPB)测量氨氮浓度的原理是,在弱碱性介质中以亚硝基铁氰化钠为催化剂,氨与苯酚和次氯酸盐反应生成靛酚蓝,在波长 640 nm 下测定吸光度,计算其浓度。本方法的检测灵敏度为 0.01 mg/L,线性测定范围为 0.04～0.5 mg/L(均以 N 计)。该方法适用于大洋和近岸海水及河口水中氨氮浓度的测定,但水溶液中共存的 Ca^{2+}、Mg^{2+}、Fe^{2+} 和 Mn^{2+} 等金属离子会对测定结果产生显著干扰。传统的 IPB 法以苯酚为反应试剂,然而在实际应用中以邻苯基苯酚(OPP)取代苯酚更具优势,因为 OPP 无毒、无腐蚀性、化学性质稳定。

次溴酸盐氧化法测量氨氮浓度的原理是,在碱性介质中次溴酸盐将氨氧化为亚硝酸盐,然后以重氮-偶联分光光度法测量亚硝酸盐的总量,扣除原有亚硝酸盐中氮的浓度,即得出水中氨氮的浓度。该方法的检出限(LOD)为 0.8 μg/L,测定范围为 0.005～0.1 mg/L(以 N 计)。该方法适用于大洋和近岸海水及河口水中氨氮浓度的测定,不适用于污染较重、含有机物较多的养殖水体(部分氨基酸会导致测定结果值偏高)。次溴酸盐氧化法具有氧化率较高、快速、简便、灵敏度高、适合大批量样品分析的优点,但是日常分析中容易出现标准曲线不呈线性、空白值偏高等问题。

直接荧光法测定水体中氨氮浓度的原理是,利用没有荧光信号的邻苯二甲醛(OPA)在碱性条件下与氨氮生成具有荧光特性的吲哚取代衍生物,由于其荧光强度与氨氮浓度成正比,从而可通过荧光强度间接得到氨氮浓度。在新型荧光试剂研究上,4-甲氧基邻苯二甲醛(MOPA)与 4,5-二甲氧基邻苯二甲醛(M₂OPA)已被证明可以在室温下与氨基进行反应,具有更高的检测灵敏度(检出限可从微摩尔级提升到纳摩尔级)、更快的反应速度(响应时间减半)。水溶液中共存氨基酸、多肽、蛋白质或氨基葡萄糖等含氨基化合物时会对测定产生干扰。氨氮自动分析仪的实物图如图 2-6 所示。

(a)靛酚蓝法　　　　　　(b)次溴酸盐氧化法　　　　　(c)OPA直接荧光法

图 2-6　氨氮自动分析仪

水中的亚硝酸盐可以主动通过鱼鳃的上皮细胞吸收,从而使鱼类的血液、鱼鳃、肝脏以及肌肉中积累较高浓度的亚硝酸盐。肝脏是鱼类的主要代谢和解毒器官,鱼体内的多种有害物质需要通过肝脏分解排出体外,肝脏的损伤或病变往往会引起鱼类营养代谢失调,免疫系统紊乱,并极易引起其他继发性疾病的暴发,导致鱼类大量死亡。

水中亚硝酸盐的测定,通常利用重氮-偶联反应所生成的紫红色染料的深浅与亚硝酸盐含量成正比的特点,通过在特定波长处测定吸光度就可以计算其含量。该方法灵敏度高,选择性强。所用重氮和偶联试剂种类较多,最常用的重氮试剂为对氨基磺酰胺和对氨基苯磺酸,最常用的偶联试剂为 N-(1-萘基)-乙二胺和 α-萘胺。该方法的最低检出限为 0.003 mg/L,最高检出限为 0.20 mg/L,应用于养殖水体时,氯胺、氯、硫代硫酸盐、聚磷酸钠和三价铁离子对检测结果有明显干扰。水样呈强碱性(pH>11)时,可加酚酞溶液为指示剂,滴加磷酸溶液至红色消失,以降低 pH 值。水样有颜色或悬浮物时,可加氢氧化铝悬浮液并过滤,以去除杂质。亚硝酸盐自动分析仪见图 2-7。

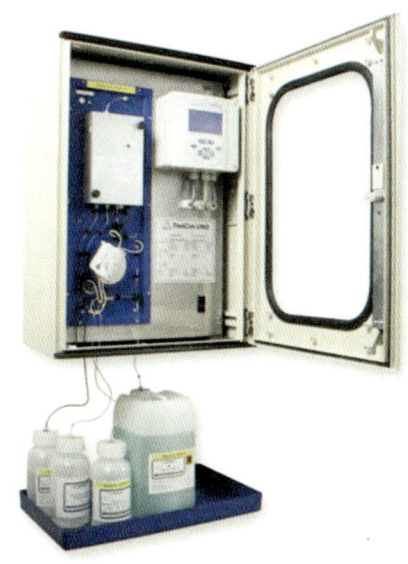

图 2-7 亚硝酸盐自动分析仪(重氮-偶联反应法)

当循环水养殖系统(RAS)以极低的水交换率或稀释条件运行时,硝酸盐氮(NO_3-N)将在没有反硝化的情况下持续积累。硝酸盐氮的毒性比氨或亚硝酸盐小得多,然而,高浓度和长时间的暴露会延缓水生动物的生长速度,并降低水生动物的存活率。因此,养殖池中硝酸盐氮浓度的快速准确测量对于养殖管控中心反馈控制 RAS 极其重要。硝酸盐氮的检测方法有很多,包括 Cu/Cd 柱还原法、苯酚-二磺酸法、气相分子吸收光谱法、离子色谱法和紫外分光光度法。通常，可先将 NO_3-N 全部还原为 NO_2-N，然后采用重氮-偶联反应法间接测量 NO_3-N 含量。

2.2.2 养殖装备工作状态信息监测

随着计算机、微电子、传感器以及智能机电系统等技术的迅速发展，工厂化水产养殖的自动化、智能化程度在不断提高，控制设备的数量也不断增多，设备的工作效率虽然得到了大幅提升，但复杂程度和故障率也越来越高，因此，全面掌握设备的运行状态，及时发现问题并给出诊断决策，是保障水产养殖正常进行的重要环节。

在工厂化水产养殖水质监控系统中，设备工况监视模块主要由电流传感器、温度传感器、振动传感器、流量传感器等部分组成，可以用来监测电机设备的工作电流、温度、机械振动以及输水管道的流量等参数。

电流传感器是一种检测设备电流的装置，并且能将检测到的电流信号按照一定的规律通过电流变送器转变为符合一定标准的电信号，或者转变为其他形式的信息，从而满足电流信号的传输、处理、存储、显示、记录以及控制等要求。电流传感器依据测量原理的不同，主要可分为分流器、电磁式电流传感器、电子式电流传感器等。图 2-8 所示是电磁式电流传感器，它根据电磁感应实现电流变换，还起到电气隔离的作用。它是通过变比将电气一次回路的电流信息传送给二次设备的传感器，将高电流转换成低电流，一次侧接电力系统，而二次侧接测量仪表、继电保护器等设备。

温度传感器是一种能感受设备温度并将其转换成可用输出信号的装置。按照测量方式分类，温度传感器可分为接触式和非接触式两类；按照材料和电子元件特性分类，温度传感器可分为热电阻和热电偶两类。通常选用贴片式温度传感器 PT100（见图 2-9）作为测量电机设备表面（或者内部）温度的装置，它的量程为 $0\sim100$ ℃，精度为 ±0.2 ℃。

振动传感器是电机状态监测中关键部件之一，它的作用是将机械振动动量转换为与之成比例的电量。由于它实际上是一种电能转换装置，故称之为换能器、拾振器等。

振动传感器的种类丰富，按照工作原理的不同，能分为电涡流式振动传感器、电感式振动传感器、电容式振动传感器、压电式振动传感器和电阻应变式振动传感器等。下面简述这几种振动传感器的工作原理和用途。

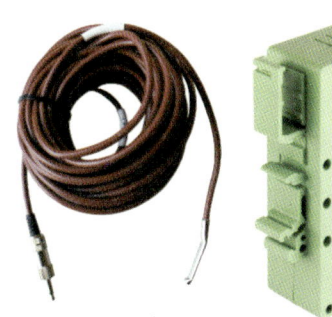

图 2-8 电磁式电流传感器　　　　**图 2-9 贴片式温度传感器与信号变送器**

电涡流式振动传感器是以涡流效应为工作原理的振动式传感器,属于非接触式传感器。电涡流式振动传感器是通过感知传感器的端部和被测对象之间距离上的变化来测量物体振动参数的,主要用于振动位移的测量。

电感式振动传感器是依据电磁感应原理设计的一种振动传感器。电感式振动传感器设置有磁铁和导磁体,对物体进行振动测量时,能将机械振动参数转化为电参量信号,常用于振动速度、加速度等参数的测量。

电容式振动传感器是通过间隙或公共面积的改变来测量可变电容,而后得到机械振动参数的。电容式振动传感器可以分为可变间隙式和可变公共面积式两种,前者可以用来测量直线振动位移,后者可用于扭转振动的角位移测定。

图 2-10 压电式振动传感器

压电式振动传感器(见图 2-10)是利用晶体的压电效应来完成振动测量的,当被测物体的振动对压电式振动传感器产生压力后,晶体元件就会产生相应的电荷,电荷数即可换算为振动参数。压电式振动传感器可以分为压电式加速度传感器、压电式力传感器和阻抗头。

电阻应变式振动传感器是以电阻变化量来表达被测物体机械振动量的一种振动传感器。电阻应变式振动传感器的实现方式很多,可以应用各种不同传感元件去实现,其中较为常见的是电阻应变振动测量方法。

管道式液体流量计常用于监测工厂化循环水系统中输(排)水管道内的流体流量。按照测量原理的不同,可分为涡街流量计、涡轮流量计和电磁流量计。

涡街流量计的工作原理是在测量管中垂直插入一个柱状物,流体通过柱状物两侧就会交替产生有规律的旋涡,这种旋涡称为卡门涡街,因此这种流量计就叫作涡街流量计。卡门涡街的释放频率与流动速度及柱状物的形状有关。在柱状物的后端有旋涡处放置一个压力传感器,测量压力变化的频率就能计算出液体流动的速度,再根据管子的截面积就可以计算出管道的流量。

涡轮流量计是一种速度式流量计,利用流体推动流量计叶轮转动,叶轮旋转的速度与流体体积流量成正比,根据电磁感应原理,利用磁敏传感器从同步转动的叶轮上感应出与流体体积流量成正比的脉冲信号,经运算处理得出液体流速,再根据管子的截面积计算出管道的流量。

电磁流量计是基于法拉第电磁感应定律而设计的,当导体在磁场中运动切割磁力线时,在导体的两端即产生感生电势,其方向由右手定则确定,其大小与磁场的磁感应强度、导体在磁场内的长度及导体的运动速度成正比,当磁场的磁感应强度和导体在磁场内的长度一定时,就可以根据感生电势计算出液体的流动速度,再根据管子的截面积计算出管道的流量。电磁流量计及其数据采集系统的外形见图 2-11。

图 2-11　电磁流量计及其数据采集系统

2.3　水产养殖信息传输技术

无线传输是水产养殖物联网的主要信息传递方式,通信模组是物联网的核心组件之一。无线传输主要分为三类连接方式:蜂窝通信技术、LPWAN(low-power wide-area network,低功耗广域网)技术、局域物联网。通信模组是将基带芯片、存储器、功能器件等集成在印制电路板(PCB)上,并提供标准接口的功能模块。各类终端借助通信模组可实现通信功能。通信模组的功能是实现端到端、端到后台的服务器数据交互,是用户数据传输的通道。

无线传输技术按传输距离可划分为两类:一类是以 ZigBee、Wi-Fi、蓝牙等为代表的短距离传输技术,即局域网通信技术;另一类则是 LPWAN 技术,即广域网通信技术。LPWAN 又可分为两类:一类是工作于未授权频谱的 LoRa、Sigfox 等技术;另一类是工作于授权频谱下,3GPP 支持的 2G/3G/4G/5G 蜂窝通信技术,比如 eMTC(enhanced machine type of communication,增强机器类通信)、NB-IoT(narrow band internet of things,窄带物联网)。

1. ZigBee 技术

ZigBee 是一种低速短距离传输的无线网络协议。ZigBee 协议从下到上分别为物理层、媒体访问控制层、传输层、网络层、应用层等,其中物理层和媒体访问控制层遵循 IEEE 802.15.4 标准的规定。ZigBee 网络中的设备可分为协调器、汇聚节点、传感器节点等。ZigBee 终端节点如图 2-12 所示。

图 2-12　ZigBee 终端节点

ZigBee 的特点和优势主要体现在:

(1) 低功耗。在低耗电待机模式下,2 节 5 号干电池可支持 1 个节点工作 6～24 个月,甚至更长。这是 ZigBee 的突出优势。相比之下,蓝牙能工作数周,而 Wi-Fi 可工作数小时。

(2) 低成本。通过大幅简化协议(不到蓝牙的 1/10),ZigBee 降低了对通信控制器的要求,按预测分析,以 8051 的 8 位微控制器测算,全功能的主节点需要 32 KB 代码,子功能节点可只需 4 KB 代码,而且 ZigBee 免协议专利费。每块芯片的价格大约为 2 美元。

(3) 低速率。ZigBee 的工作速率为 20～250 kbit/s,可提供 250 kbit/s(2.4 GHz)、40kbit/s(915 MHz)和 20 kbit/s(868 MHz)的原始数据吞吐率,满足低速率传输数据的应用需求。

(4) 近距离。传输范围一般介于 10～100 m 之间,在增加发射功率后,传输距离亦可增加到 1～3 km。这指的是相邻节点间的距离,如果通过路由器和节点间的通信中继,传输距离将显著增加。

(5) 短时延。ZigBee 技术的响应速度较快,一般从睡眠转入工作状态只需 15 ms,节点连接进入网络只需 30 ms,进一步节省了电能。相比之下,蓝牙需要 3～10 s,而 Wi-Fi 需要 3 s。

(6) 高容量。ZigBee 可采用星状、片状和网状网络结构,由一个主节点管理若干子节点,一个主节点最多可管理 254 个子节点,同时主节点还可由上一层网络节点管理,最多可组成 65 000 个节点的大网。

(7) 安全性。ZigBee 提供了三级安全模式,包括无安全设定、使用访问控制清单（access control list，ACL）防止非法获取数据以及采用高级加密标准（AES 128）的对称密码，以灵活确定其安全属性。

（8）免执照频段。使用工业、科学和医学（industrial，scientific and medical，ISM）频段，如 915 MHz（美国）、868 MHz（欧洲）、2.4 GHz（全球）。

2. Wi-Fi 技术

Wi-Fi 是一种允许电子设备连接到一个无线局域网（WLAN）的技术，通常使用 2.4 GHz 特高频（UHF）或 5 GHz 超高频（SHF）ISM 射频频段。Wi-Fi 连接到无线局域网通常是有密码保护的，也可以是开放的，这样就允许任何在 WLAN 范围内的设备连接上。Wi-Fi 是一个无线网络通信技术的品牌，由 Wi-Fi 联盟持有，目的是改善基于 IEEE 802.11 标准的无线网络产品之间的互通性。通常将使用 IEEE 802.11 系列协议的局域网称为无线保真。ST 公司的 Wi-Fi 模块见图 2-13。

图 2-13　ST 公司的 Wi-Fi 模块

Wi-Fi 作为宽带接入的一种有效方式，与有线接入相比，其特点和优势主要体现在：

（1）传输距离远。无线电波的覆盖范围广，基于蓝牙技术的电波覆盖范围非常小，半径大约只有 15 m，而 Wi-Fi 的半径则可达 100 m 左右。

（2）传输速度快。虽然由 Wi-Fi 技术传输的无线通信质量不是很好，数据安全性能比蓝牙稍差，传输质量也有待提高，但其传输速度非常快，可以达到 11 Mbit/s，符合个人和社会信息化的需求。

（3）业务集成性好。Wi-Fi 技术在第二层以上与以太网完全一致，所以能够将 WLAN 集成到已有的宽带网络中，也能将已有的宽带业务应用到 WLAN 中。这样，就可以利用已有的宽带有线接入资源，迅速地部署网络，形成无缝覆盖。

（4）建设便捷。Wi-Fi 最主要的优势在于不需要布线，可以不受布线条件的限制，因此非常适合移动办公用户的需要，具有广阔的市场前景。目前它已经从传统的医疗保健、库存控制和管理服务等特殊行业向更多行业拓展，在家庭以及教育机构等领域应用的优势凸显。

（5）使用安全。IEEE 802.11 标准规定的发射功率不可超过 100 mW，实际发射功率为 60～70 mW，这是一个什么样的概念呢？手机的发射功率为 200 mW～1 W 之间，手持式对讲机的发射功率高达 5 W，而且无线网络使用方式并非像手机那样直接接触人体，是绝对安全的。

3. 蓝牙技术

蓝牙（Bluetooth）是一种短距离（一般 10 m 内）无线通信技术标准，可实现固定设备、移动设备和个人域网之间的短距离数据交换。在制定蓝牙规范之初，人们就建立了统一全球的目标，向全球公开发布，工作频段为全球统一开放的 2.4 GHz 工业、科学和医学（ISM）频段。从目前的应用来看，由于蓝牙模块体积小、功率低，其应用已不局限于计算机外设，它几乎可以被集成到任何数字设备之中，特别是那些对数据传输速率要求不高的移动设备和便携设备。XS3868 蓝牙模块见图 2-14。

图 2-14　XS3868 蓝牙模块

蓝牙技术的特点可归纳为如下几点：

（1）全球范围适用。蓝牙工作在 2.4 GHz 的 ISM 频段，全球大多数国家 ISM 频段的范围是 2.402～2.485 GHz，使用该频段无须向各国的无线电资源管理部门申请许可证。

（2）可同时传输语音和数据。蓝牙采用电路交换和分组交换技术，支持异步数据信道、三路语音信道以及异步数据与同步语音同时传输的信道。每个语音信道数据速率为 64 kbit/s，语音信号编码采用脉冲编码调制（PCM）或连续可变斜率增量调制（CVSD）方法。当采用非对称信道传输数据时，速率最高为 721 kbit/s，反向为 57.6 kbit/s；当采用对称信道传输数据时，速率最高为 342.6 kbit/s。蓝牙有两种链路类型：异步无连接（asynchronous connection-less，ACL）链路和同步面向连接（synchronous connection-oriented，SCO）链路。

（3）可以建立临时性的对等连接（Ad-hoc connection）。蓝牙设备在网络中的角色，可分为主设备（master）与从设备（slave）。主设备是主动发起连接请求的蓝牙设备,几个蓝牙设备连接成一个微微网时,其中只有一个主设备,其余的均为从设备。微微网是蓝牙最基本的一种网络形式,最简单的微微网是由一个主设备和一个从设备组成的点对点的通信连接。

通过时分复用技术,一个蓝牙设备便可以同时与几个不同的微微网保持同步,具体来说,就是该设备按照一定的时间顺序参与不同的微微网,即某一时刻参与某一微微网,而下一时刻参与另一微微网。

(4) 具有很好的抗干扰能力。工作在 ISM 频段的无线电设备有很多种,为了很好地抵抗这些设备的干扰,蓝牙使用跳频技术,将传输的数据分割成数据包,通过 79 个指定的蓝牙频道来传输数据包。每个频道的频宽为 1 MHz。蓝牙设备在某个频点发送数据之后,再跳到另一个频点发送,频点的排列顺序是伪随机的,每秒钟频率改变 1600 次,每个频率持续 625 μs。

(5) 蓝牙模块体积很小,便于集成。由于个人移动设备的体积较小,嵌入其内部的蓝牙模块体积就更小,如爱立信公司的蓝牙模块 ROK101008 的外形尺寸仅为 32.8 mm×16.8 mm×2.95 mm。

(6) 低功耗。蓝牙设备在通信连接(connection)状态下,有四种工作模式:激活(active)模式、呼吸(sniff)模式、保持(hold)模式和休眠(park)模式。激活模式是正常的工作状态,另外三种模式是为了节能所规定的低功耗模式。

(7) 开放的接口标准。蓝牙技术联盟(Bluetooth Special Interest Group,SIG)为了推广蓝牙技术的使用,将蓝牙的技术标准全部公开,全世界范围内的任何单位和个人都可以进行蓝牙产品的开发,蓝牙产品只要最终通过 SIG 的产品兼容性测试,就可以推向市场。

(8) 成本低。随着市场需求的扩大,各个供应商纷纷推出自己的蓝牙芯片和模块,蓝牙产品价格飞速下降。

4. LoRa 技术

LoRa 是一种远距离(1～20 km)低功耗的无线通信技术标准,其调制方式相对于其他通信方式大大增加了通信距离,可广泛应用于各种场合的远距离低速率物联网无线通信领域,比如自动抄表、楼宇自动化设备、无线安防系统、工业监视与控制等。LoRa 模块(见图 2-15)具有体积小、功耗低、传输距离远、抗干扰能力强等特点,可根据实际应用情况对天线增益进行调节。

LoRaWAN 网络架构是一个典型的星形拓扑结构,在这个网络架构中,LoRa网关是一个透明的中继,连接终端设备和服务器。网关与服务器通过标准IP连接,而终端设备采用单跳网络与一个或多个网关通信,所有的节点均是双向通信。LoRa 网关和模块间以星形网方式组网,而 LoRa 模块间理论上可以点对点轮询的方式组网,但是点对点轮询效率远远低于星形网。网关可以实现多通道并行接收,同时处理多路信号,这大大增加了网络容量(百万级节点数)。采用 LoRa 技术也可以实现测距和定位。

5. Sigfox 技术

Sigfox 网络利用了超窄带(UNB)技术,传输功耗水平非常低,但仍然能维持一个稳定的数据连接。Sigfox 无线链路使用免授权的 ISM 射频频段,频率根据国家法规有所不同,在欧洲广泛使用 868 MHz,在美国是 915 MHz。Sigfox 网络中单元的密度(基于平均距离),在农村地区为 30～50 km,在城市中由于有更多的障碍物和噪声,平均距离可能减少到 3～10 km。整个 Sigfox 网络拓扑是一个可扩展的、高容量的网络,具有非常低的能源消耗,其基础设施比较简单且易于部署。BRKWS20 Sigfox 模块见图 2-16。

图 2-15　SX1278 LoRa 模块　　　图 2-16　BRKWS20 Sigfox 模块

Sigfox 协议的特点有:

(1) 低功耗。Sigfox 模块能耗极低,典型的电池供电设备工作寿命可达10 年。

(2) 简单易用。基站和设备间没有配置流程,也没有连接请求或信令,设备在几分钟内启动并运行。

(3) 低成本。从设备中使用的 Sigfox 射频模块到 Sigfox 网络,Sigfox 会优化每个步骤,使其尽可能具有成本效益。

(4) 小消息。用户设备只允许发送很小的数据包(最多 12 字节)。

(5) 互补性。由于 Sigfox 成本低且易于开发使用,客户还可以使用 Sigfox

作为任何其他类型网络的辅助解决方案,例如 Wi-Fi、蓝牙、GPRS 等。

6. NB-IoT 技术

NB-IoT 是 IoT 领域基于蜂窝的一种新兴技术,支持低功耗设备在广域网的蜂窝数据连接,是一种低功耗广域网(LPWAN)。NB-IoT 只消耗大约 180 kHz 的频段,可直接部署于 GSM 网络、UMTS 网络或 LTE 网络,支持待机时间短、对网络连接要求较高设备的高效连接。其主要特点是覆盖广、连接多、速率低、成本低、功耗少、架构优等。NB-IoT 使用授权频段,可采取带内、保护带或独立载波等三种部署方式。BC95 NB-IoT 模块见图 2-17。

图 2-17　BC95 NB-IoT 模块

NB-IoT 技术的优势主要有:

(1)海量连接。每小区可达 10 万连接,NB-IoT 的上行容量是 2G/3G/4G 的 50～100 倍。这也就意味着,在同一基站的情况下,NB-IoT 可提供的接入数是现有无线技术的 50～100 倍。

(2)超低功耗。低功耗特性是物联网应用的一项重要指标,特别是对于一些不能经常更换电池的设备和场合,如安置于高山荒野偏远地区的各类传感监测设备,它们不可能像智能手机那样实时充电,长达几年的电池使用寿命是对这些设备的最基本要求。在电池技术无法取得突破的前提下,只能通过降低设备功耗以延长电池供电时间。通信设备消耗的能量往往与数据量或速率相关,即单位时间内发出数据包的大小决定了功耗的大小。数据量小,设备的调制解调器和功放就可以调到非常小的水平。NB-IoT 聚焦小数据量和小速率的应用,因此 NB-IoT 设备功耗可以做到非常小,可以保证电池 5 年以上的使用寿命。

(3)深度覆盖。相比 LTE,NB-IoT 的增益提升了 20 dB,相当于发射功率提升了 100 倍,即覆盖能力提升了 100 倍,能覆盖地下车库、地下室、地下管道等信号难以到达的地方。

(4)安全性。继承 4G 网络的安全能力,支持双向鉴权以及空口严格加密,确保用户数据的安全性。

(5)稳定可靠。能提供电信级的可靠性接入,有效支撑 IoT 应用和智慧城市解决方案。

（6）低成本。低速率、低功耗、低带宽带来的是低成本优势。速率低意味着不需要大缓存，故 DSP（数字信号处理）配置低；低功耗，意味着 RF（射频）设计要求低，小 PA（功率放大器）就能实现；低带宽，均衡算法可以简单化。这些因素使得 NB-IoT 芯片可以做得很小。芯片成本往往和芯片尺寸相关，尺寸越小，成本越低，模块的成本也随之变低。

7. 3GPP 支持的蜂窝通信技术

第三代移动通信技术（3rd-generation mobile communication technology，3G），是指支持高速数据传输的蜂窝移动通信技术。3G 服务能够同时传送声音及数据信息，速率一般在几百 kbit/s 以上。目前 3G 存在四种标准：CDMA2000，WCDMA，TD-SCDMA，WiMAX。

第四代移动通信技术（4th generation mobile communication technology，4G），是集 3G 与 WLAN 于一体并能够传输高质量视频图像的技术，4G 的图像传输质量与高清晰度电视不相上下。4G 移动通信技术可以在多个不同的网络系统、平台与无线通信界面之间找到最快速与最有效率的通信路径，实现即时的传输、接收与定位等动作。

第五代移动通信技术（5th generation mobile communication technology，5G）是具有高速率、低时延和大连接特点的新一代宽带移动通信技术，是实现人机物互联的网络基础设施。3G/4G/5G 移动通信芯片或模块见图 2-18。

图 2-18　3G/4G/5G 移动通信芯片或模块

5G 技术的特点主要有：

（1）峰值速率需要达到 10～20 Gbit/s，以满足高清视频、虚拟现实等大数据量传输需求。

（2）空中接口时延低至 1 ms，满足自动驾驶、远程医疗等实时应用需求。

（3）具备百万连接/平方公里的设备连接能力，满足物联网通信需求。

（4）频谱效率比 LTE 提升 3 倍以上。

（5）在连续广域覆盖和高移动速率的条件下，用户体验速率达到 100 Mbit/s。

（6）流量密度达到 10 Mbit/(s · m^2)以上。

（7）能支持 500 km/h 的高速移动。

2.4　水产养殖信息智能处理技术

水产养殖信息智能处理技术是指将先进农业信息处理技术具体应用到水产养殖物联网领域的技术手段，是现代渔业发展的理性选择，也是未来渔业发展的趋势。本节将分别从水产养殖数据挖掘技术、水产养殖数据处理技术、水产养殖预测预警技术、水产养殖人工智能技术等 4 个方面，对现代渔业信息智能处理技术的关键知识点进行阐述和分析。

2.4.1　水产养殖数据挖掘技术

数据挖掘就是从大量的、不完全的、有噪声的、模糊的、随机的数据中，提取隐含在其中的、人们事先不知道的但又潜在有用的信息和知识的过程。数据挖掘的任务是从数据集中发现模式，可以发现的模式有很多种，按功能可以分为两大类：预测性（predictive）模式和描述性（descriptive）模式。在应用中模式往往根据实际作用细分为以下几种：分类，估值，预测，相关性分析，序列，时间序列，描述和可视化等。

数据挖掘涉及的学科和技术很多，有多种分类法。下面着重讨论在水产养殖领域应用较多的统计技术、关联规则、基于历史的分析、遗传算法、聚集检测、连接分析、决策树、神经网络、粗糙集、模糊集、回归分析、差别分析、概念描述等13 种常用的数据挖掘技术。

（1）统计技术。统计技术对数据集进行挖掘的主要思想是，首先对给定的数据集合假设一个分布或者概率模型（例如一个正态分布），然后根据模型采用相应的方法来进行挖掘。

（2）关联规则。数据关联是数据库中存在的一类重要的可被发现的知识。

若两个或多个变量的取值之间存在某种规律性,就称为关联。关联可分为简单关联、时序关联、因果关联。关联分析的目的是找出数据库中隐藏的关联网。有时并不知道数据库中数据的关联函数,即使知道也是不确定的,因此关联分析生成的规则带有可信度。

(3) 基于历史的分析(memory-based reasoning,MBR)。首先根据经验知识寻找相似的情况,然后将这些情况的信息应用于当前的例子中,这就是 MBR 的本质。MBR 首先寻找和新记录相似的邻居,然后利用这些邻居对新数据进行分类和估值。使用 MBR 有三个主要步骤:寻找确定的历史数据;确定表示历史数据的最有效方法;确定距离函数、联合函数和邻居的数量。

(4) 遗传算法(genetic algorithm,GA)。遗传算法是基于进化理论,并采用遗传结合、遗传变异,以及自然选择等设计方法的优化技术。遗传算法试图结合自然进化的思想,根据适者生存的原则,形成由当前群体中最适合的规则组成的新群体,以及这些规则的后代。典型情况下,规则的适合度(fitness)用于对训练样本集的分类准确率进行评估。

(5) 聚集检测。将物理或抽象对象的集合划分为由相似对象组成的多个类的过程,被称为聚类。由聚类所生成的簇是一组数据对象的集合,这些对象与同一个簇中的对象彼此相似,与其他簇中的对象相异。相异度是根据描述对象的属性值来计算的,距离是经常采用的度量方式。

(6) 连接分析。连接分析的基本理论是图论。图论的思想是寻找一个可以得出好结果但不是完美结果的算法,而不是去寻找可以得出完美解的算法。连接分析就是运用了这样的思想:不完美的结果如果是可行的,那么这样的分析就是一个好的分析。利用连接分析,可以从一些用户的行为中分析出一些模式,同时将产生的概念应用于更广的用户群体中。

(7) 决策树。决策树提供了一种展示类似在什么条件下会得到什么值这类规则的方法。

(8) 神经网络。在结构上,可以把一个神经网络划分为输入层、输出层和隐含层。输入层的每个节点对应一个预测变量。输出层的节点对应目标变量,可有多个。在输入层和输出层之间是隐含层(对神经网络使用者来说不可见),隐含层的层数和每层节点的个数决定了神经网络的复杂度。除了输入层的节点,神经网络的每个节点都与很多它前面的节点(称为此节点的输入节点)连接在一起,每个连接对应一个权重 W_{xy},将它所有输入节点的值与对应连接权重乘积的和作为一个函数的输入,便可得到此节点的值,我们把这个函数称为活动函数或挤压函数。

（9）粗糙集。粗糙集理论可以近似或粗略地定义训练数据内部的等价类。形成等价类的所有数据样本是不加区分的，即对于描述数据的属性，这些样本是等价的。对于给定的现实世界数据，往往有些类是不能被可用的属性区分的。粗糙集就是用来近似或粗略地定义这种类的。

（10）模糊集。模糊集被定义为具有连续成员等级的一类对象。它的特征在于必须定义"隶属函数"或"特征函数"，隶属函数为模糊集的每个成员分配单位区间[0,1]中的隶属度，每个成员的隶属度构成了模糊集。

（11）回归分析。回归分析分为线性回归、多元回归和非线性回归。在线性回归中，数据用直线建模。多元回归是线性回归的扩展，涉及多个预测变量。非线性回归是在基本线性模型上添加多项式形成非线性回归模型。

（12）差别分析。差别分析的目的是试图发现数据中的异常情况，如噪声数据、欺诈数据等异常数据，从而获得有用信息。

（13）概念描述。概念描述就是对某类对象的内涵进行描述，并概括这类对象的有关特征。概念描述分为特征性描述和区别性描述，前者描述某类对象的共同特征，后者描述不同类对象之间的区别。一个类的特征性描述只涉及该类对象中所有对象的共性。

2.4.2　水产养殖数据处理技术

利用大数据处理技术捕获海量水产养殖数据里面的有价值信息，是破解水产养殖变量强耦合、高维难题的主要渠道。水产养殖大数据的优势，就在于可以依托大体量的水产养殖数据及其处理方法，针对某个养殖问题，解读剖析其数据变量之间的关系，研究提出具体的解决方案。水产养殖大数据的多样性和容量决定了其复杂程度，而水产养殖大数据处理方法的真实性和速度则决定了其质量。

大数据处理的关键技术主要有以下四种。

（1）大数据采集技术。大数据是指通过 RFID（射频识别）技术、传感器技术、社交网络交互及移动互联网等方式获得的各种类型的结构化、半结构化（或称为弱结构化）及非结构化的海量数据，是大数据知识服务模型的根本。重点要突破分布式高速高可靠数据爬取或采集、高速数据全映像等大数据收集技术；突破高速数据解析、转换与装载等大数据整合技术；设计质量评估模型，开发数据质量评估技术。

（2）大数据预处理技术。预处理主要是完成对已接收数据的辨析、抽取、清洗等操作。

（3）大数据存储及管理技术。大数据存储与管理要用存储器把采集到的数据存储起来，建立相应的数据库，并进行管理和调用。重点突破复杂结构化、半结构化和非结构化大数据的管理与处理技术，主要解决大数据的可存储、可表示、可处理、可信任及有效传输等几个关键问题，即开发可靠的分布式文件系统（DFS）、能效优化的存储、计算融入存储、大数据的去冗余及高效低成本的大数据存储技术；突破分布式非关系型大数据管理与处理技术，异构数据的数据融合技术、数据组织技术，研究大数据建模技术；突破大数据索引技术；突破大数据移动、备份、复制等技术；开发大数据可视化技术。

开发新型数据库技术，数据库分为关系型数据库、非关系型数据库以及数据库缓存系统。其中，非关系型数据库主要指的是 NoSQL 数据库，分为键值数据库、列存数据库、图存数据库以及文档数据库等类型。关系型数据库包含传统关系数据库以及 NewSQL 数据库。

开发大数据安全技术，改进数据销毁、透明加解密、分布式访问控制、数据审计等技术；突破隐私保护和推理控制、数据真伪识别和取证、数据持有完整性验证等技术。

（4）大数据分析及挖掘技术。改进已有的数据挖掘和机器学习技术；开发数据网络挖掘、特异群组挖掘、图挖掘等新型数据挖掘技术；突破基于对象的数据连接、相似性连接等大数据融合技术；突破用户兴趣分析、网络行为分析、情感语义分析等面向领域的大数据挖掘技术。

2.4.3 水产养殖预测预警技术

"养鱼先养水"，养殖过程中水质优劣直接决定了养殖的产量和质量，养殖水质的精准预测预警可加强水质管理，减少水质灾害的发生。目前，水质预测按照预测模型的不同，可以分为机理模型和数值模拟模型。数值模拟模型又可分为时序预测模型、机器学习预测模型与组合预测模型。

（1）机理模型。机理模型是使用物理、化学及生物原理对水体系统的内部水质、生物等进行定性定量分析的模型。机理模型依据动量守恒、质量守恒及能量守恒原理构建。机理模型预测方法依赖于大量的数学理论，在该类模型的构建过程中需要确定大量的参数，并且该类模型往往由多个子模型组成，因此模型的构建过程十分复杂。

（2）时序预测模型。时序预测模型针对水质因子时序变化规律而提出，多为一维时间序列预测模型。该预测模型是采用统计学分析方法来构建的，对时间序列进行延伸,预测水质发展的趋势,确定预测水质参数值。基于时间序列的预测方法有马尔可夫法、自动回归法等。马尔可夫法是一种随机预测方法,只需要研究历史数据和水质因子之间的概率关系,是一种随机过程预测,状态参数和时间参数都是离散的,该方法可对水质状态进行短期和宏观上的预测。自动回归法以时间为自变量,研究水质参数在时间尺度上的变化规律,此方法构造简单,但不能融入多参数的影响,应用于短期预测时可获得较好的预测结果。综合分析,时序预测方法具有构造简单、易于实现的特点,但由于该类方法尚未解决多参数问题,且构建过程需要对大量样本进行分析,因此模型的适应性差,预测的效率和精度不佳。

(3)机器学习预测模型。伴随着计算机技术和机器学习技术的发展,越来越多的智能算法被应用到水质预测中,水质预测模型近年来得到快速的发展。机器学习预测方法主要包括灰色预测方法、人工神经网络法、支持向量机法等。灰色预测方法由我国学者邓聚龙于1982年首次提出,可根据有限样本进行不确定性分析,运用微分方程对信息进行挖掘,发现有价值信息,但精确性有待提高,因此多用于水质环境的评价。人工神经网络法是模拟人脑神经网络系统进行仿生智能信息处理的方法,具有很强的综合信息处理能力,可对非规律性和非线性的多参数数据进行处理,多用于水质因子的精准预测,但对小样本的处理能力较弱,易振荡,且收敛速度较慢,易陷入局部最优。支持向量机法是根据结构风险最小化原理发展而来的一种可以处理小样本的高维度方法。支持向量机法克服了传统神经网络的一些缺点,但易出现局部极值、过学习、欠学习及高维数计算灾难等问题。由于水质管理对智能算法有迫切需求,很多学者涌入机器学习方法的学术研究和应用探究中。

(4)组合预测模型。为了提高预测精度,解决单一预测方法存在的缺点,学者提出了组合预测的思想。组合预测方法即利用优势互补原理,将几种方法进行组合,构建最优化预测模型。根据优化对象的不同,可将预测方法分为参数优化、过程优化和结果优化几种类型。参数优化主要采用粒子群算法、遗传算法等对神经网络的隐含层节点和支持向量机的初始参数进行选择,改进了传统预测算法参数设置的随机性和盲目性缺陷;过程优化则是对模型训练过程设置扰动,改变迭代速度;结果优化则是针对预测结果,采用加权组合的方法对预测结果进行优化等。目前,组合预测方法是水质预测模型研究的热点,研究结果表明,多种方法组合的预测模型可有效提高预测效果,能克服单一预测模型的缺陷。

2.4.4　水产养殖人工智能技术

人工智能(AI)技术作为智能化养殖中最重要的一部分,通过模拟人类的思维和智能行为,学习物联网和大数据提供的海量信息,对产生的问题进行分析和判断,最终完成决策任务,实现养殖场精准作业。与传统技术相比,人工智能技术侧重对问题的计算、处理、分析、预测和规划,这也是实现机器代替人工的关键。Dempster-Shafer 证据理论、粗糙集理论、动态贝叶斯网络(DBN)等人工智能理论为水产养殖数据的挖掘和处理提供了参考。人工神经网络(ANN)、进化算法(EA)、遗传算法(GA)、粒子群算法(PSO)等为农业物联网应用提供了非线性的机器学习方法,解决了水产养殖数据处理现存的问题,是实现水产养殖生产自动决策的必然选择。

水产养殖人工智能研究方向主要包括水产养殖动物表型与行为监测、生物量估算、水产生物生长调控与决策、鱼类疾病诊断等 4 个方面。

(1) 水产养殖动物表型与行为监测。在水产养殖实践中,通常在同一池塘中同时养殖几个品种的鱼,因此,在收获期有必要根据鱼种和大小对鱼进行分级分类,以达到最佳销售效果。人工智能技术主要依靠机器视觉的方法对鱼种进行识别,其基本过程如下:① 获取鱼类图像信息;② 对输入的图像提取鱼个体形态、颜色、纹理等人为设定的特征;③ 根据这些特征训练分类器;④ 将特征向量输入分类器实现种类识别。基于人工智能技术对鱼种进行分类的方法有神经网络分类法、决策树、贝叶斯(Bayes)分类法以及支持向量机法等。

水产生物对生存环境十分敏感,当受到水体环境压力威胁时,其游动和摄食行为以及体色会发生不同程度变化。这些行为动作具有一定的连续性和时间相关性,利用机器视觉方法可通过分析视频相邻帧的时间和空间序列得到相关动作信息,例如,当水中溶解氧浓度过低时,鱼类的游动速度和深度有降低趋势,鱼群的整体分布也会更加分散;当被疾病感染时,鱼类游速会明显降低,增加跃出水面的频率等。除此之外,鱼类个体摄食行为可反映水环境的清洁程度、水质变化等问题,工作人员可根据这些行为判断水环境是否适合养殖,从而为生产管理者提供即时有效的信息。

利用人工智能技术对鱼类游动行为进行识别研究,主要是通过视频监测系统对鱼类运动轨迹进行监测并描述。除了鱼类轨迹跟踪外,人工智能技术还主要应用在对鱼类摄食行为的识别和强度量化上。鱼类表型与行为监测系统框图如图 2-19 所示,该系统主要由摄像机、光源以及计算机组成。其中摄像机分为水上摄像机和水下摄像机两种,可单独或同时使用;光源用来弥补水下图像较暗的缺陷,而计算机则负责对获取的图像或者视频数据进行预处理和特征提取,实现对鱼类表型与行为信息的监测。

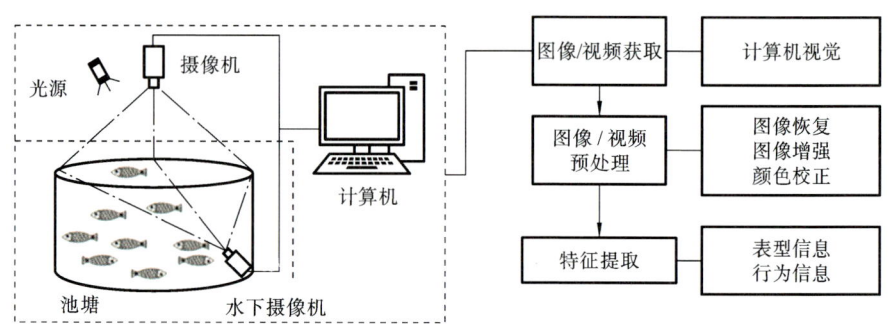

图 2-19　鱼类表型与行为监测系统

（2）生物量估算。水产养殖中的生物量是指在特定水域中鱼类、虾类的总重量。不同生长期的鱼类、虾类等生物量信息至关重要,管理人员需根据此信息优化喂养需求并做出有效决策。生物的重量与其体长和图像面积之间存在一定的关系,因此可以利用间接估测重量的方法来预测水产生物每天饲料摄入量,监测水产生物生长速度,控制养殖密度,确定最佳收获时间。基于视觉系统的水产生物量估算的研究对象主要是鱼类,重点对长度、面积、重量等参数进行估算。水产生物的生物量监测系统硬件平台可与上述监测系统复用。

（3）水产生物生长调控与决策。池塘环境因素对鱼类的生长有极大影响,其中溶解氧浓度、氨氮含量、pH 值、水温等指标尤为重要。过高的氨氮含量会对水体造成污染,直接或间接造成水产生物的大量死亡;过高的溶解氧浓度则会造成资源的浪费。因此有必要了解水产生物生长周期内生长与环境因素之间的逻辑关系,找到最适合水产生物生长的环境控制方案,从而避免水体污染和资源浪费。在生长决策调控中,人工智能技术根据环境参数以及一个养殖周期内生物的体长、体重等数据,利用计算机分析生物体重与各个环境因素之间的关系,建立相应的生长模型,再通过决策支持系统综合模型推理结果,提出高效的生长调控方案,实现生长阶段智能化控制。基于人工智能技术的生长决策支持系统通常包括数据库、模型库、策略评估系统、人机接口和用户界面等,具有系统性、动态性、机理性、预测性、通用性、研究性等特点。生长决策支持系统主要应用在网箱养殖和工厂循环水养殖等大规模养殖中。

在水产养殖中,科学合理的投喂是提高养殖效率、降低成本的主要手段。

近年来,随着新一代信息技术的发展,根据水生动物行为和生长状态的变化进行智能投喂控制越来越受到人们的关注。智能投喂控制是根据水质及水产生物行为参数构建养殖饲料配方模型,自动确定鱼类、虾类等的摄食需求,决策出最优投喂方案,从而降低劳动成本,提高生产效益。智能投喂控制可分为检测残饵决定投喂量和分析行为估测投喂量两种方法。如挪威 AKVA 集团开发的 Akvasmart CCS 投喂系统,便安装了残饵数量计数器和残饵收集装置,当残饵数量达到阈值时,水下摄像头辅助确认残饵剩余信息,系统将根据反馈信号停止投喂,该系统是目前世界上信赖程度较高的投喂系统。北京市农林科学院信息技术研究中心利用计算机视觉、红外光谱等多种方法实现了对鱼类摄食行为监测和投喂自动控制,为解决当前水产养殖中存在的投喂量不合理、饲料浪费严重等问题,促进精准养殖、智慧渔业发展做出了重要贡献。

(4) 鱼类疾病诊断。水产养殖生物病害受到生物本体免疫力、养殖区水质、致病源等多方面的影响,会在病灶形态、轮廓、颜色、位置、纹理等方面产生明显的视觉差异,病害图像中包含大量病症信息,因此非常适合借助图像识别技术进行病害诊断。目前进行鱼类疾病诊断常用的人工智能方法为基于模型诊断和基于案例推理、知识库比对诊断两种方法。

2.5　水产养殖云平台

云服务是一种新型的资源利用模式,所有的数据都存放在由多台计算机构成的集群资源池里,用户通过在线软件获取服务。基于云服务的水产养殖平台软件部署在提供商的云端服务器上,然后通过网络提供在线软件服务。云计算根据服务的类型可以将服务分为三个层次,即软件服务层(SaaS 层)、平台服务层(PaaS 层)、基础设施服务层(IaaS 层)。这三个服务层之间相互依赖,SaaS 层提供的服务是建立在 PaaS 层提供的服务和技术基础之上的,同时 PaaS 层提供的服务是建立在 IaaS 层提供的服务和技术基础之上的。基于云服务的智慧水产养殖平台的分层架构采用四层模型,如图 2-20 所示。

(1) 客户端。客户端是用户与软件进行交互的窗口,智慧水产养殖平台选择 PC,手机、Pad 等作为客户端。

(2) SaaS 层。SaaS(software as a service,软件即服务)是指将应用软件进行封装,然后通过网络对外提供服务的一种方式。智慧水产养殖平台对外提供的终端服务,可以划分为基础数据服务、养殖环境监测报警服务、养殖病害诊断防治服务、养殖环境分析服务和养殖区综合管理服务。按需服务是 SaaS 应用

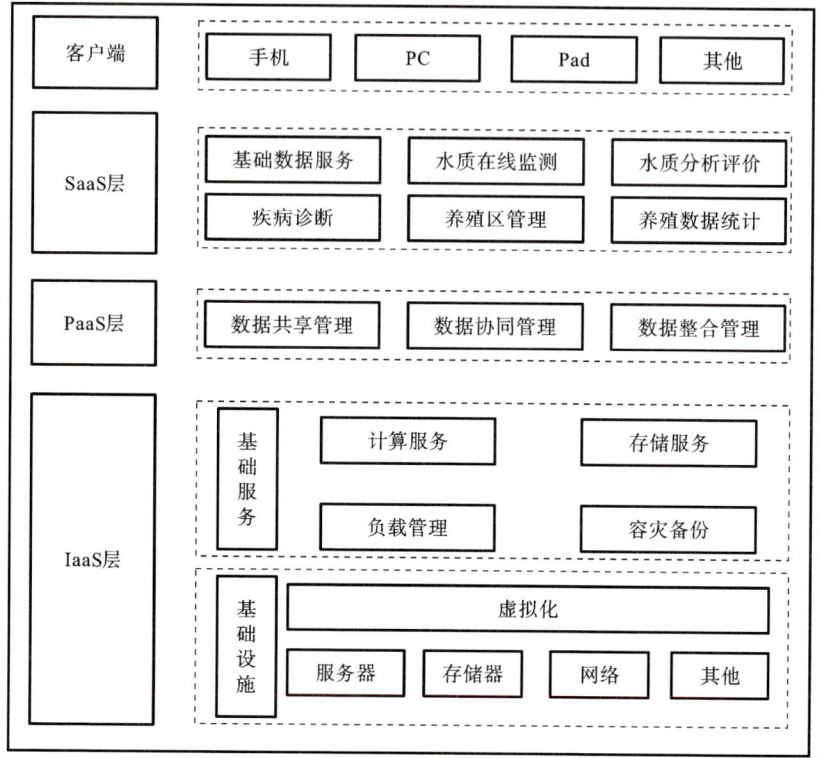

图 2-20　基于云服务的平台的分层架构

的核心理念,多租约 SaaS 应用可以满足不同企业、公众、政府管理部门等多类用户的个性化需求,用户通过标准的 Web 浏览器来使用 Internet 上的软件,可以不必购买软件,只需要按需租用软件。系统通过多个租约向用户提供有差别的服务,通过负载均衡满足大并发量用户的服务访问。

(3) PaaS 层。PaaS(platform as a service,平台即服务)是将软件研发的平台进行封装,以平台的形式提供给用户。这一层提供统一的平台化系统软件支撑服务,包括数据共享管理、数据协同管理、数据整合管理等。此外,还提供环境分析标准库、病害诊断防治知识库、分析评价方法库、智能诊断库等。

(4) IaaS 层。IaaS(infrastructure as a service,基础设施即服务)主要将物理资源进行封装,然后通过网络向外提供服务。

在云服务模式中,所有的数据处理均在云端,所有的云服务用户都可以通过网络来获取自己需要的数据,这种方式极大提高了资源的利用率,降低了能耗。与普通服务器对比,云服务器有其明显的优势,具体体现在以下 7 个方面。

(1) 技术层面:云服务器会对各种软件资源和硬件资源进行整合;而普通服务器是一个个相对独立的个体,不会对任何资源进行整合。

(2) 安全性层面:云服务器具有强大的数据安全加密防丢失算法;而普通服务器则不具有这方面的功能。

(3) 可靠性层面:云服务器是由多台计算机组成的,故障率低;而普通服务器故障率较高。

(4) 灵活性层面:云服务器的用户可以动态扩展自己的配置,比如扩展存储空间,向集群中添加物理服务器等;而普通服务器局限性较大,一旦配置不够,就无法动态扩展,需要重新购买设备。

(5) 性能层面:云服务器是基于云计算的,具有超强的计算能力,一般是同等配置普通服务器计算能力的 4 倍,可满足高性能计算的要求。

(6) 稳定性层面:云服务器具有良好的容错机制和自处理能力;而普通服务器没有这项功能,一旦宕机,就需要人为操作去处理异常。

(7) 节能层面:云服务器能够根据物理服务器的利用率高低进行应用迁移,充分利用资源;而普通服务器没有节能策略,服务器的利用率高低不会影响其功耗。

本章参考文献

[1] 李道亮. 农业物联网导论[M]. 2 版. 北京:科学出版社,2021.

[2] 吕斌,雷卓,刘杰,等. 基于 PIC18F2520 的极谱式溶解氧传感器设计[J]. 山东科学,2012,25(4):73-77.

[3] 米钰. 原电池型和极谱型溶氧电极的性能及响应动力学研究[D]. 西安:西北大学,1997.

[4] 赵赟. 基于荧光猝灭原理的海水中溶解氧传感器的研制及应用[D]. 厦门:厦门大学,2009.

[5] 汪祖民,任振兴,韩泾鸿,等. 新型 pH-ISFET 芯片系统研究[J]. 电子与信息学报,2007,29(10):2525-2528.

[6] 余渤,许星星,毛博,等. 分子荧光法对水中氨氮含量的测定[J]. 湖北农业科学,2020,59(10):131-133.

[7] 杨昊. 鱼菜共生物联网测控集群故障诊断建模研究[D]. 北京:中国农业大

学,2019.

[8] 张新荣,张宇林,周红标,等.无线传感网技术在水产养殖环境参数监测中的应用[J].农机化研究,2012,34(5):191-195.

[9] 王晓周,蔺琳,肖子玉,等.NB-IoT 技术标准化及发展趋势研究[J].现代电信科技,2016,46(6):5-12.

[10] 徐翔.基于云计算与物联网技术的数据挖掘分析[J].数字技术与应用,2021,39(3):65-67.

[11] 段青玲,刘怡然,张璐,等.水产养殖大数据技术研究进展与发展趋势分析[J].农业机械学报,2018,49(6):1-16.

[12] 张伟.水产养殖系统的水质预测预警的应用研究[D].大连:大连海洋大学,2019.

[13] 李道亮,刘畅.人工智能在水产养殖中研究应用分析与未来展望[J].智慧农业(中英文),2020,2(3):1-20.

[14] 王新安.基于云服务的智慧水产养殖平台的研究与实现[D].青岛:青岛科技大学,2017.

第3章
渔业遥感技术

3.1 遥感技术原理

3.1.1 遥感技术概述

1. 概念

遥感(RS,remote sensing)作为一门综合技术,是美国海军研究办公室的学者 Evelyn Pruitt 在 1960 年提出的。为了全面地描述这种技术和方法,Evelyn Pruitt 把遥感定义为"以摄影方式或非摄影方式获得被探测目标的图像或数据的技术"。在地学应用领域,遥感技术一般指从人造卫星或飞机上对地表进行观测的一系列技术,主要通过电磁波(包括光波)的传播与接收来感知目标的某些特性并加以分析。人类通过大量的实践发现,地球上每一个物体都在不停地吸收、发射和反射信息与能量,其中之一就是电磁波,并发现不同物体的电磁波特性是不同的。传感器之所以能收集地表的信息,正是因为地表任何物体表面都发射电磁波,同时也反射电磁波。电磁波遥感的理论基础在于检测电磁波与大气、电磁波与地表物质间的相互作用,从而达到识别地物的目的。

2. 发展历史

当代的遥感技术可追溯到 19 世纪中期摄像机的发明。19 世纪 40 年代,为了绘制地形图,系留气球携带摄像机拍下了一组地球表面的照片,自此人们开始思考通过照相技术来观测地球表面。进入 20 世纪后,遥感以航空摄影为主,直到人造卫星发射上天,卫星遥感才成为观测地表的有力工具。卫星遥感技术起始于采用几种传感器从航天器上获得地球表面信息。随着人造卫星的成功发射和宇宙飞船的上天,人类从太空观察地球成为现实,也标志着卫星遥感时代的到来。1957 年 10 月 4 日,苏联第一颗人造卫星发射成功,标志着航天时代的到来。随后,美国发射的"先驱者 2 号"探测器拍摄了地球云图,苏联的"月球

3 号"航天器拍摄了月球背面的照片,开创了人类卫星遥感的新纪元。从此,卫星遥感技术及其应用得到飞速的发展,遥感技术逐渐得到广泛应用,从而进一步推动卫星遥感技术向前发展。遥感的最大优点是能在短时间内取得大范围的数据,信息可用图像与非图像方式表现出来,还能代替人类前往难以抵达或危险的地方进行观测。

3. 卫星轨道

卫星轨道就是卫星在太空中运行的轨迹。具体来说就是卫星在太空中围绕着它的主体运行时所形成的路径,一般都是椭圆形的。通常情况下,这个轨道相对于其主体是固定的。卫星轨道平面与地球赤道平面的夹角叫作轨道倾角,它是确定卫星轨道空间位置的一个重要参数。轨道倾角小于 90°为顺行轨道;轨道倾角大于 90°为逆行轨道;轨道倾角为 0°则为赤道轨道;轨道倾角等于 90°,则轨道平面通过地球南北极,亦称极地轨道。人造卫星绕地球运行,当它从地球南半球向北半球运行时,穿过地球赤道平面的一点,这个点称为升交点。所谓升交点赤经,就是从春分点到地心的连线与从升交点到地心的连线的夹角。近地点幅角、半长轴、偏心率、倾角、升交点赤经和近地点时间这六个参数合称为人造卫星轨道的六要素。

卫星轨道中有一些特殊意义的轨道,如赤道轨道、地球同步轨道、对地静止轨道、极地轨道和太阳同步轨道等。轨道高度为 35786 km 时,卫星的运行周期和地球的自转周期相同,这种轨道叫作地球同步轨道。如果地球同步轨道的倾角为零,则卫星正好在地球赤道上空,且以与地球自转角速度相同的角速度绕地球飞行,从地面上看,卫星好像是静止的,这种卫星轨道被称为对地静止轨道,它是地球同步轨道的特例。轨道倾角为 90°时,轨道平面通过地球两极,这种轨道叫极地轨道。如果卫星的轨道平面绕地球自转轴的旋转方向、角速度与地球绕太阳公转的方向和角速度相同,则它的轨道称为太阳同步轨道。太阳同步轨道为逆行轨道,倾角大于 90°。

4. 分辨率

卫星搭载的各种传感器所获取的遥感图像具有三方面的特征:几何特征、物理特征和时间特征。这三方面特征的表现参数即为空间分辨率、光谱分辨率、辐射分辨率和时间分辨率。空间分辨率是指遥感图像的像素所代表的地面范围的大小。光谱分辨率是指传感器在接收目标辐射的波谱时能分辨的最小波长间隔。辐射分辨率是指传感器接收波谱信号时,能分辨的最小辐射度差。时间分辨率是指对同一地点进行遥感采样的时间间隔,即采样的时间频率。

5. 遥感分类

根据遥感平台分类,遥感可分为机载(airborne)遥感和星载(satellite-borne)遥感以及地面测量。其中机载遥感是飞机携带传感器(CCD 相机或非数码相机等)对地面的观测,又被称为航空遥感;星载遥感是指传感器被放置在大气层外的卫星上的观测技术,又被称为航天遥感。根据传感器感知电磁波波长的不同,遥感又可分为可见光-近红外(visible-near infrared)遥感,红外(infrared)遥感及微波(microwave)遥感等;根据接收到的电磁波信号的来源,遥感可分为主动式遥感(信号由感应器发出)和被动式遥感(信号由目标物体发出或反射太阳光波)。按照遥感应用,遥感可以有多种分类方式,如按照地表类型划分,可以有海洋遥感、陆地遥感、大气遥感;按照行业应用领域,可以分为环境遥感、农业遥感、林业遥感、气象遥感等。

3.1.2 遥感技术的理论基础

1. 电磁辐射

1) 电磁波的波段

电磁波(又称电磁辐射)是由同相振荡且互相垂直的电场与磁场在空间中以波的形式移动而产生的,其传播方向垂直于电场与磁场构成的平面,能有效地传递能量和动量。电磁波不需要依靠介质传播,各种电磁波在真空中传播速率固定,大小等于光速,在电磁波谱中各种电磁波由于频率或波长不同而表现出不同的特性。电磁波谱频率从低到高分别为无线电波、微波、红外线、可见光线、紫外线、X 射线和 γ 射线(图 3-1)。人眼可接收到的电磁辐射为可见光,只是电磁波谱中一个很小的部分,波长在 380~780 nm 之间。

2) 电磁辐射概念

当电磁波从一种介质入射于另一种介质时,假若两种介质的折射率不相等,则会产生折射现象,电磁波的传播方向和传播速率会改变。假设,一束由很多不同频率的电磁波组成的光波,从空气入射于棱镜,因为棱镜的折射率随电磁波频率的不同而变化,会导致色散现象的发生:光波会分散成一组可观察到的电磁波谱。量子电动力学是描述电磁辐射与物质之间相互作用的量子理论。电磁波不但会展示出波动性质,也会展示出粒子性质,这些性质已经在很多物理实验中被证实。当用比较大的时间尺度和距离尺度来测量电磁辐射时,波动性质会比较显著;而用比较小的时间尺度和距离尺度来测量电磁辐射时,则粒子性质比较显著。有时候,波动性质和粒子性质会出现于同一个实验,例如,在

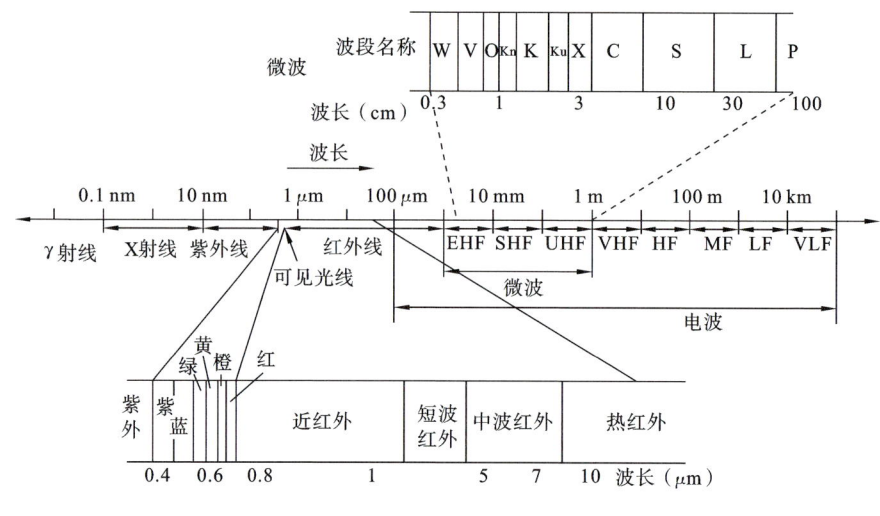

图 3-1　电磁波谱图

双缝实验里,当单独光子被发射于两条细缝时,单独光子会穿过这两条细缝,自己与自己干涉,就好像波动运动一样。

3)基尔霍夫定律

一般研究辐射时会采用黑体模型来描述物体的辐射能力,定义黑体的吸收比等于 1($\alpha=1$),而实际物体的吸收比小于 1($0<\alpha<1$)。基尔霍夫热辐射定律给出了实际物体的辐射出射度与吸收比之间的关系。

$$\alpha=\frac{M}{M_b} \tag{3-1}$$

式中:M 为实际物体的辐射出射度;M_b 为相同温度下黑体的辐射出射度。

而发射率 ε 的定义式即为

$$\varepsilon=\frac{M}{M_b} \tag{3-2}$$

所以,$\varepsilon=\alpha$,在热平衡条件下,物体对热辐射的吸收比恒等于同温度下的发射率。对于漫灰体,无论是否处在热平衡条件下,物体对热辐射的吸收比都恒等于同温度下的发射率。

4)黑体辐射

黑体(black body)辐射指黑体发出的电磁辐射。黑体不仅能全部吸收外来的电磁辐射,且发射电磁辐射的能力比同温度下的任何其他物体强。黑体辐射能量按波长的分布服从普朗克定律,仅与温度有关。对黑体的研究,使得自然现象中的量子效应被发现。黑体辐射,其实就是当地的状态光和物质达到平衡所表现出的现象。实际上,在现实中绝对黑体是不存在的,只有非常近似的黑体。

2. 散射与吸收

1）遥感光学基本概念

（1）散射。当传播中的辐射,像光波、电磁波或粒子,在通过局部性的位势时,由于受到位势的作用,其直线轨迹必然会改变,这一物理过程,称为散射。这局部性位势称为散射体,或散射中心。在传播的波动粒子或移动粒子的路径中,这些特别的局部性位势所造成的效应,都可以放在散射理论的框架里来描述。

（2）单散射和多重散射。大多数物体都可以被看见,主要是因为两个物理过程:光波散射和光波吸收。有些物体几乎散射了所有入射光波,物体由此呈现白色外表。假若辐射只被一个局部性散射体散射,则称此为单散射。假若许多散射体集中在一起,辐射可能会被散射很多次,则称此为多重散射。单散射被视为一个随机现象,而多重散射通常具有一定规律性。电磁波散射可以清楚地分为不同的领域,弹性散射（涉及极微小的能量转移）主要有瑞利散射和米氏散射（Mie scattering）。非弹性散射包括布里渊散射（Brillouin scattering）、拉曼散射（Raman scattering）、非弹性 X 光散射、康普顿散射等。

（3）反射。反射是一种物理现象,是指波从一种介质进入另一种介质时,其传播方向突然改变,而回到其来源介质的现象。按介质的特点,反射可分为单向反射和漫反射。

（4）吸收。在物理学中,电磁辐射的吸收是指物质（通常是原子的电子）吸收光子能量的方式。因此电磁能会转换成其他形式的能量,例如热能。波传导的过程中,光线的吸收通常称为衰减。吸收率是物体吸收多少入射光的量化值（不是所有的光子都被吸收,有些光子被反射或折射）。

（5）折射。折射指光从一种介质进入另一种具有不同折射率的介质,或者在同一种介质中折射率不同的部分传播时,由于波速的差异,光的运行方向发生改变的现象。光在发生折射时入射角与折射角服从折射定律。

2）辐射传输方程

电磁波在大气层中传输时受到大气的吸收、散射等作用会发生衰减。大气消光系数是描述这种衰减作用的重要参数。大气消光系数指电磁波辐射在大气中传播单位距离时的相对衰减率。其定义式如下:

$$K_\lambda(s) = -\frac{\mathrm{d}I_\lambda}{\rho(s)I_\lambda \mathrm{d}s} \tag{3-3}$$

式中：$\mathrm{d}I_\lambda$ 为电磁波辐射 I_λ 经 $\mathrm{d}s$ 空间厚度后的强度变化值；$\rho(s)$ 为介质密度。经积分运算可得电磁波辐射在大气中传输时的衰减方程，即大气辐射传输方程。它描述了辐射能在空间或媒质中传输过程、特性及其规律。

$$I_\lambda(s_2) = I_\lambda(s_1)\exp\left(-\int_{s_1}^{s_2} K_\lambda(s)\rho(s)\mathrm{d}s\right) \tag{3-4}$$

这个数学方程中的指数项即为相应的透射率，$I_\lambda(s_2)$ 为电磁波出射强度，$I_\lambda(s_1)$ 为电磁波入射强度。

3）太阳辐射和大气窗口

太阳辐射是地球表层能量的主要来源。太阳辐射在大气上界的分布是由地球的天文位置决定的，称为天文辐射。由天文辐射决定的气候称为天文气候。天文气候反映了全球气候的空间分布和时间变化。

太阳辐射随季节呈现有规律的变化，形成了四季。除太阳本身的变化之外，天文辐射能量主要取决于日地距离、太阳高度角和昼长。太阳光线与地平面的夹角称为太阳高度角，它有日变化和年变化。

大气窗口指天体辐射中能穿透大气的一些波段。由于地球大气中的各种粒子对辐射的吸收和反射，只有某些波段范围内的天体辐射才能到达地面。按所属范围不同，大气窗口分为光学窗口、红外窗口和射电窗口。大气对太阳辐射的削弱作用包括大气对太阳辐射的吸收、散射和反射。太阳辐射经过大气层时，$0.29\ \mu m$ 以下的紫外线几乎全部被吸收，在可见光区大气吸收很少，在红外区有很强的吸收带。大气中吸收太阳辐射的物质主要有氧、臭氧、水蒸气和液态水，其次有二氧化碳、甲烷、一氧化二氮和尘埃等。太阳的辐射波谱见图 3-2。

3. 遥感传感器及成像原理

1）传感器的概念及分类

遥感传感器简称遥感器，指安装在各种遥感平台上，远距离测地物辐射特性的传感器或仪器。遥感器是测量和记录被探测物体的电磁波特性的工具，是遥感技术系统的重要组成部分。遥感器通常由收集器、探测器、信号处理和输出设备四部分组成。通常，各种不同类型和不同高度上的一切物体（如飞机、高空气球和航天器）都在不断地发射和吸收电磁波。利用各种波段的不同的遥感器可以接收这种辐射的或反射的电磁波，这些电磁波经过处理和分析，有可能反映出物体的某些特征，借以识别出物体种类。按设计时选用的频率或波段来划分，常用的遥感器有紫外遥感器、可见光遥感器、红外遥感器和微波遥感器等。

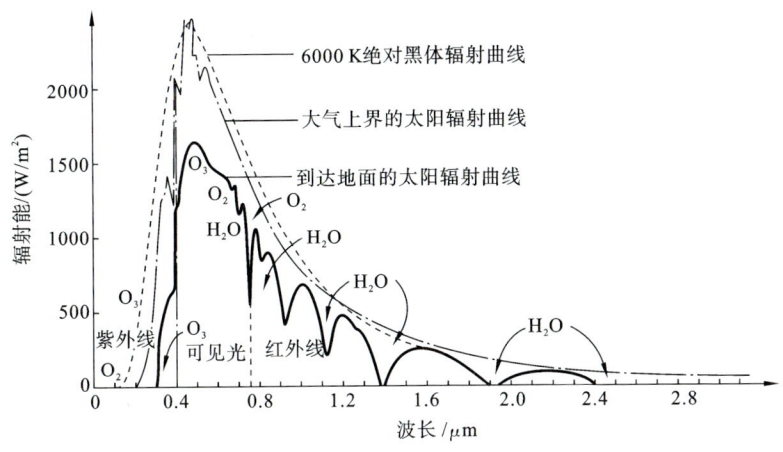

图 3-2 太阳辐射波谱

（1）紫外遥感器。紫外遥感器使用近紫外波段，波长选在 $0.3\sim0.4~\mu m$ 范围内。常用的紫外遥感器有紫外摄影机和紫外扫描仪两种。近紫外波段的多光谱照相机也属于这一类。

（2）可见光遥感器。可见光遥感器接收地物反射的可见光，波长选在 $0.38\sim0.76~\mu m$ 范围内。这类遥感器包括各种常规照相机，以及可见光波段的多光谱照相机、多光谱扫描仪和电荷耦合器件（CCD）扫描仪等。此外，可见光波段的激光高度计和激光扫描仪等也属于这一类。

（3）红外遥感器。红外遥感器接收地物和环境辐射的或反射的红外波段的电磁波，已使用的波段约在 $0.7\sim14.0~\mu m$ 范围内。其中，$0.7\sim2.5~\mu m$ 波长的区域被称为反射红外波段，如红外摄影机使用的波段（$0.7\sim0.9~\mu m$），陆地卫星（Landsat 卫星）上多光谱扫描仪（MSS）的第 6 波段（$0.7\sim0.8~\mu m$）和第 7 波段（$0.8\sim1.1~\mu m$），专题制图仪（TM）的第 4 波段（$0.76\sim0.9~\mu m$）、第 5 波段（$1.55\sim1.75~\mu m$）和第 7 波段（$2.08\sim2.35~\mu m$）等。$3\sim14~\mu m$ 波长的区域被称为热红外波段，Landsat 卫星 4 号和 5 号上的多光谱扫描仪的第 8 波段（$10.2\sim12.6~\mu m$）和专题制图仪的第 6 波段（$10.4\sim12.5~\mu m$）、NOAA 卫星的第 4 波段（$10.3\sim11.3~\mu m$）与第 5 波段（$11.5\sim12.5~\mu m$）等，都属于热红外波段。

（4）微波遥感器。微波遥感器通常有微波辐射计、散射计、高度计、真实孔径侧视雷达和合成孔径侧视雷达等。

按记录数据的不同形式划分，遥感器又可分为成像遥感器和非成像遥感器两类。成像遥感器又细分为摄影式成像遥感器和扫描式成像遥感器两种。

按是否带有探测用的电磁波发射源来划分,遥感器分为有源(主动式)遥感器和无源(被动式)遥感器两类。

2)扫描成像类传感器

当前,航天遥感中主流扫描成像类传感器有两大类:激光扫描仪和扫帚式扫描仪。

(1)激光扫描仪。激光扫描仪是对地表的辐射分光后进行观测的机械扫描型辐射计,它把卫星的飞行方向与旋转镜式摆动镜对垂直飞行方向的扫描结合起来,从而能接收到二维信息。激光扫描仪所搭载的平台有极轨卫星及飞机。Landsat卫星上的多光谱扫描仪、专题制图仪及气象卫星上的甚高分辨率辐射计(AVHRR)都属于这类遥感器。

(2)扫帚式扫描仪。采用线列或面阵探测器作为敏感元件,线列探测器在光学焦面上垂直于飞行方向横向排列,当飞行器向前飞行完成纵向扫描时,排列的探测器就好像刷子扫地一样扫出一条带状轨迹,从而得到目标物的二维信息。扫帚式扫描仪代表了新一代遥感器的扫描方式,扫帚式扫描仪由于没有激光扫描仪那样的机械运动部分,因此结构可靠性高,在各种先进的遥感器中均获得应用。

3)雷达成像仪

雷达成像仪是指能发射特定波段的微波,并接收其后向反射能量而产生目标图像的雷达系统,是通过向目标地物发射微波并接收其后向辐射信号来实现对地观测的遥感器。微波雷达工作在波长为 1 mm~1 m 的微波波段,因为微波雷达是一种自备能源的主动传感器,同时微波具有穿透云雾的能力,所以微波雷达成像具有全天时、全天候的特点。雷达成像仪主要包括以下几种。

真实孔径侧视雷达:用一个实际天线向平台行进方向的侧方发射微波脉冲,并接收从目标返回的后向散射波,通过平台的行进实现对地扫描的雷达传感器。

合成孔径雷达(SAR):这种雷达利用自身与目标的相对运动,把尺寸较小的真实天线孔径用数据处理的方法合成为一尺寸较大的等效天线孔径。

微波散射计:用于测量地物表面(或体积)的散射或反射特性,也就是说,它主要用于测量目标的散射特性随雷达波束入射角变化的规律,也可用于研究极化和波长变化对目标散射特性的影响。

雷达高度计:这种雷达通过测量雷达波从发送到接收的时间来测量目标物的高度。

无线电地下探测器:是一种评估地下层次及其分界的装置,该装置仅适于在飞机上工作。

4. 遥感信息解译与判读

1) 遥感信息与遥感影像特征

凡是记录各种地物电磁波大小的胶片(或相片),都称为遥感影像,用计算机处理的遥感图像必须是数字图像。计算机图像处理要在图像处理系统中进行,图像处理系统是由硬件(计算机、显示器、数字化仪、磁带机等)和软件(具有数据输入、输出、校正、变换、分类等功能)构成的。图像处理内容主要包括校正、变换和分类。

(1)空间分辨率。空间分辨率又称地面分辨率。地面分辨率是针对地面而言的,指可以识别的最小地面距离或最小目标物的大小。空间分辨率是针对遥感器或图像而言的,指图像上能够详细区分的最小单元的尺寸或大小,或指遥感器区分两个目标的最小角度或线性距离。它们均反映遥感器对两个非常靠近的目标物的识别能力。

(2)光谱分辨率。光谱分辨率指遥感器接收目标辐射时能分辨的最小波长间隔,间隔越小,分辨率越高。所选用的波段数量的多少、各波段的波长及波长间隔的大小,这三个因素共同决定光谱分辨率。光谱分辨率越高,专题研究的针对性越强,对物体的识别精度越高,遥感应用分析的效果也就越好。

(3)辐射分辨率。辐射分辨率指探测器的灵敏度,即遥感器感测元件在接收光谱信号时能分辨的最小辐射度差,或指对两个不同辐射源的辐射量的分辨能力。一般用灰度的分级数来表示,即最暗至最亮灰度值(亮度值)间分级的数目(量化级数)。

(4)时间分辨率。时间分辨率是关于遥感影像间隔时间的一项性能指标。遥感器按一定的时间周期重复采集数据,这种重复周期又称回归周期。它是由飞行器的轨道高度、轨道倾角、运行周期、轨道间隔、偏移系数等参数所决定的。这种重复观测的最小时间间隔称为时间分辨率。

(5)像元。像元亦称像素或像元点,即影像单元,是组成数字化影像的最小单元。在遥感数据采集,如扫描成像中,它是传感器对地面景物进行扫描采样的最小单元;在数字图像处理中,它是对模拟影像进行扫描数字化的采样点。像元是反映影像特征的关键指标,是同时具有空间特征和波谱特征的数据元。像元的几何意义在于数据值能够确定所代表的地面面积,物理意义则体现在波谱变量上,它代表了该像元在特定波段中波谱响应的强度。换言之,同一像元内的地物仅对应一个统一的灰度值。像元的大小决定了数字影像的分辨率和信息量。

（6）灰度。灰度指使用黑色调表示物体，每个灰度对象都具有从 0%（白色）到 100%（黑色）的亮度值。使用黑白或灰度扫描仪生成的图像通常以灰度显示。自然界中物体的平均灰度为 18%。在物体的边缘呈现灰度的不连续性，图像分割就是基于这个原理。一般来讲，像素值量化后用一个字节（8 bit）来表示。如把有黑-灰-白连续变化的灰度值量化为 256 个灰度级，灰度值的范围为 0~255，表示亮度从深到浅，对应图像中的颜色为从黑到白。

2）灰度波谱与纹理分析

（1）遥感影像波谱与分类。遥感图像分析和解译的基本依据是灰度（波谱）和纹理（空间）两方面信息，目前在分类识别上用得最多的是图像的波谱信息。随着遥感图像处理的深入，仅使用波谱信息已经不能满足遥感应用的需要，而作为遥感图像重要信息之一的空间信息（纹理信息），在遥感图像分类与识别中呈现出日益重要的作用。

通常我们所说的遥感图像是指卫星探测到的地物亮度特征，它们构成了光谱空间。每种地物都有其固有的光谱特征，它们位于光谱空间中的某一点。但由于干扰的存在和环境条件的不同，例如阴影、地形变化、扫描仪视角、干湿条件、拍摄时间及测量误差等的不同，因此所测得的每类物质的光谱特征不尽相同。同一类物质的各个样本在光谱空间是围绕某一点呈概率分布的，这使我们可以通过划分边界来区分各类。分类方法可以分为统计决策模式识别（判别理论识别法）和句法模式识别。相比而言，统计决策模式识别方法（特别是基于光谱特征的统计分类方法）发展得更为成熟，也是在遥感实践中常采用的方法。

（2）纹理特征分析与抽取。为了能够用计算机进行纹理分析和形成统一的尺度，需将遥感图像中的纹理，即相邻像元的空间变化特征及组合情况进行量化，形成纹理变量或纹理图像，以便于遥感图像的分类和解译。定量的纹理信息不能由遥感图像数据直接得到，必须经过图像纹理分析进行抽取。

图像纹理分析指的是通过一定的图像处理技术抽取出纹理特征，从而获得纹理的定量描述或定性描述的处理过程。目前已出现了许多纹理分析方法，主要有统计法、结构法、模型法和空间/频率域联合分析法等四类。统计法是遥感图像纹理信息提取的基本方法，最早应用于遥感图像纹理信息的提取。由于地物组成和空间分布的复杂性及多样性，遥感图像的纹理不具有规则不变的局部模式和简单的周期重复性，其纹理信息往往只有统计学上的意义，因此纹理分析方法中的结构法在遥感图像中的应用效果不佳。遥感图像纹理信息提取主要采用的是基于统计的纹理分析方法。

（3）信号与数字图像处理。数字图像处理又称为计算机图像处理，它是指将图像信号转换成数字信号并利用计算机对其进行处理的过程。一般来讲，对图像进行处理（或加工、分析）的主要目的是提高图像的视感质量、提取图像中所包含的某些特征，以及完成图像数据的变换、编码和压缩，以便于图像的存储和传输。无论是何种目的的图像处理，都需要由计算机和图像专用设备组成的图像处理系统对图像数据进行输入、加工和输出。数字图像处理研究的主要内容有图像变换、图像压缩、图像增强和复原、图像分割、图像描述、图像分类（识别）等。

数字图像处理的工具可分为三大类：第一类包括各种正交变换和图像滤波等方法，其共同点是将图像变换到其他域（如频域）中进行处理（如滤波）后，再变换到原来的空间（域）中；第二类方法是直接在空间域中处理图像，包括各种统计方法、微分方法及其他数学方法；第三类是数学形态学运算，它不同于常用的频域和空间域的方法，是建立在积分几何和随机集合论的基础上的运算。

3.2　海洋渔场监测与分析技术

3.2.1　渔场遥感监测历史及发展趋势

20 世纪 60 年代，泰罗斯（TIROS）系列实验气象卫星被成功发射后，人类开始认识到卫星遥感在渔业上的应用潜力。基于卫星遥感技术的海洋渔场环境监测与渔情分析预报自 20 世纪 70 年代初期进入试验应用研究阶段，发展至今，仍然是渔业遥感应用的最主要领域之一。

海洋渔场渔情的分析与判读主要是通过收集多源遥感监测环境信息和现场环境信息来实现的。研究和确定渔场鱼群的最适宜温度、浮游生物浓度、海流等环境特征参数，可以为渔场渔情预报提供科学依据。20 世纪 70 年代，少数学者开始应用卫星遥感技术进行渔业研究。20 世纪 80 年代到 21 世纪，卫星遥感技术在海洋渔业领域的应用得到较快的发展。早期以遥感反演海表温度（SST）的渔场分析判读应用为主。

1978 年发射的雨云-7 号（Nimbus-7）卫星，装载了世界上第一台海岸带水色扫描仪（CZCS），获取了 6 万多帧海洋水色影像，大大促进了海水叶绿素（简写为 chl）遥感反演算法的研究和应用，也展现了卫星遥感技术在海洋渔业方面的应用前景。此后,随着海洋水色遥感技术的进步和信息提取手段的改进,海水叶绿素浓度特征和所示踪的海流信息也被用于渔场分析判读。1997 年发射的 SeaWIFS 水色传感器提供了可靠稳定的海洋水色信息源,自此海水叶绿素信息开始被广泛应用到渔场海洋学研究和渔情分析预报之中。

随着 1991 年欧洲 ERS-1 卫星和 1992 年海面高度计卫星(TOPEX/Poseidon)的发射,由这些卫星提供的反映海水动力特征的海面高度(SSH)数据及其计算出的地转流信息逐渐被应用到渔场分析判读中。目前为止,卫星遥感反演 SST、海水叶绿素水色、海洋动力环境(SSH 等)以及海面风场、海浪等信息都已成功应用到渔场分析判读和渔场渔情预报中。海洋环境遥感技术的发展及成熟大大促进了渔场分析预报、渔业资源评估、渔业生态系统动力学和渔业管理等的深入发展。卫星遥感的海洋渔场应用研究已经从单一要素进入多元分析及综合应用阶段,并且从试验应用研究进入业务化运行阶段。

渔场遥感监测的发展过程大致可分为三个阶段:第一阶段为探索实验阶段,是遥感技术在海洋渔场观测及渔场渔情分析应用的起步阶段,大致为 1970 年至 20 世纪 80 年代初期。随着载人飞船试验、气象卫星(TIROS 系列、DMSP 系列和 GOES 系列)、陆地卫星(Landsat)等遥感卫星的成功发射,针对所探测获取的海洋学信息,结合海洋渔场学研究和捕捞生产需求,人们探索开展了海洋渔场分析和预报的研究,此阶段的大量研究不仅建立了海洋环境参数的遥感反演理论和算法,而且表明了遥感技术在海洋探测和渔场分析预报中的应用潜力。第二阶段为应用研究阶段,是渔业遥感应用的快速发展阶段,大致从 20 世纪 80 年代至 20 世纪 90 年代末期。此阶段一方面完善了海洋遥感反演算法,另一方面将海洋环境反演信息在实际捕捞生产中进行了较广泛的推广应用。如 1983 年美国海洋咨询委员会(the Sea Grant Marine Advisory Service)和罗德岛大学的海洋研究所(the Graduate School of Oceanography, University of Rhode Island , URI)运用 AVHRR 反演的 SST 数据对整个海区温度、水平温度梯度等进行研究分析,并制作产品图像分发给渔民,缩短了渔船寻鱼时间。第三阶段为业务化应用阶段,是遥感海洋渔场分析应用的成熟应用阶段,大致是从 20 世纪末期至今这段时期。随着 IT 技术的进步和互联网应用的逐渐普及,遥感渔海况监测应用的人力和物力成本大幅下降,技术也更加成熟,海洋遥感信息也越来越丰富,各国也认识到应用遥感技术服务渔业的潜力,相继成立了专门的渔业遥感研究机构和企业,开展遥感渔海况监测和渔场渔情信息服务的业务化应用,如日本渔情信息服务中心(JAFIC)和环境模拟实验室(ESL)、法国的 CLS 公司、美国的轨道影像公司（Orbimage）等。

我国应用卫星遥感技术进行渔情信息服务的研究始于 20 世纪 80 年代初，东海水产研究所对气象卫星红外云图在海洋渔业上的应用进行了可行性研究。我国利用美国 NOAA 卫星红外影像所提供的信息反演得到海表温度图，并与黄海底拖网渔场、东海底拖网渔场、对马海域马面鲀渔场进行相关分析，得到卫星遥感信息与渔场中心位置、渔汛早晚的对应关系，再结合同期渔获量资料，建立了我国黄海、东海渔情遥感分析预报模式。在"七五"期间，我国进一步利用 NOAA 卫星红外遥感资料，结合海况环境信息和渔场生产信息，制作了黄海、东海区渔海况速报图，并开始业务化运行，定期（每周）向渔业生产单位和渔业管理部门提供连续的信息服务。在"九五"期间，国家"863 计划"海洋领域开展了以我国东海为示范海区的海洋遥感与资源评估服务系统研究，初步建成了东海区渔业遥感与资源评估服务系统，其智能化、可视化程度，以及应用广度、应用深度等技术水平接近日本同类水平。我国同时开展了北太平洋鱿鱼渔场信息应用服务系统及示范试验研究，直接为在该海域作业的我国 400 余艘渔船提供信息服务。进入 21 世纪后，我国连续开展了大洋渔业资源开发环境信息应用服务系统研究，建立了大洋渔场环境信息获取系统，并开展了大洋金枪鱼渔场渔情速预报技术等方面的研究，基本实现了业务化应用。

3.2.2 渔场遥感监测技术与分析方法

遥感技术用于渔场环境监测研究主要得益于遥感技术的大尺度、准实时及同步监测优势，最初根据气象卫星所监测的渔场海表温度来制作生成渔场水温图。随后，海洋水色卫星及海洋动力卫星的成功发射及应用，使得遥感渔海况分析应用由海表温度分析扩展到海水叶绿素、海面高度及海流等环境要素的分析。

1. 渔场环境分析的理论与方法

海洋水体环境是海洋生物赖以生存的基本空间，海洋生物的生长发育、生活习性、时空分布等与海洋水体环境密不可分，据此可通过海洋水体环境要素、海洋鱼类的生活习性来研究渔场的时空动态演变，进而开展渔场渔情分析预报，乃至根据长期的海洋气候波动来预测渔业资源波动或渔场空间变化。这也正是利用海洋卫星遥感监测海洋渔场环境进行渔场海况速预报应用的理论基础。

影响渔场形成的环境因子主要包括海水温度、叶绿素浓度、盐度、溶解氧浓度、气压及海流等，其中，海水温度是最为重要的因子。目前利用卫星遥感海洋监测获取海水温度、海水叶绿素浓度和海面高度等渔场学应用相对成熟。海水温度是最基本的海洋环境要素之一,是控制海洋鱼类种群分布、洄游及繁殖过程的基本变量,因此,可依据不同鱼类对水温的适应性和耐受性来分析判断渔场位置、渔场时空移动路径等。海水叶绿素的渔情分析应用则是基于海洋食物链原理,即浮游植物的丰富使以其为食的浮游动物资源丰富,进而促使以浮游动物为饵料的海洋鱼类资源丰富。海洋动力环境主要指海流流速、流向、海面动力地形信息等,海流输送海水物质及能量,使海水温度、盐度、溶解氧等海洋环境与生源要素处于不断变化之中,同时把浮游生物(鱼的饵料)、鱼卵或无游动能力的稚幼鱼从一个海域输送至其他海域,也使渔业资源的时空分布总处于动态演变之中。

1)鱼类行为与环境参数

(1)海水温度。水温对于鱼类行为来说,是最为重要的影响因素之一。由于鱼类是变温动物,它们缺乏调节体温的能力,其体内产生的热量几乎都释放于海洋环境中,体温随周围环境温度的改变而变化。虽然鱼类对水温具有一定的适应性,但这种适应能力是非常有限的。根据鱼类对外界水温适应能力的大小,我们可将其分为广温性鱼类和狭温性鱼类。狭温性鱼类又可分为喜冷性(冷水性)和喜热性(暖水性)两大类。暖水性鱼类主要生活在热带水域,也有生活于温带水域的,冷水性鱼类则常见于寒带和温带水域。同时,鱼类对温度的耐受力也有显著不同,有最高(上限)、最低(下限)和最适范围之分,甚至同一种类在不同生活阶段对温度的耐受力也差异较大。鱼类一般在最适温度范围内活动,若超出该范围,鱼类活动和行为便受到抑制,温度过高或过低都会对鱼类的生长和发育产生负面影响,甚至造成死亡。因此,鱼类总是主动地选择生活在最适的温度环境,避开不利的温度环境,以使其体温维持在一定的范围内,这也就是鱼类体温的行为调节。

由于鱼类总是主动地选择最舒适的温度环境,这就使得大量鱼类聚集在一起形成鱼群。渔业研究者常常将某一鱼类具有高产量时所对应的水温称为最适温度,这种水温具有一定范围,但范围相对较小,一般为2~5℃。大量渔业生产实践表明:不同鱼类的适温范围是不同的,而且范围大小也不一致,其最适温度范围也较小,如北太平洋巴特柔鱼适温范围和最适温度范围分别为11~22℃和16~20℃,东南太平洋智利竹笑鱼的适温范围和最适温度范围分别为10~20℃和11~15℃。水温也是影响鱼类洄游移动的重要因素,一年四季温度的变化导致了鱼类的季节性洄游,如越冬洄游。因此,渔汛开始的时间、鱼类集群的大小以及渔期的长短,往往与渔场水温有着密切的联系,从而在渔汛到来之前,可以将水温作为指标来预测渔汛的水域和时间。鱼群的移动和集结还与水温的水平梯度有密切的关系,即受到温度锋面或涡旋的强烈影响。通常最好的渔场往往在两个不同性质的水系交汇区,或水温水平梯度大的区域,特别是等温线分布密集的水域,其鱼群更为密集。

此外,鱼类分布与集群不仅受到水温的水平结构影响,还受到温度的垂直结构影响。如鱼群受海水温跃层和混合层的影响,其昼夜垂直移动往往限制在某一深度范围内。水温也会影响到鱼类的索饵强度,当水温低于最适值时,鱼类的索饵能力一般较低。

(2)海水叶绿素浓度。浮游植物作为海洋上层主要的初级生产者,处于海洋食物链的最下层。基于海洋食物链的原理,卫星遥感反演叶绿素 a(chl-a)浓度不仅直接反映了海洋初级生产力水平的高低,而且间接反映了海洋浮游生物等鱼类饵料的时空分布,从而可用于鱼群侦察与渔情分析。海水叶绿素可见光波段的吸收光谱,在蓝光和红光处各有一显著的吸收峰。吸收峰的位置和消光值的大小随叶绿素种类不同而有所不同。叶绿素 a 最大吸收波长范围在 420~663 nm,叶绿素 b(chl-b)的最大吸收波长范围在 460~645 nm。目前,卫星遥感反演叶绿素 a 信息在渔业捕捞活动中已得到成功的应用,且常与卫星遥感提取的 SST 信息一起用于综合分析。

(3)海流。海流又称洋流,是海水因热辐射、蒸发、降水、冷缩、盐度差异等而形成密度不同的水团,再加上风应力、地转偏向力、引潮力等作用而大规模相对稳定的流动,它是海水的普遍运动形式之一。海流的水平运动使得海洋环境产生局部变化,这种变化对鱼类的分布、洄游、集群等影响极大。海流对海洋鱼类稚幼鱼成活率、鱼类分布洄游路径和渔场形成产生重要影响。在渔业生产上,人们比较关心的是海流对鱼类分布洄游路径和渔场位置的影响。由于海流伴随着不同性质海水的交汇且具有一定的温度、盐度和其他物化性质,并栖息着一定种类不同的海洋生物,因而不同物种的鱼类对不同的水系、海流都有一定的生态适应性。一般暖水性鱼类多栖息在受暖流控制的海区,其洄游移动也多随暖流的变动而发生变化。

不同流系相互交汇的混合水域以及不同水团相接触的锋面区,往往会形成一条水色明显不同的分界线,通常称为流隔或潮境。流隔处往往形成涡流和上升流,从而将底层的营养盐类带到表层,有利于浮游生物的生长,而鱼类喜欢聚集在流隔附近进行摄食。流隔有多种类型,除寒流和暖流的流隔、沿岸水和外洋水的流隔外,还有岛礁附近水流受地形障碍物影响所引起的流隔以及水质、水温不同的水流交汇所形成的流隔等。例如,在北太平洋,亲潮(寒流)与黑潮(暖流)交汇所形成的流隔是秋刀鱼、柔鱼类、鲸类等良好的渔场;在东北大西洋,北大西洋暖流与北极寒流的流隔区域形成鳕鱼、鲱鱼的良好渔场;在东南太平洋,西风漂流和南美洲沿岸的秘鲁寒流交汇区形成智利竹笑鱼、秘鲁鳀鱼的良好渔场。

(4)盐度。盐度主要通过水团和海流间接地影响鱼类行为和洄游分布,很少直接影响鱼类的行动。在大洋中,盐度变化很小,近岸海区由于受大陆径流的影响,海水盐度变化很大。因此,经常栖息于海洋里的鱼类一般对高盐海水的适应能力较强,而栖息于近海或沿岸的鱼类则对盐度大幅变化的适应能力较强。各种海洋鱼类对盐度具有不同的适应性。根据海洋鱼类对盐度变化的忍耐性大小和敏感程度,可将其分为狭盐性鱼类和广盐性鱼类两大类。狭盐性鱼类对盐度变化的忍耐范围很窄,广盐性鱼类则对盐度变化的忍耐范围较广。近岸鱼类一般属广盐性鱼类,外海鱼类属狭盐性鱼类。此外,同种鱼类的不同种群、同一种群在不同生活阶段对盐度的适应能力也是不同的。

一些研究表明,在盐度水平分布梯度较大的海区,盐度对于鱼群分布或渔场位置有一定的影响,有时会成为制约因素。对于适盐范围较广的鱼类,当在外海或大洋形成渔场时,盐度往往难以成为制约因子。在河口地区或不同海流交汇的海域,盐度对于渔场的形成和位置起着重要作用,因此,盐度在鱼群探测上具有一定的指导意义,可以通过盐度的分布来推测渔场的可能位置。

2)气象因子

气象因子变化会对海况产生重要影响,从而对生活在海洋里的鱼类行为、集群和洄游习性产生影响,特别是中上层鱼类。同时,恶劣的天气会影响海上正常的捕捞作业,因此有必要分析气象因子与渔业生产及鱼类行为等方面的关系。

风是海洋中最为常见的气象因子,它会使海面产生波浪、海水产生运动,还会使海表温度发生变化。风向、风速和风的持续时间都会对渔场位置和渔业资源产生影响。鱼类风前集群是因为感受到气压波和长浪的刺激作用,风后集群是因为大风改变了海水理化条件,鱼类会向适宜的环境集群,形成渔场。因此,渔民常有"抢风头""赶风尾"的说法,在"风头""风尾"都可获得较高渔获量。此外,海洋渔场经常受到低气压和高气压的过境影响。低气压经过渔场前后,一般都是投网捕捞的良好时机,低气压通过前,海面风浪较小,海面溶解氧含量较低,一些鱼类往往会在海面集群。低气压通过渔场之后,因渔场的海水理化性质和饵料分布发生改变,鱼群又趋向重新集合,在适宜的海洋环境条件下集群。

2. 遥感海表温度的渔场分析

海表温度(SST)是最为直观且容易测量的海洋环境因子,分析渔场受水温环境驱动的影响或渔场的温度特征时,绝大多数都会分析 SST 与中心渔场分布的变化关系,并依此来预测中心渔场的分布。在出现卫星遥感海表温度技术之前,人们主要根据调查船或渔船作业时现场测量的海温数据来进行渔获量与海温的匹配关系研究,对于未调查到的海域的海温分布情况以及海温的实时变化则难以掌握。卫星遥感海表温度的业务化应用可以获得每天或每周的海表温度数据,使得遥感渔场及海洋学应用逐步由试验研究阶段发展到业务化应用阶段。

1)渔场特征等温线分析

等值线图具有较好的直观性和易读性,在渔场海洋学研究中,渔场环境要素的等值线图也是进行渔场分析及渔业资源时空分布研究的重要图件。目前绘制等值线主要采用各种插值法实现。在渔场分析中,经常综合分析 SST 等值线与渔获量的相关性,以判断中心渔场与 SST 空间分布的相关性,从而判断中心渔场的 SST 特征等温线。

2)等温线的绘制

绘制等温线的时候,通常每隔 1 ℃(或 0.5 ℃)绘制一条等温线,同时在等温线上标注具体的温度数值,以便判读,对于 15 ℃、20 ℃、25 ℃ 等还通常用加粗的线条表示。直接的卫星水温图多为彩色水温图,不同的颜色代表不同的温度区间,通常高温暖水区用红色或棕色等暖色调标出,低温冷水区用蓝色等冷色调标出。卫星水温图常常同一般的等温线图叠加在一起,这样更容易判读分析。

3)温度梯度与温度锋面

等温线分析不仅可以直接从等温线图上得到渔场区海温的总体分布、冷暖水系的分布特征、等温线的走向、等温线的密集程度等信息,而且可计算出温度梯度,获取海洋锋面、涡旋位置等信息。海洋里的海表温度梯度主要指海温随海面分布距离的变化率,温度梯度越大,说明该海域温度变化越强烈,在海表温度梯度大的海区容易形成渔场。温度梯度变化大的区域,一般称为锋面,也称流隔,是渔场形成的重要标志。海洋锋面区一般表现为温度梯度变化较大,SST 等值线汇聚密集。利用遥感技术和地理信息系统(GIS)对不同流域的分布、河流分隔位置以及摆动情况进行分析,可为确定中心渔场的位置提供判断依据。

4）温度较差

除了掌握当前的渔场水温外，人们还常把当前的渔场水温同其他年份或其他时段的渔场水温进行比较，如与上一年同期水温进行比较等，这样可得到通常所说的温度较差（温度比较相差的数值）图。不同周的温度比较即为温度周较差，不同年份的温度比较即为温度年较差。通过与上一年（或其他年份）同期水温进行比较，可以掌握当年当期不同海域水温的分布状况与往年的差异，结合往年渔场形成区域的水温、海流等信息有助于判断当年渔场形成的区域和最佳的捕捞时期。

5）温度距平及海温异常变化

通过比较当前水温和一般年份（普通正常年份或多年平均）的水温就可以掌握海温异常变化情况，即可得到一般所说的距平（距离平均状况的差值）图。海温距平可以有正距平或负距平，海温正距平就是海温与常年平均状况相比偏高，出现了升温。根据海温距平图可判断当前海水温度与正常年份相比的偏差情况。

3. 遥感叶绿素信息的渔场分析

海水叶绿素信息反映了海洋初级生产力状况，叶绿素浓度越高意味着初级生产力水平越高，其支撑的海洋渔业资源潜力也越大。目前，卫星遥感叶绿素信息在海洋渔场寻找中已得到成功应用，且常与卫星遥感提取的 SST 一起分析，分析手段主要有数理统计分析、叶绿素特征值分析及海洋水色锋面分析等，最终为评估海洋初级生产力水平及渔业资源提供依据。

1）数理统计分析

数理统计分析主要是将渔获量或 CPUE（单位捕获努力量渔获量）数据与同步的叶绿素数值进行关联分析，依据在不同叶绿素浓度范围内的总渔获量或作业频次来确定该种鱼类渔场的最适叶绿素浓度范围。一般来讲，渔场出现频率高时对应的叶绿素浓度区间值，可视为其最适叶绿素浓度范围。

2）叶绿素特征值分析

将叶绿素浓度等值线图与渔获量或 CPUE 进行空间叠加，可以判读渔场的叶绿素浓度特征值。通过叶绿素特征值分析渔场有两种方式，一是较大的叶绿素特征值指示出浮游植物密集的海域范围，据此可确定位于海洋生态系食物链中直接以浮游植物为饵料的上层鱼类的可能分布区域；二是叶绿素某一特征值能够反映出海洋锋面或水团扩展的边界与范围，据此可确定海洋水色锋面或渔场所在区域。

3）海洋水色锋面分析

海水叶绿素浓度的空间分布及随时间的动态变化能够指示出丰富的锋面、海流及涡旋信息，可据此分析渔场位置。海洋水色锋面通常由水色要素如叶绿素浓度变化急剧的狭窄地带或叶绿素浓度梯度最大的地方来定义表示。海洋水色锋面形成的原因很多，大洋水色锋面主要为由海水上升流、海水辐散形成的冷涡或寒流入侵的冷锋等所形成的叶绿素锋面，近岸与河口海区时常有悬浮泥沙形成的水色浊度锋面。大洋叶绿素锋面时常与温度锋面相伴出现，位置接近，因此通常把叶绿素锋面与温度锋面结合起来分析。叶绿素锋面区域常由于锋面形成的动力作用而富集营养盐，形成饵料中心，为产卵、索饵鱼群提供物质基础。

4）海洋初级生产力水平及渔业资源评估

海洋初级生产力水平通常定义为海洋浮游植物光合作用的速率。光合作用大小与光和色素浓度密切相关，海水叶绿素浓度与初级生产力水平之间存在相关关系，遥感海洋初级生产力水平对理解海洋生态系统、了解海洋鱼类基本生境、估计渔业资源潜在产量等方面具有重要意义。大洋一类海水区域的海洋水色主要反映了海水叶绿素含量信息，代表了海域中浮游植物的密集程度。自 Lorenzen 首先利用表层叶绿素浓度与初级生产力水平的相关性研究海洋初级生产力以来，许多学者相继提出了利用叶绿素浓度反演海洋初级生产力水平的各种遥感算法，可以预见卫星遥感海洋水色在反演海洋初级生产力水平、渔业资源评估、全球环境变化研究等方面将有更广泛的应用。

4. 遥感动力环境信息的渔场分析

海洋动力环境遥感主要指以主动式微波传感器（卫星高度计、散射计、合成孔径雷达等）应用为主的海面风场、有效波高、流场、海面地形、海冰等海洋动力要素的测量，这些海洋动力环境同渔业生产关系密切。目前主要应用海面高度（SSH）及由此计算得到的地转流信息进行渔场分析。

海面动力高度与水团、流系、海流、潮流等紧密相关，是这些海洋动力要素综合作用的结果。海洋渔场的资源丰度及其时空变化与此也密切相关，但不论是海洋温度及盐度（对应海水密度）的变化，还是水团变化、上升流等，都时时刻刻在塑造着海面动力地形。通常海面高度的异常变化与温度场冷暖水团的配置关系密切，如在北半球海面高度的正距平区域对应顺时针方向的暖中心，海面高度的负距平区域对应逆时针方向的冷涡，南半球则刚好相反。一般来讲，冷暖中心边缘的过渡区域通常形成锋面,海流流速较大,某些鱼类集群易形成渔场。此外,海洋锋面附近常表现出较为复杂的海洋动力特征,如海流流速较大、水团配置比较复杂等。因此,结合这些海洋特征,由海面高度的空间配置和海流流速流向的分布可以推知海洋锋面。

3.2.3 渔场遥感监测信息产品制作及发布

渔场遥感监测信息产品通常为服务海洋捕捞生产的渔场渔情速预报信息产品,不仅包括渔场预报及渔场环境分析的信息,而且包括与渔业捕捞生产有关的渔港、禁渔期、保护区等信息,因此在制作渔海况信息产品之前,首先要针对所应用的捕捞种类及海域,对所掌握的信息进行分类,筛选出必需的和辅助的信息。此外,由于渔海况信息产品主要以图件的形式出现,因而渔海况信息产品的制作也应遵循一般的地图制作规律,做到内容丰富、美观、易读和易使用。

1. 渔场遥感监测信息产品的要素

依据渔海况信息产品应用目的和包含的信息内容,可将其要素分为以下几大类:

海况信息:主要指渔场环境信息,不仅包括直接从卫星遥感反演获取的海表温度、海洋水色、海流、海面高度、风场等信息,也包括由监测或计算得到的溶解氧浓度、盐度、混合层深度、温跃层深度、海洋锋面、涡旋、温度较差、温度距平等。

渔获量信息:主要包括根据历史捕捞产量判读的历史渔场信息以及当前渔获速报信息等。

渔场预报信息:主要是根据渔场预报模型等计算得到的渔场预测信息,如渔场位置、渔场面积大小、渔场移动方向及趋势等。

渔场相关要素:主要包括禁渔区、保护区、渔港、航道等与捕捞作业密切相关的信息。这类信息虽然不是直接的生产助渔信息,但对捕捞作业具有预警作用。

基础背景海图信息:主要包括行政边界、海陆边界、水深、海底地形、岛屿、港口、河流、城市等。这类信息也是人们判读图件的必要信息。

图例与注记信息:包括经纬度、渔场符号、等值线、渔场分析文字、渔场预报周期、制作单位及制作时间等。

2. 渔场遥感监测信息产品的分类

依照应用的目的或对象,渔场遥感监测信息产品可有多种分类方式。从信息产品的信息服务种类可分为海况速报图、渔场速报图、渔场预报图等；从捕捞作业方式可分为拖网渔场图、围网渔场图等；从捕捞种类可分为鱿鱼渔场图、金枪鱼渔场图等；从表现形式上可分为图形、图表和文字分析产品；从时效上可分为速报信息与预报信息。各类别信息产品往往都是相互结合的。比如，渔海况信息通常会叠加海洋环境信息，并配有文字说明；市场信息中往往有图表显示和信息动态分析。

3. 渔场遥感监测信息产品的制作要求

渔场遥感监测信息产品的用户主要为渔船船长以及渔业生产指挥部门，因此要求信息产品尽量简单、美观、易读。根据渔海况信息产品覆盖的海域和作业对象所重点关注的信息，应对制图要素适当地筛选与调整。

渔场遥感监测信息产品的底图要素种类多样，首先要求各种背景要素的范围尽量一致，为了在有限的图上表达更丰富的信息，通常采用矢量图形与栅格图形相结合的方式，并注意前后叠加顺序，避免出现错误的覆盖。渔场遥感监测信息产品要求做到清晰美观，不仅要注意图形的视觉效果，也要注意地图的整体感和差异感。

符号或图形的层次感也同样重要。产生层次感的属性是图形的大小、粗细或有规律的颜色渐变。如饼状图由小到大的变化可以反映渔场概率的大小，线条的粗细可以表示海流的强弱，颜色从深冷色到淡冷色，再从淡暖色变化到深暖色可以直观地表示海水温度由低到高的分布情况。无论是颜色的差异还是形状的大小，都应该注意等级过渡的连续性，避免剧烈变化而产生跳跃感。

4. 信息产品制作流程

要制作渔海况信息产品，先要收集和整理所需要的渔海况数据，应用专业的软件系统对环境数据进行解析、演算、规范处理和可视化。得到海洋环境的可视化结果后，再根据不同的鱼种和海区，确定各自的渔场预报模型，将渔场预报信息和环境数据信息进行叠加，配以对海洋环境和渔场的分析，最终制作成图或打印输出，制作流程如图 3-3 所示。

5. 信息产品的发布

渔业生产和管理过程中，及时掌握渔海况渔情对渔业生产企业十分重要。渔场遥感监测信息产品的发布主要就是将制作完成的各类信息产品，通过语音、传真、网络等各种方式提供给各类用户。从内容上看，信息产品主要包括海况信息、渔场速报及渔场预报等；从内容的形式上，信息产品有纸质的，也有网络电子版的，有图件形式，也有文字形式等。

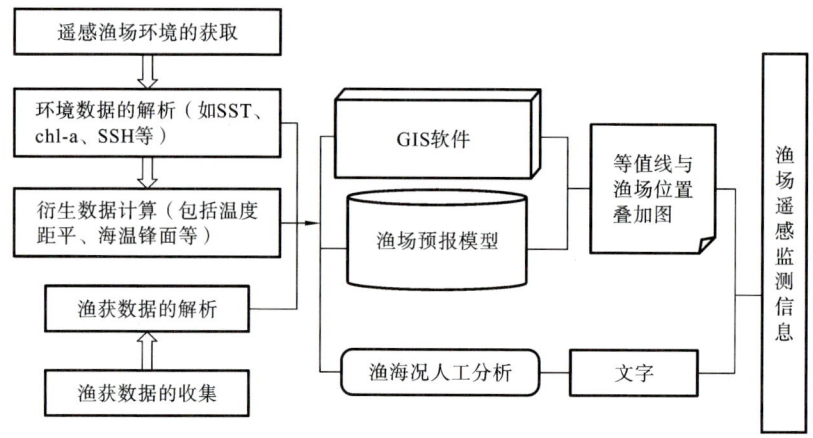

图 3-3　渔情信息产品制作流程

　　传统的发布方式包括信函、有线传真、无线传真、单边带语音报告等多种方式。一些传统方式由于时效性差、通信效果差、操作烦琐、信息覆盖范围小等已经不再使用，而有些方式因使用习惯仍在沿用。随着互联网技术的兴起，网络发布成为渔场遥感监测信息产品的主要发布方式。

　　利用互联网发布渔海况信息，具有信息量大，传输速度快，不受时间、地域和信息量限制的特点，可实现全天候、无人值守的快节奏信息服务，是未来信息服务的重要形式。通常，基于 GIS 服务的渔场遥感渔情信息服务系统多为 C/S 结构，如法国 CLS 公司 CATSAT 渔业遥感系统，它每周提供三次平均海面高度、0～300 m 水温、浮游生物密度、表面洋流、盐度和温跃层等海洋学数据，能为渔业特别是远洋捕捞生产提供及时准确的渔场信息。我国大洋渔场渔情服务系统也采用 C/S 架构，可以提供海表温度、叶绿素浓度、海流等信息。随着 Internet 技术、海上宽带和移动通信的不断发展，基于位置（LBS）的信息服务技术将使信息产品的发布更加便捷、灵活和高效。

3.3　水产养殖遥感监测技术

3.3.1　水产养殖遥感监测应用概述

　　水产养殖是指商业性地饲养水生生物（包括鱼类、软体动物、甲壳类和水生植物）的活动。水产养殖可按养殖水域的基面性质分为陆地、水面和滩涂三大类。以陆地为主的养殖系统主要包括池塘、稻田以及在陆地建造的其他设施；

以水面为基础的养殖系统包括围栏、网箱及筏式养殖,通常位于设有围场的沿海或内陆水域;以滩涂为基础的养殖系统包括基塘养殖和高位池养殖。中国是世界第一水产养殖大国,也是世界唯一的养殖产量超过捕捞产量的国家。据统计,2020 年中国水产养殖面积约 7036 千公顷,水产养殖总产量达到 5212 万吨,约占全国渔业产量的 74%。在为满足世界水产品需求做出巨大贡献的同时,我国的水产养殖也面临着水环境状况日益恶化、社会舆论监督、政策与法规监控及水产品品质要求日益提高等各方面的压力。

水产养殖的遥感监测应用主要是借助遥感技术、地理信息系统(GIS)、专家系统等信息技术,充分利用获取的包括遥感数据在内的各类多源时空数据,进行渔业制图、水产养殖选址及规划、养殖环境容量评估研究,开发建立业务化应用的渔业管理决策支持系统等。如利用遥感技术可以监测海洋温度场分布、洋流、叶绿素分布、沿岸居民点分布等,结合地理信息系统形成决策系统。同时,遥感信息可提供潮间带宽度、潮间带的底质类型、环境交通状况、人文情况、邻近海域污染情况等信息。依据这些与滩涂水产养殖有关的参数可更好地对滩涂养殖的选址、养殖品种、劳动力成本等进行评估。关于内陆水域大水面水产养殖,遥感技术可以测定水域形态、水域周长、水体面积、已有网箱养殖位置及分布,预测水生植物分布及数量、水体富营养化及污染情况、网箱养殖类型、叶绿素总量及初级生产力水平。依据大水面的河道出入口可以推断水体的营养来源、水质变化的原因等,同时遥感技术可以很方便地监测破坏渔业生产的面源污染等。

通过遥感影像可以快速提取所需的水产养殖专题信息,以帮助养殖场选址,确定养殖品种和养殖密度,监测养殖水体污染(赤潮、水质等),结合 GIS,还可对养殖区进行规划和管理,评估水产养殖区对环境的影响,加深对鱼类等水生生物栖息地的理解和认识。早在 1985 年,Kapetsky 等就将遥感技术应用于水产养殖和内陆渔业。1987 年,Kapetsky、McGregor 和 Nanne 运用遥感技术进行了养殖规划和选址的尝试。1986 年联合国粮食及农业组织(FAO)出版了水产养殖和内陆渔业遥感应用方面的专著。

近年来,中国也开展了许多水产养殖遥感监测的应用研究,如杨英宝等借助六景 TM 图像和三期高精度航片,利用人机交互式判读方法分析了东太湖 20 世纪 80 年代以来网围养殖的时空变化情况;樊建勇等借助增强处理后的 SAR 图像,对胶州湾海域养殖区进行了交互跟踪矢量化分析;林桂兰等利用方差算法对厦门海湾的海上网箱养殖和吊养进行纹理分析,得到养殖专题图。

随着遥感技术的发展,越来越多的不同类型的遥感器被用于对水域的观测。这些多平台、多传感器、多分辨率的遥感数据,在水产养殖分布提取中具有自身的优势和特性。不同类型的遥感数据具有不同的应用领域和信息提取精度。近年随着无人机技术的进步,无人机遥感监测应用也日益普及,在水产养殖布局或水体水质的局部遥感监测中也开始得到应用,有效解决了特定研究区关键监测期卫星遥感数据缺失的问题。

目前常用于提取水产养殖区信息的卫星遥感数据主要有以下几种:可见光的多光谱影像、全色图像和微波雷达的 SAR 图像。一般来说,多光谱遥感可记录地物波谱反射、辐射特征的微弱差异,拥有丰富的光谱信息,有助于识别水产养殖区域,是目前水产养殖区信息提取研究的主要信息源。但大多数多光谱影像数据的空间分辨率较低,即空间的细节表现能力比较差,将多光谱影像和全色图像融合,可以极大地提高图像解译能力。SAR 具有全天时、全天候、多波段、多极化工作方式、可变侧视角、穿透能力强和分辨率高等特点,同时 SAR 图像中含有丰富的纹理结构信息。在沿海水域,当雷达波发射时,由于海水的回波能量较弱,而养殖用的基座、围栏和网箱等回波能量较强,回波能量对比度更大,因而可从 SAR 图像中提取养殖区域的相关信息。此外,在进行精度验证时,还可利用 Google Earth 的 GEE 平台提供的在线照片,这为实地调查验证提供了便利。

3.3.2 水产养殖区分布信息的遥感提取方法

由于受研究时间、研究区域、数据源等客观因素的限制,目前尚未得到普适性的数据源和提取方法,目前常用的水产养殖区分布信息的提取方法主要有目视解译、比值指数分析、对应分析、空间结构分析等方法。

1. 目视解译判读

目视解译是最常用、最基本的方法之一,人们根据遥感影像目视解译标志(色调、颜色、阴影、形状、纹理、大小、位置、图形、相关布局等)和解译经验,与多种非遥感信息资料相结合,运用相关知识,采用对照分析的方法,进行由此及彼、由表及里、去伪存真、循序渐进的综合分析和逻辑推理,进而从遥感影像中获取需要的地学专题信息。目视解译主要采用人机交互式判读的方法,利用遥感图像处理软件对图像进行一些预处理,包括图像增强、图像融合等处理,可以有效地提高图像分辨率,突出主要信息,使图像中目标特征更加清晰,改善图像目视解译判读效果,从而提高判读的精度。李新国等借助三景航空影像对东太湖的网围养殖面积动态变化进行人机交互目视解译。褚忠信等借助不同时期的 TM 影像,对黄河三角洲平原水库与水产养殖场面积进行了人机交互判读。吴岩峻等借助四景 ETM(增强型 TM)＋影像,经过多次外业调查建立了判读解译标志,采用人机交互式目视解译方法勾画了海南省海水和内陆水产养殖区。宫鹏等借助 1987—1992 年和 1999—2002 年 TM、ETM＋影像及 Google Earth 平台提供的高分辨率影像和部分在线照片,对包括海水养殖场在内的全国湿地分布进行了人工目视解译,并绘制专题图。

目视解译简单易行,而且具有较高的信息提取精度,适用于绝大多数养殖区域的识别,但是该方法也存在一定的缺点。当判读人员的专业知识背景、解译经验不同时,可能得到不同的判读结果,其结果往往带有解译者的主观随意性;另外,当养殖区域水体同非养殖区域水体的光谱特征或空间结构特征等相似时,判读人员就很难根据判读标志将其区分开来,精度受到限制。此外,目视解译工作量大、费工费时,难以实现对海量空间信息的定量化分析。在当今的信息社会,信息的时效性尤为重要,因此,研究遥感信息的自动提取方法已成必然。

2. 基于比值指数分析的信息提取

比值型指数创建的基本原理就是在多光谱波段内,寻找出所要研究地物的最强反射波段和最弱反射波段,通过最弱波段与最强波段的比值运算,进一步扩大二者的差距,使感兴趣的地物在所生成的指数影像上得到最大的亮度增强,使其他背景地物受到普遍的抑制,从而达到突出感兴趣地物的目的。比值型指数通常又会做归一化处理,使其数值范围统一到 $-1\sim1$ 之间。如马艳娟等利用 ASTER 数据,分析养殖水体与非养殖水体在影像各波段上的分布差异,构建了一个用于从影像中提取水产养殖区域的指数——NDAI(normalized difference aquaculture index);利用 NDAI 结果,结合养殖水体与自然水体在各波段灰度值的分布,构建了用来进一步提取深海区域的指数 MEI(marine extraction index),将近海水产养殖区的养殖水体与其他水体区域分开,并取得了较高精度。基于比值指数分析的方法只考虑各波段上的灰度信息,当部分养殖区在光谱上与深海水域接近或当深海水域光谱并非均一时,会导致错分。该方法适用于养殖区与背景环境光谱差异大的地区,否则将无法克服传统遥感分类方法所普遍存在的“椒盐”噪声,导致错分。基于比值指数分析也是水产养殖用地典型的像元级处理方法。

3. 基于对应分析的信息提取

对应分析是在因子分析的基础上发展起来的,又称 R-Q 型因子分析。在遥感领域中,对应分析既研究各波段之间的关系,还研究像元之间的关系,不仅如此,它还能在同一个直角坐标系内同时表达出波段与像元两者之间的相互关系。由于该方法不仅考虑了影像波段特征属性及其相互关系,也考虑了像元特征之间的相互关系,因此其提取精度较高。如王静等应用该方法对滆湖网围养殖区进行了提取,表明此种分析方法可以快速有效地对湖泊网围养殖区进行提取。该方法对遥感图像的质量要求较高,在分析前要进行严格有效的图像预处理。此外,该方法尚不能有效地解决"异物同谱""异物同纹理"的分类问题。

4. 基于空间结构分析的信息提取

空间结构分析的处理方法有邻域分析、纹理分析、线性特征提取分析等。其中,邻域分析是依据四周邻近的像元对每一个像元进行空间上的分析,分析和运算的像元数目及位置由扫描窗口确定。纹理表现为图像灰度在空间上的变化和重复或图像中反复出现的局部模式(纹理单元)及其排列规则,反映了一个区域中像素灰度级的空间分布。纹理分析的基本方法有三类:统计分析方法、结构分析方法和频谱分析方法。

周小成等采用 ASTER 遥感影像,以九龙江河口地区为研究示范区,利用卷积算子,采用邻域分析来增强水产养殖地的空间纹理信息。李俊杰等利用纹理分析统计方法中的灰度共生矩阵(gray level co-occurrence matrices,GLCM),选用中巴资源卫星 02 星多光谱数据,以白马湖为试验区,提取了湖泊网围养殖区的空间结构,实验表明纹理量化的均值指标能够较好地反映自然水体、网围养殖区和其他地物内部结构的异质性。初佳兰等选用长海县广鹿岛海区的 SAR 影像,统计有效视数(effective number of looks)并对影像进行多种方法滤波分析,对浮筏养殖信息进行了提取。基于空间结构分析的养殖区识别,适用于近海水产养殖地的自动提取,而不适用于内陆水产养殖地的自动提取,因为后者在空间上分布孤立,斑块小,与其他农用坑塘水体的空间类似,其空间结构分析的结果宜作为遥感图像识别的辅助信息。

5. 基于面向对象的信息提取

面向对象的图像分析的主要思想是,首先将图像分割成具有一定意义的影像对象,然后综合运用地物的光谱特征、纹理、形状、上下文及邻近关系等相关信息,在最邻近法和模糊分类思想的指导下,确定分割对象所属类别,得到精度比较高的遥感影像分类结果。

对于养殖区分布的提取,面向对象的图像分析方法包括多精度图像分割、面向对象的水陆划分和非养殖水域剔除三个基本步骤。首先,使用多精度图像分割法对原始图像进行分割以获得分割图斑,并计算各个图斑的特征为后继分析服务;其次,根据遥感图像中水域的辐射特性进行水陆分割;接着根据图斑的光谱、形状及空间特征提取出面状、线状非养殖水域部分;最后在得到的水域全图的基础上剔除以上提取的面状水系和线状水系,得到养殖水域的提取结果。

面向对象的图像分析将处理的对象从像元过渡到了图斑的对象层次,更接近人们观测数据的思维逻辑,更利于知识与规则的融合。从最终效果来看,面向对象的遥感影像分析方法一般比基于像元的分析方法更优。此外,面向对象的技术,在降低常规图像分类时的"椒盐"噪声效应和结果的可解释性上有很大优势,因此在高分辨率图像信息提取中能够发挥更大的作用。如谢玉林等利用该方法对珠江口养殖区域进行了提取,验证该方法在水产养殖区提取上的可行性。关学彬等采用该方法对海南省文昌地区的水产养殖区进行监测,取得了理想效果。孙晓宇等采用该方法,利用多时相遥感数据对珠江口海岸带地区水产养殖场的变化进行了提取。

养殖用地类型与其他水体具有非常相似的光谱特征,常规多光谱遥感只能提供大于 100 nm 光谱分辨率的间断波段信息,而高光谱遥感有足够的光谱分辨率,可以对那些具有纳米级诊断光谱特性的地表物体进行区分。谱像合一技术是高光谱遥感的显著特点,在对目标地物成像的同时,每一个像素都获得了几十至几百个连续光谱的覆盖,其图像同时具有空间、辐射和波谱的信息。因此利用高光谱数据来研究和分析水产养殖区域,尤其对养殖水体污染(赤潮、水质等)的监测,将是今后研究的重点。

6. 渔业养殖用地信息云计算处理方法

随着云计算技术的不断发展,海量遥感影像数据的批量处理与云计算技术也结合得越来越密切,如国际上非常成熟的 Google Earth Engine(GEE)遥感数据云计算平台,其后亚马逊云(AWS)和微软云也先后发布了支持遥感数据的云计算平台,国内的华为云、航天宏图(PIE-Engine)等公司也先后试水遥感数据的云计算业务。GEE 将全球历史存档的长时间序列的多源遥感数据整合在一起,用户不仅可以免费下载数据,还能对大规模影像进行在线分析(如变化检测、趋势分析等),但实际上,现有遥感数据平台的卫星图像数据质量参差不齐,需要预先处理。以谷歌为例,处理同一时间每一张原始卫星图像(称为"一景")边缘时,为达到连续效果,需要在图像接边处进行平滑和羽化。虽然看起来接边处过渡连续了,但是数据与真实情况有出入。此外,受大气云层、卫星运行的影响,所观测的卫星图像会存在误差畸变、观测错误等问题,这些问题均需要专业人员进行修正。宫鹏团队则把流程自动化了,基于 AWS 集中存储的公共数据集包括美国联邦地质调查局的 Landsat 卫星数据,以及中等分辨率成像光谱仪(MODIS)的数据等。他们借助 AWS 的大规模算力,结合机器学习计算框架,最终将几百万张高分辨率卫星图像拼接在一起,构建了多维的时空数据立方体。此外,使用时空数据融合重建技术得到的图像没有异常值和缺失值(如云、条带值等),并重现了无缝的高时空分辨率遥感图像。尹玉蒙等基于 GEE 云计算平台,运用多特征的沿海水产养殖区空间信息提取方法得到沿海水产养殖区空间分布数据集(1990—2022 年)。利用 GEE 云计算技术可以高效地解决遥感数据的批量分析问题,高效地利用多源遥感数据进行特定区域的空间环境、人文等因素的时空变化情况分析。随着不同渔业养殖类型更为丰富,准确的光谱库、特征库的建立,传统的遥感影像处理方法与云计算技术相互结合,极大提高了渔业养殖区的空间监测分析能力,渔业养殖遥感的监测将进入更为高效的信息处理及管理阶段。

3.3.3　水产养殖区适宜性评价与智能决策支持系统

水产养殖区适宜性评价就是对某个地区是否适宜发展水产养殖及其适宜程度进行综合评定,是养殖资源利用和发展规划的主要依据。长期以来,传统的水产养殖区适宜性评价大都采用经验方式进行定性分析,定量分析不够,存在较大的局限性,因此,决策中的模糊判断较多,主观成分较大。遥感技术可以提供更加宏观并且快速实时的方法来帮助养殖场选址、确定养殖品种和养殖密度、监测养殖水体污染(赤潮、水质等)。近年来,国内外学者把模糊数学、多元统计等方法和遥感、地理信息系统等手段引入资源评价中,通过建立综合评价指标体系,得出比较客观的评价结果,有效地克服了以往经验式评价的弱点。

1. 评价因子的选择

评价因子的选择是进行水产养殖区适宜性评价的关键,将影响评价的整个过程及最终结果。要获取科学系统、实用性高度统一的评价成果,遵循一定的评价原则是实现这一目标的前提。目前,水产养殖适宜性评价还没有通用的原则,本章借鉴 FAO《可持续土地管理评价纲要》中对土地的评价原则:

(1)主导性原则,选择对资源利用方式有较大影响的因子。

(2)差异性原则,选取的因子在评价区域内的差异应较大。

(3)稳定性原则,选取的评价因子在时间序列上应具有相对的稳定性,确保评价的结果能够有较长的有效期。

（4）因地制宜原则，所选因子应当与当地的资料技术水平相协调，充分利用当地现有的资料，所选取的评价因子应与评价区域的大小有密切的关系，应采用最接近的现势性较好的数据。

针对不同的生境区域，评价因子选择的侧重点应有所不同。水产增养殖可以依据上述遥感方法测得的数据对项目进行决策、评估，以确定选址、选种、资金投入等内容。Bryan L. Duncan 针对如下一些水产养殖选址给出了重点考虑因素。

1）微咸水/潮汐区

（1）养殖场地接近感潮区，包括：受盐渍化影响的情况与潮汐类型；上游工业存在污染的潜在可能性。

（2）地形，包括：感潮河段受影响的程度；所需开挖土方的体积与挖掘形式。

（3）区域的形状与大小，包括：确定开挖池塘的可能性（是否符合相关政策要求）；确定池塘的大小、数目与外形；对建设方略或要求的方法提出建议。

（4）植被类型与范围，植被是潮差、地形、土壤特征等因素的直接指示。

（5）有效水域面积，局部取决于潮汐特征，以及感潮水道的长、宽、深。

（6）有效水域的水质，如河口附近受流向影响的盐度和降雨方式，以及悬浮物质数量。悬浮物质数量指示沉积物积累速率与肥力。

（7）区内基础设施，如与道路、村落等的邻近程度。

（8）与区内现有池塘、自然水体等的接近程度。

2）内陆河流区域

（1）地形。地形影响所需供水类型与池塘设计。

（2）分水岭范围。分水岭范围影响表面径流与河边流量的数量与质量。

（3）土壤类型。其中主要考虑持水能力。

（4）排水类型。

（5）季节性洪水。

（6）当前土地利用状况。

（7）与道路、村落和其他基础设施的邻近程度。

3）自然水库（如湖泊、牛轭湖等）

（1）数量与位置。

（2）面积。

（3）深度与水底形态。

（4）形状/海岸边线轮廓——笼养、围栏等保护区。

（5）水的肥力——影响水产养殖生产的成本。

（6）水循环方式。

（7）水生植被——可能干扰水产养殖活动。

2. 评价的流程

从"发展的适宜性"和"管理框架"两个方面看，第一个方面是对开展水产养殖本身的要求，第二个方面是在土地和水资源等其他用途背景下对发展水产养殖的限制。对于发展和管理任务，有关具体标准的所有来源的空间和特征数据均在 GIS 平台内进行处理和分析，以便做出决策。结果以数据库、地图和文件方式给出。

从地理角度，信息的 3 个分级对海水养殖发展和管理至关重要：① 环境对拟养殖动植物的适宜性；② 环境对养殖设施的适宜性；③ 多环境信息融合。多环境信息融合是最宽泛和最复杂的，需要考虑行政管辖权以及底基、底层、水体、水面和土地（用以确定岸上支持设施或陆基海水养殖情况）的竞争利用情况，还要考虑支持养殖地点的成本（按时间和距离）以及养殖产品的市场分布。因此，基于地理信息系统的研究将提供最有用的结果。评价的流程图见图 3-4。

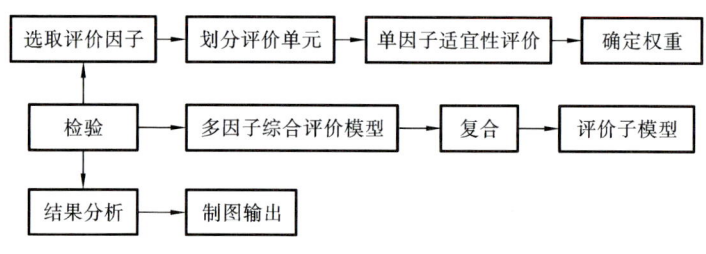

图 3-4　水产养殖区适宜性评估

3. 决策支持系统

决策支持系统是一个互动的、基于计算机的系统，它负责处理并展示空间数据，以支持有根据的、客观的决策，并在某些情况下实现参与式的决策。模式是现实的一种简化表示，用来模拟现实进程，以了解情况、预测结果或分析问题。模式可以被看作一个选择性的逼近。

鉴于渔业和水产养殖从根本上是空间的分配问题，因此需要对潜在的空间问题有深入的认识。地理信息系统（GIS）和遥感技术提供了水生资源及其环境、渔业管理单位、生产系统等基础资料，可以支持决策过程。从组织和实施的角度看，很明显，海洋渔业和海水养殖都需要环境和经济数据，许多物种既被养殖也被捕捞。此外,海水养殖和渔业的空间分析程序是相同或相似的。从阈值属性数据的角度来看,需要整合目前正在养殖或有海水养殖潜力的物种的生物物理需求的信息,还需要了解养殖结构的物理环境要求,以及生物经济模式。

GIS 应用的最高目标是空间决策支持,而空间决策支持的核心必然是空间分析。水产养殖决策支持系统实施的关键在于社会经济数据的使用、定制工具的开发和决策支持系统的搭建,以更好处理水产养殖的具体决策问题。国外在应用 GIS 进行水产养殖和海洋保护的决策支持方面已经有许多成功的案例。

3.4 鱼类栖息地遥感监测技术

3.4.1 鱼类栖息地的概念

栖息地,又称生境,通常是指某类生物或生物群落栖息(生活和生长)的自然环境,具有栖息于其中的生物所必需的各种生存条件(食物、活动空间和生物适应的其他生态因素),如湿地生境、潮间带生境、河口生境等。生物与栖息地间的关系一直是生态学研究的重点,也是资源管理上的重要决策依据。栖息地关系着生物的食物链和能量流。

鱼类产卵、繁殖、摄食或育成所必须依赖的水域或底质环境称为鱼类关键生境(EFH)。其中的"鱼类"是指除了海洋哺乳动物和鸟类外的各种有鳍鱼类、软体类、甲壳类以及其他所有的海洋动物,并非专指狭义上的脊椎动物门的鱼类。为便于全面理解鱼类关键生境的定义,美国国家海洋渔业服务部(NMFS)指南对该定义中的其他关键词进行了详细阐述:定义中"水域"包含鱼类所利用的各种水体及其相关的物理、化学和生物学属性,也包括鱼类在以往历史中生活过的区域;"底质"包括各类沉积、硬质海底、水中的各种结构物以及相关的生物群落;"必须"是指这种生境在支撑一个可持续的渔业和维持一个健康的生态系统的过程中必不可少;"产卵、繁殖、摄食或育成"则涵盖了一个种类全部的生活史。NMFS 同时也特别指出,对 EFH 的描述不应仅局限在生境中的温度、盐度、营养盐、溶解氧、底质类型和植被组成等环境条件,还应包括其理化和生物区系特征,因为后者往往是影响鱼类分布和群落组成的关键因子。

栖息地对鱼类资源的维持和持续利用起着至关重要的作用,利用遥感和地理信息系统等空间监测技术与分析手段结合现场环境和生物数据进行栖息地的识别,可以了解那些影响到物种分布的重要的海洋过程,洞悉其分布模式和对环境变化的响应;在特定的海洋环境中通过生态区的设计可以识别需保护的优选站位,逐一建立保护框架。20 世纪 90 年代开始,美国国家海洋渔业服务部 (NMFS)就广泛应用遥感和 GIS 技术来识别和评价内陆湖泊的基本鱼类生境。如美国 1996 年重申了 Maguson Stevens 渔业养护与管理法,要求修改所有美国联邦渔业管理计划,描述、鉴别、保护、改善 EFH,要对指定 EFH 栖息地的特征进行描述和制图分析。Long 等在澳大利亚的 Torres 海峡建立了 Torres Strait GIS,系统可为许多目的提供图件,如按 TIN(不规则三角网)插值对海草顶枯面积的变化进行计算。Eastwood 和 Meaden 则按不同季节对英吉利海峡舌鳎(*Solea solea*)的栖息地进行评价。在海洋鱼类栖息地的研究中,人们也应用 SST、叶绿素 a(chl-a)等多元海洋环境遥感监测信息建立了渔业栖息地指数等。如 Bertignac 等基于 SST、饵料因子栖息地指数,分析了太平洋热带金枪鱼渔场和栖息地。Nishida 等提出开发基于印度洋鱼类栖息地的海洋生态模型,研究各种海洋要素对鱼类分布的综合影响。

栖息地的质量可以直接从鱼类对其利用的强度上反映出来,质量越高的栖息地,其支撑的鱼类密度往往也就越高。Bond 等在研究南加利福尼亚湾的鱼类栖息地时提出一种评价栖息地价值的新方法,就是基于鱼类功能群的组成情况来评价栖息地价值,功能群越复杂,则相应的栖息地利用率越高,其价值也就越大。上述研究虽然未融入 EFH 的概念,但实际上已经为 EFH 识别技术的后续发展奠定了必要的理论基础。在进行与栖息地相关的各种鱼类及无脊椎动物研究时,首要且必须做的事是对 EFH 进行识别。对 EFH 的识别和保护是管理各资源种群的重要环节,对鱼类栖息地的识别、保护和修复是渔业可持续发展的关键。《生物学评估操作规范》(OCAP BA)指出,在 EFH 的识别过程中,对鱼类繁殖、产卵和洄游起关键作用的 EFH 必须包含以下详细信息:① 底质组成;② 水文水质条件;③ 水量、水深和流态;④ 栖息地外延的梯度变化和稳定性特征;⑤ 饵料生物组成;⑥ 栖息地覆盖度及复杂性;⑦ 栖息地的垂直和水平空间分布特征;⑧ 栖息地的各种进出口和通道;⑨ 栖息地的连续性特征等。

3.4.2 渔业栖息地的分类与识别

1. 渔业栖息地的分类

EFH 的概念越来越深入不同国家的渔业管理计划,用以确定那些对于维持健康鱼类种群具有重要意义的地理位置。绝大多数鱼类在不同的生命周期阶段使用不同类型的生境。对于一个物种的关键生境的描述应该包括对这个物种完成其生命周期起到至关重要作用的所有的生境类型,可以考虑分为以下类别:①产卵区;② 育苗区(幼体和幼鱼);③ 成体生存区;④ 洄游通道;⑤ 一个物种可能被高度限制的特定区域。

对于不同类型渔业(远洋渔业、近海渔业和养殖渔业)的对象,其生境大为不同,从地理空间上可做如下分类:

1) 开阔海域生境

海洋在水平方向上主要分为浅海区(neritic province)和大洋区(oceanic province)等。

浅海陆架区:指大陆架上的水体,平均深度一般不超过 200 m,宽度变化很大,平均约为 80 km。浅海区受到海底地形、区域构造环境、径流、气候、海洋环流等影响,其海洋水体结构相对来说是比较复杂多变的。浅海陆架区是海洋中最具生产力和经济价值的区域之一,全世界大部分渔业都位于该海域,是人类活动(航运、捕捞等)的重要海域。

上升流区:指海洋中深层海水涌升到表层的区域,其典型的表层水团表现出低温、低溶解氧含量、高营养盐含量、高盐度和高密度等主要特征。上升流区是海洋中重要的高生产力区。近岸上升流是海洋的重要渔场。

大洋区:指大陆缘以外的水体,大洋区是海洋的主体,其理化环境条件比浅海区稳定。大洋表层是大洋区的生产区,浮游生物数据量丰富,一些摄食浮游生物的种类会集群大量出现,成为远洋渔业的捕捞对象。

2) 近岸海洋生境

河口区生境:是近岸海洋典型生境类型之一,主要在高浊度河口,凭借径流的大量水沙输出,于海岸潮汐能较小的区域发育而成。河口区生境有很丰富的生物资源又是许多重要经济鱼种的洄游必经之地,河口区也常常是重要的港区和口岸。河口区属于陆海相互作用强烈带,亦为敏感区和脆弱带,河口区生境极易受到高强度人类活动的影响。

基岩海岸:由坚硬岩石组成的海岸称为基岩海岸。岩岸潮间带最显著的特征就是在退潮时可以看到生物有明显的垂直带状分布现象。

砂砾质岸:由颗粒较粗的砂砾组成的平原海岸称为砂砾质岸。生活于此的很多生物个体很小,隐蔽在砂粒里,大型种类也多为穴居种类。

盐沼湿地:盐沼主要分布于温带河口海岸带的长有植被的泥滩,植被的成带分布特征反映了不同的潮汐淹没时间,由于水体盐度的影响,盐沼湿地上的植被以盐土植物为主。

红树林生境:红树林为热带和亚热带海岸潮间带特有的盐生木本植物群

落,红树林生境主要分布在热带、亚热带区域的江河入海口及沿海岸线的海湾内,是全球海岸带最典型的海洋生境之一,具有重要的生态、社会与经济价值。

珊瑚礁:珊瑚礁由生物作用产生的碳酸钙沉积而成,在全球海洋中,珊瑚礁孕育了最丰富的生物多样性,构建了最具生产力的生态系统,对全球的碳循环和气候变化意义重大。在海洋环境中,珊瑚礁生物群落是物种最丰富、多样性程度最高的生物群落之一。

海草床:海草是一种在浅海生活的显花草本植物。海草能生长在世界大部分的浅海泥沙底的海岸及河口地区,通常在沿海潮下带形成宽广的海草场。海草床是沿岸重要的海洋生境之一,在净化海水水质,护岸减灾,提供食物(主要以碎屑形式),提供栖息地、育婴场和避难所,以及生物地化循环等方面扮演着非常重要的角色。

3)内陆渔业生境

池塘:池塘是比湖泊小的水体。通常池塘都没有位于地面的入水口,都是依靠天然的雨水、地下水源或以人工的方法引水进池的。池塘与湖泊有所不同,是封闭的生态系统。

湖泊:湖泊是内陆洼地中相对静止、有一定面积且不与海洋发生直接联系的水体。湖泊支持着非常重要的生态系统,湖水的平均深度在 2～100 m 之间,这是阳光能够穿透的深度,因此,湖水从上到下都能给生物足够的能量,维持丰富的生物多样性。

河流:河流是指陆地表面成线形的自动流动的水体。河流是一个完整的连续体,左右岸构成一个完整的体系,连通性是评判河道或缀块区域空间连续性的依据。河道通常会为很多物种提供适宜生存的条件,它们在河道内繁衍生息,形成重要的生物群落。河道一般包括两种基本类型的栖息地结构:内部栖息地和边缘栖息地。

2. 渔业栖息地识别与评估

目前已经有所应用的 EFH 识别方法主要有:① 借鉴渔民的以往经验和渔业科学家的已有研究结果进行的 EFH 识别;② 利用水下声学设备(如探鱼仪、旁扫声呐等)进行的 EFH 识别;③ 利用 GIS、遥感等空间监测技术与分析手段结合现场环境和生物数据进行的 EFH 识别;④ 依据水下摄像(定点观察、无人遥控潜水器跟踪观察或潜水随机观察)进行的 EFH 识别;⑤ 利用标志放流和无线追踪设备进行的 EFH 识别;⑥ 通过独立的生物、生态学调查进行的 EFH 识别;⑦ 应用稳定同位素示踪法进行的 EFH 识别;⑧ 基于鱼类生物学数据和环境数据的栖息地指数模型的 EFH 识别;⑨ 基于目标种不同生活史的多阶段模型的 EFH 判别;⑩ 利用鱼类的生长和耳石微化结构进行的 EFH 识别;⑪ 在特定的海洋环境中通过生态区的设计来识别需保护的优选站位,逐一建立 EFH 的保护框架的方法。

EFH 的评估内容包括:① 对提议的管理和科研事项进行详细阐述;② 对 EFH 进行识别,就上述事项对 EFH 的可能影响(包括持续效应)进行分析,并对目标种及其他相关种类不同生活史阶段的管理进行探讨;③ 给出各联邦机构对 EFH 相关行动效果的看法及观点;④ 提出减缓不利影响的可行性措施。

如果按所建议的方式进行管理可能带来很大影响,则在适合的条件下,对 EFH 的评估还应包括现场视察的结果、权威专家对受影响的栖息地或种类的看法、相关文献的回顾、对建议方案的其他选择的分析以及任何其他相关的信息。事实上,不同的渔业管理机构对 EFH 评估的实施要求并不完全一致,这主要是由于它们所处的海域环境、资源状况以及相关的研究背景存在差异。

1) 海洋渔业栖息地

鱼类栖息地的识别对于生物多样性的保护和可持续渔业管理来说是非常重要的。限制在这些栖息地的人为压力可以保护鱼类种群和其相关渔业的可持续发展。即使亚表层现象不能被遥感的方式所描述,且卫星数据仅在 20 世纪 80 年代以后才获取得到,卫星图像依然提供了广泛的几乎是全球的海表环境条件的知识基础。人们已经可以获得海表的高低形态,并绘制出那些影响到物种分布的重要的海洋过程。此外,广泛的大规模调查,提供了某些物种分布的时间序列和整个水柱的海洋学数据,为研究环境变化和物种环境参数之间的关系提供了基础数据。最后,空间统计分析和地理信息系统技术提供了刻画物种与栖息地的关系的工具,并标识确定了基础生境区域。

一系列研究表明,许多海洋物种有广泛的分布范围,并通过改变其分布模式和栖息地利用来实现对环境变化的响应。海洋环境从根本上说是动态的,在一个固定的水深和海底底质的背景下,海洋状况和可获取的渔获物是随时间和空间变化的,时间上存在着昼夜间、季节间和年际的变动,空间上存在着不同尺度的垂直变化和水平变化。

渔业资源调查数据集包含各种渔业声学数据、实验拖网数据、仔稚鱼和鱼卵数据等。通常来说,商业性渔获资料和捕捞努力量数据的空间分辨率比较粗,但也可以提供新补充的鱼类的分布和丰度数据。相关的环境(生态地理的)参数包括海表温度(SST)、叶绿素-a(chl-a)浓度、光合有效辐射(PAR)、真光层深度(EUD)、海平面异常(SLA)、风速和方向、海面盐度(SAL)的模式数据和海表流速(SSC)等。水文调查数据可以提供额外的亚表层和海底条件的信息。由统计学和地统计学工具分析的空间位置变量和空间分布格局可以替代一个或多个未知的环境变量,或者替代那些不能轻易测量的变量,从而提高预测的能力。利用这些数据可以掌握真正的地理效应,例如与最适生境特征(如产卵场)的邻近度。对于海洋过程而言,SST 和叶绿素浓度等数据可以用来确定温度锋面、初级生产力递增锋面和海洋生产力热点区域,从而确定样本点与这些物理特征的距离。固定的海洋物理特征包括深度及其派生变量,如海底坡度、深度和坡度变率、坡向、与海岸带的距离、与特定地形区的距离和海底底质类型。对影响 EFH 选择的主要变量的判别要尽可能依据物种的生物学和生态学的知识。理想的情况下,变量应能说明物种的生态学特征,标识相关海洋过程的存在情况或强度(例如上升流或锋面)。

2）内陆水域栖息地及水生物多样性的监测

联合国环境规划署在 2003 年 3 月 10 日至 14 日于蒙特利尔召开了第八次生物多样性公约会议,会议形成了《内陆水域生态系统生物多样性快速评估方法和准则的专家会议报告》。这个报告的主旨是讨论内陆水域水生多样性的快速评估,在确定是否需要进一步开展实地评估之前,首先应收集和评估尽可能多的现有数据和信息。这一部分评估应明确现有哪些数据和信息,数据来源可以包括地理信息系统和遥感信息源、公布的和未公布的数据以及从当地居民那里获得的有益的传统知识和信息。这类信息本身也需要评价,以确定现有信息是否满足评估要求,是否需要开展新的实地调查。

鱼类基础生境全面调查和评估所需的各类数据和信息并非全都能够通过快速评估方法收集获得。但是,一般可以收集一些初步信息,以了解在主要调查和评估中普遍使用的所有核心数据。在某些情况下,快速评估只能得出初步的结果,而且数据集的可信度也较低。不过,此类数据和信息可以用来确定在资源允许的情况下哪些领域需要进一步开展更为详细的评估。

大多数的快速评估都包括对某个地点进行的单一"瞬时"调查。但是,许多内陆水域系统和依靠它们生存的生物群(比如迁徙物种)都具有季节性,这意味着在一年不同的时间里可能需要对不同的生物分类群进行调查。要使评估取得可靠的结果,就要考虑按季节制订快速评估的计划。

鱼类生境栖息地的遥感监测是指利用卫星遥感等手段对生境中的生态因子的监测,目前鱼类生境大部分的生境因子可以通过遥感的手段获取,也有一部分环境要素无法通过卫星遥感获取,如表 3-1 所示。利用光学、热红外、微波等电磁辐射的发射和反射特性,可以高效地获取海洋表面光学透明度、水温、盐度、叶绿素浓度、初级生产力、海冰、滩涂及河水径流等的时空变化情况,而海水中营养盐浓度、溶解氧浓度、pH 值、CO_2 浓度及栖息地内种群的分布状况等尚不能用遥感的电磁信号进行准确有效的直接反演或识别。随着人类对海洋系统资源开发的不断加剧和全球气候的不断变化,渔业栖息地的环境也发生着剧烈变化。目前,渔业栖息地遥感研究应用案例主要集中在以下几方面:近岸栖息地环境要素变化对生物多样性的影响、赤潮与大型藻类现象,以及珊瑚礁、红树林等的应用监测。遥感技术作为近海渔业生物栖息地环境变化监测的有效手段,也在不断地与栖息地环境生态等学科进行融合。国内外学者在考虑生物要素的同时,也将地理要素、物理要素、化学要素和气候要素纳入综合生态体系,推动了近海大尺度渔业资源及其群落组成变化的研究。

表 3-1　栖息地生境要素与适宜观测波段及卫星传感器

栖息地生境要素	要素功能	适宜光谱波段	典型卫星
生物光学	直接或间接影响海洋生物的分布、数量及行为	可见光与近红外	ENVISAT/MERIS,Landsat,Aqua/MODIS,OrbView-2/SeaWiFS
水深	直接或间接影响海洋生物的分布、数量及行为	可见光与近红外	Landsat, SPOT, IKONOS, 高分系列
海表温度	直接或间接影响海洋生物的繁殖、发育、生活状态、数量变动和分布	热红外	POES/AVHRR, GOES/Imager, DMSP/SSMI, TRMM/TMI
海表盐度	影响生物个体的大小、繁殖和分布等	微波	ERS-1&2/AMI, QuikSCAT, Radarsat-1
叶绿素浓度	影响初级生产力	可见光与近红外	ENVISAT/MERIS,Landsat,Aqua/MODIS,OrbView-2/SeaWiFS
初级生产力	作为食物链的低端,影响滤食性生物	可见光与近红外	ENVISAT/MERIS,Landsat,Aqua/MODIS, OrbView-2/SeaWiFS
营养盐	影响浮游植物和藻类的生长及其数量	不适宜	
溶解氧浓度,pH 值,CO_2 浓度	是生物呼吸和光合作用的基本物质	不适宜	

续表

栖息地生境要素	要素功能	适宜光谱波段	典型卫星
浪和潮汐	直接或间接影响海洋生物的分布、数量及行为	散射微波	ERS-1&2/AMI,QuikSCAT,Radarsat-1
海面高度和风速	影响海流	—	TOPEX/Poseidon,Jason-1
海冰	直接或间接影响海洋生物的分布、数量及行为	可见光、近红外、热红外及微波	POES/AVHRR,GOES/Imager,DMSP/SSMI,TRMM/TMI
流和锋面	改变温度、盐度等,对海洋生物影响大	可见光、近红外、热红外及微波	POES/AVHRR,GOES/Imager,TOPEX/Poseidon,Jason-1
底质、底形	影响生物的栖息、繁育	可见光及微波(较困难)	
滩涂	影响滩涂及近岸的生物	激光、可见光、近红外及微波	ENVISAT/MERIS,Landsat,Aqua/MODIS,OrbView-2/SeaWiFS
河流分布与径流	影响水温、盐度和营养盐浓度	可见光、近红外、热红外及微波	ENVISAT/MERIS,Landsat,Aqua/MODIS,OrbView-2/SeaWiFS
同种生物	影响种间竞争与依赖关系	可见光及微波(较困难)	
捕食生物	影响目标生物生长、繁育及数量	可见光及微波(较困难)	
被捕食生物	影响目标生物生长、繁育及数量	可见光及微波(较困难)	

本章参考文献

[1] 李小文. 遥感原理与应用[M]. 北京:科学出版社,2008.

[2] KEMMERERR A J, BENIGNO J A, REESE G B. et al. Summary of selected early results from the ERST-1 menhaden experiment[J]. Fishery Bulletin, 1974, 72(2):375-389.

[3] SANTOS A M P. Fisheries oceanography using satellite and airborne remote sensing methods: A review[J]. Fisheries Research, 2000, 49(1): 1-20.

[4] 殷名称. 鱼类生态学[M]. 北京:中国农业出版社,1995.

[5] 陈新军. 渔业资源与渔场学[M]. 北京:海洋出版社,2004.

[6] 苏奋振,周成虎,杜云艳,等. 3S 空间信息技术在海洋渔业研究与管理中的应用[J]. 上海水产大学学报,2002,11(3):277-282.

[7] KAPETSKY J M, CADDY J F. Applications of remote sensing to fisheries and aquaculture[C]// FAO Report of the 11th Session of the Advisory Committee on Marine Resources Research. Rome:FAO Fisheries Report,1985(338):37-48.

[8] KAPETSKY J M, MCGREGOR L, NANNE E H. A geographical information system to plan for aquaculture:a FAO/ UNEP GRID study in Costa Rica[R]. Rome:FAO Fisheries Technical Paper,1987.

[9] MEADEN G J, KAPETSKY J M. Geographical information systems and remote sensing in inland fisheries and aquaculture[J]. FAO Fisheries Technical Paper,1991(318):262.

[10] 杨英宝,江南,殷立琼,等. 东太湖湖泊面积及网围养殖动态变化的遥感监测[J]. 湖泊科学,2005(2):133-138.

[11] 李新国,江南,杨英宝,等. 太湖围湖利用与网围养殖的遥感调查与研究[J]. 海洋湖沼通报,2006(1):93-99.

[12] 吴岩峻,张京红,田光辉,等. 利用遥感技术进行海南省水产养殖调查[J]. 热带作物学报,2006(2):108-111.

[13] 宫鹏,牛振国,程晓,等. 中国 1990 和 2000 基准年湿地变化遥感[J]. 中国科学:地球科学,2010(6):768-775.

[14] 初佳兰,赵冬至,张丰收,等. 基于卫星遥感的浮筏养殖监测技术初探——以长海县为例[J]. 海洋环境科学,2008,27(S2):35-40.

[15] 褚忠信,翟世奎,孙革,等. 遥感监测的黄河三角洲平原水库及水产养殖场面积变化[J]. 海洋科学,2006,30(8):10-12.

[16] 樊建勇,黄海军,樊辉,等. 利用 RADARSAT-1 数据提取海水养殖区面积[J]. 海洋科学,2005,29(10):44-47.

[17] 马艳娟,赵冬玲,王瑞梅,等. 基于 ASTER 数据的近海水产养殖区提取方法[J]. 农业工程学报,2010(S2):120-124.

[18] 王静,高俊峰. 基于对应分析的湖泊围网养殖范围提取[J]. 遥感学报,2008(5):716-723.

[19] 周小成,汪小钦,向天梁,等. 基于 ASTER 影像的近海水产养殖信息自动提取方法[J]. 湿地科学,2006(1):64-68.

[20] 李俊杰,何隆华,戴锦芳,等. 基于遥感影像纹理信息的湖泊围网养殖区提取[J]. 湖泊科学,2006(4):337-342.

[21] 林桂兰,孙飒梅,曾良杰,等. 高分辨率遥感技术在厦门海湾生态环境调查中的应用[J]. 台湾海峡,2003(2):242-247.

[22] 谢玉林,汪闽,张新月. 面向对象的海岸带养殖水域提取[J]. 遥感技术与应用,2009(1):68-72.

[24] 关学彬,张翠萍,蒋菊生,等. 水产养殖遥感监测及信息自动提取方法研究[J]. 国土资源遥感,2009(2):41-44.

[25] 孙晓宇,苏奋振,周成虎,等. 基于 RS 与 GIS 的珠江口养殖用地时空变化分析[J]. 资源科学,2010(1):71-77.

[26] 尹玉蒙,张英慧,胡忠文,等. 中国沿海水产养殖空间分布数据集(1990—2022)研发[J]. 全球变化数据学报,2023(2):215-224.

[27] FAO. An international framework for evaluating sustainable land management[R]. Rome:FAO,1993.

[28] FAO. Glossary of aquaculture[M]. Rome:FAO,2006.

[29] EASTWOOD P D, MEADEN G J. Spatial modelling of spawning habitat suitability for the sole (*Solea solea* L.) in the eastern English Channel and southern North Sea[C]//The ICES Annual Science Conference. Bruges,Belgium,2000:25-29.

[30] BERTIGNAC M,LEHODEY P,HAMPTON J. A spatial population dynamics simulation model of tropical tunas using a habitat index based on environmental parameters[J]. Fisheries Oceanography,1998,7(3/4):326-334.

[31] BOND A B,STEVENS J S JR,PONDELLA D J,et al. A method for estimating marine habitat values based on fish guilds,with comparisons between sites in the Southern California Bight[J]. Bulletin of Marine Sciences,1999,64:219-242.

第 4 章
渔业声学探测技术与装备

4.1　渔业声学技术与装备发展概述

水声是海水中唯一能够长距离传递信息的载体,在水下生物探测方面发挥了极大的作用。渔用声呐是采用水声学技术进行水下生物探测的声学仪器,也称"探鱼仪",是海洋渔业中最典型、使用最广泛的助渔仪器之一,也是获取海洋鱼类资源数量和空间分布信息的主要工具。探鱼仪可以分为垂直波束探鱼仪(包括单频单波束和双频双波束)、分裂波束探鱼仪和水平多波束渔用声呐等。其中,垂直波束探鱼仪可以实现对渔船所在位置水下目标的探测,操作简单、成本低,大量装备于近海、远洋的各类渔船上。分裂波束探鱼仪可以实现对目标的精准测量,常用于海上生物资源评估,设备测量精度要求高,系统需要配备相应的评估软件,主要装备于渔业科学调查船上。水平多波束渔用声呐作为复杂度高、技术含量高的助渔仪器,可以获得更远的空间探测距离和更高的角度分辨率,在远洋渔业拖网、围网捕捞中有着广泛的应用,可以大幅度提高远洋渔业捕捞效率,也为未来海洋渔业精准性捕捞和选择性捕捞提供了技术手段。

国外对渔业声学探测技术的研究起步较早,在 20 世纪 30 年代初,人们已将测深仪运用在渔业上,经过几十年的发展,其关键技术取得了长足的发展,其中垂直波束探鱼仪已经实现了大规模产业化应用。美国、加拿大、挪威、日本等国家从 20 世纪 60 年代就开始研制多波束扫描声呐,相比探照灯式声呐,其侦鱼扫描速度大大提高,避免了搜索盲区,确定目标位置速度快、精度高,所获鱼群信息率高,能提供实时全景显示,便于多个目标跟踪判别,这对渔用声呐来说,技术上有较大的突破。目前,典型的商用多波束渔用声呐包括挪威 Simrad 公司的 SX90、日本古野公司 FSV35 和 FSV25、加拿大 MAQ 公司的 MAQ22、MAQ60 和 MAQ90 等。为了达到更远的探测距离,各大厂家均使用了 20～30 kHz 频段作为工作频段,信号带宽可达 5～10 kHz,信号形式包括 CW(连续波)和 LFM(线性调频)等,最大探测距离(针对 0 dB 目标鱼群)在 2000～3000 m 之间。国外大量拖网、围网渔船装备了多波束渔用声呐,有效地提高了捕捞产量。渔业资源声学评估始于 20 世纪 60 年代,随着基础理论和技术应用的不断发展,已从最初使用单波束进行相对资源量测量,发展到现在的分裂式波束绝对资源量评估和海洋生态调查应用。于 20 世纪 60 年代后期提出的回波计数法、回波积分法和自然状态下鱼类目标强度测量等方法,在 20 世纪 70 年代逐步应用于实际调查仪器开发,能够进行现场测量鱼类目标强度的双波束测量技术随后被提出,20 世纪 80 年代,分裂波束测量技术被提出,解决了鱼类单体目标现场测量的难题。随后,挪威Simrad 公司和挪威海洋研究所集成以上理论和技术共同开发了渔业资源声学探测系统(EK500 型),并对应开发了数据分析软件 BI500。进入 21 世纪后,随着数字技术和计算机技术的快速发展,Simrad 公司对 EK500 型系统进行了技术升级,大幅度降低了系统工作的自噪声,优化了数据格式,开发了基于 Win XP 操作系统的仪器管理系统和线控软件,改名为 EK60 型系统,EK60型系统由此成为目前国际上的主流产品。该系统现在已经实现了 38～333 kHz 的分裂波束换能器的开发和实际应用测量,使渔业资源声学探测系统的应用范围更为广阔,鱼类及大型浮游动物的单体目标强度测量范围和精度得到了更大的提高。

我国海洋生物声学探测早期以商业捕捞用声学仪器为主,垂直波束探鱼仪从 20 世纪 50 年代开始研制,1964 年研制的 61F 型鱼群探测仪是当时国营渔轮唯一使用的国产大功率探鱼仪。1968 年,为了满足当时大规模兴起的群众渔业机帆船需要,67-1 型半导体探鱼仪投产,其探鱼能力为 50 m,彻底结束了我国渔民仅凭经验捕鱼的落后状况,被渔民誉为“千里眼”。改进后的67-3 型半导体探鱼仪,探鱼能力提高到 80 m,该产品随后迅速覆盖我国沿海各地,为我国渔业生产的发展做出了杰出的贡献。此后,大功率探鱼仪和双频中功率探鱼仪被成功研制。大功率探鱼仪是专门用于外海捕捞和海洋调查的探鱼仪,探鱼能力为 500 m,最大测深为 2000 m,是我国自行设计生产的大型垂直波束探鱼仪。双频中功率探鱼仪是我国渔轮在 20 世纪 80 年代的主要助渔设备,其探鱼能力达 200 m,最大测深可达 500 m,并拓展出测深仪、河床断面测绘仪、扫描声呐等新的形式,有效推动了声学探测技术在渔业领域的应用。目前我国渔船大量装备国产垂直波束探鱼仪。我国对于多波束渔用声呐的研制，可以追溯到 20 世纪 70 年代，中国水产科学研究院渔业机械仪器研究所研制了 TSS-1000 型多波束渔用声呐样机，它采用 432 基元圆柱形换能器阵，工作频点为 31 kHz，全向发射，发射功率小于 1000 W，在 1984 年完成了湖上试验，最大探测距离（针对 0 dB 目标鱼群）达到 1000 m。同一时期，中国科学院声学研究所东海站研制的 761 型多波束渔用声呐也进行了样机测试。由于外部环境的变化，国外渔用仪器设备大量进入国内市场，加之国家未对民族产业进行保护和扶持，国内渔用声呐生产和研制的整个产业链直接被冲垮，造成国内大型渔业声学仪器研制的长时间停滞，极大影响和限制了我国渔业特别是海洋渔业的发展。近些年来，国家加大了对我国渔业声学探测关键技术攻关的支持力度，渔业机械仪器研究所承担"十二五"（实际研制周期为 2013 年 5 月到 2018 年 4 月）科技部海洋领域重大课题"远洋节能降耗新材料及捕捞装备关键技术研究"，在国内率先完成 128 通道、平面阵数字多波束渔用声呐的研制，该仪器在实验测试中表现出优异的性能。目前我国水平多波束渔用声呐全部依靠进口，可商用的多波束渔用探测仪器几乎没有，极大地制约了我国海洋渔业捕捞和科研工作的发展速度。随着近几年微电子技术和人工智能技术的发展，多波束渔用声呐的研制有了新的技术发展方向，大规模信号处理器的出现，为更复杂、更高性能的探测信号处理技术在鱼类探测中的应用提供了硬件条件，从而为研制更高性能的探鱼仪带来了新的契机。我国在分裂波束探鱼仪研制方面，目前尚未开发出专用于渔业资源评估的基于分裂波束技术的科学探鱼仪或浮游动物的声学探测系统。国内的军工研发项目（鱼雷跟踪等）中虽然有分裂波束技术的研发和应用，但渔业资源科学探测仪和这类装置有很大的不同。渔业资源科学探测仪是一种能够精确控制发射到水中的声能量，并能精确测量分析目标回波信号的科学仪器，使用前必须经过严格的校准程序，而军用声呐没有这方面的要求。渔业资源评估的对象为海洋鱼类和浮游动物，其目标强度非常小，因此在工作频率、信噪比以及动态响应范围等基本技术指标要求上与军用声呐有很大差异。由于技术应用的目的和对象不同，在海洋渔业资源测量的分裂式波束渔业资源声学探测仪研发和微小目标的直接测量等方面，国内仍存在技术空白。在鱼类声学特性和渔业声学应用研究方面，我国开展了鱼类目标强度现场测定研究、鱼类目标强度散射模型仿真研究、鱼类目标强度测量方法研究、密集鱼群声学荫蔽效应研究、渔业资源声学评估技术研究、渔业资源调查评估研究等，均取得了一定进展，并在渔业资源声学调查技术标准方面制定了国家标准。

4.2 渔业声学探测关键技术

4.2.1 宽带技术

宽带技术采用宽带信号作为信息载体,具有宽带信号固有的优点。由于窄带信号中包含的目标信息有限,而宽带信号可以携带更多的信息,且有很高的空间分辨率,使用宽带技术可以得到整个频率带范围内的回波特征,极大地增加了信息量,因此选用宽带信号进行参量估计、目标检测和特征提取,有利于提高目标的判别精度。

信号的频率越多或频谱越宽,从信号源传递到接收机的信息就越多,基于此产生了宽带声呐的概念,宽带声呐比传统的声呐和回声探测器拥有更大的带宽。宽带系统可以在连续的宽频带上提供散射的频率响应,连续宽带系统可以用于研究海洋生物声学散射的脉冲响应,并研究海洋动物散射的光谱特征。

宽带系统有利于提高目标距离的分辨能力和参数估计精度,增强目标识别能力,抑制混响等。探鱼仪常用的宽带信号为线性调频(linear frequency modulation,LFM)信号。

LFM 信号的表示形式为

$$s(t) = \begin{cases} A\exp\left[\mathrm{j}2\pi\left(f_0 t + \dfrac{1}{2}kt^2\right)\right], & (|t| \leqslant T/2) \\ 0, & 其他 \end{cases} \tag{4-1}$$

式中:A 表示信号的幅度,单位为 dB;T 表示脉宽,单位为 s;f_0 表示中心频率,单位为 Hz;t 表示时间,单位为 s;k 表示信号调频斜率($k = B/T$,B 表示带宽)。

根据香农定理,对于理想系统,系统所能输出的最大信息量为

$$I_m = TB\log_2(1 + P/N) \tag{4-2}$$

式中:T 表示脉宽,单位为 s;B 表示带宽,单位为 Hz;P 表示平均功率,单位为 W;N 表示噪声平均功率,单位为 W。可知,增加时宽带宽积是提高系统输出信息量有效可行的方法。

由鱼体反射的水声回波信号采用脉冲压缩技术进行匹配滤波处理。由匹配滤波器理论可得

$$H(f) = u\overline{S}^*(f)\exp(-\mathrm{j}2\pi f t_0) \tag{4-3}$$

式中:u 为比例因子;$\overline{S}$ 为水声回波信号频谱响应;f 为频率,单位为 Hz;t_0 是滤波器实现的延迟时间,单位为 s。设匹配压缩滤波器输出信号的复数形式为

$\overline{S}_0$,其复频谱函数为

$$\overline{S}_0(f) = \overline{S}(f)H(f) = A\sqrt{\frac{2\pi}{k}}\exp(-j2\pi f t_0) \tag{4-4}$$

对匹配滤波器输出信号复频谱函数做傅里叶逆变换,得到滤波器输出复频谱信号:

$$\overline{S}_0(t) = A\sqrt{BT}\frac{\sin[\pi B(t-t_0)]}{\pi(t-t_0)}\exp(-j2\pi f_0(t-t_0)) \tag{4-5}$$

取 $\overline{S}_0(t)$ 的实部,可得到输出信号的包络为

$$E(t) = A\sqrt{BT}\frac{\sin[\pi B(t-t_0)]}{\pi(t-t_0)} \tag{4-6}$$

通过宽带 LFM 信号的匹配滤波区分两个目标鱼,如图 4-1 所示,发射的线性调频信号中心频率为 70 kHz,带宽为 30 kHz。由仿真结果可见,匹配滤波可以获得较高的距离分辨率,有助于提高宽带分裂波束探鱼仪的性能。

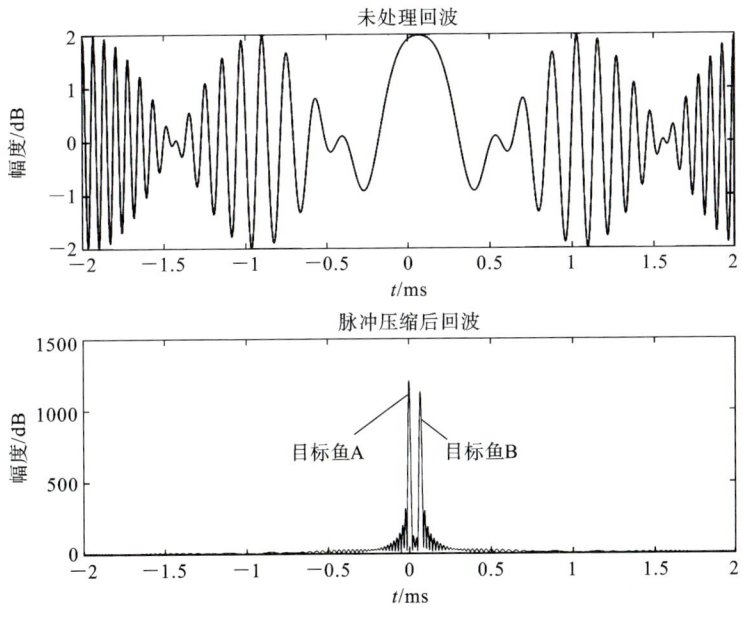

图 4-1 LFM 信号的脉冲压缩

4.2.2 分裂波束技术

宽带分裂波束探鱼仪实质上是一种主动声呐系统,利用水声回波信号探测目标鱼信息,通过分析回波信息的特征来获取目标鱼密度、大小及种类等信息。

基本工作原理是通过接收回波来探测目标单体鱼和鱼群。具体工作过程为:当发射声波时,发射机在实时信号处理主机的控制下,经过脉宽调制、数模转换、功放驱动、功率放大、低通滤波等处理过程,产生具有给定频率、功率和脉宽的电脉冲信号。换能器将电脉冲信号转换为声脉冲信号辐射到水中,当声波遇到鱼或鱼群目标时产生回波。接收过程中,回波传播到换能器,四个象限的基阵分别独立接收反射回波,并将其转换为电信号。随后,电信号通过接收机收发转换、低噪声放大、增益放大、抗混叠滤波和模数转换等处理,传输到实时信号处理主机。最终,电信号经过匹配滤波和位置解算等处理后以图像的形式显示出来。

分裂波束探鱼仪运用四个象限的换能器,通过连续发射和接收声波,跟踪物体在声束中的位置,如图 4-2 所示。运用目标跟踪技术可对鱼体在测声束内的运动轨迹、游动探测声束内的运动轨迹、游动速率及方向等参数进行测算;同时,利用分裂波束技术可以确定目标在波束中的位置,并根据波束的指向性对偏离声轴的回声信号进行补偿,从而实现对鱼类目标强度的客观估测。当单尾鱼游过波束的探测区域时,连续多次脉冲记录形成一个鱼类的游动轨迹,对该轨迹内各脉冲估测的目标强度(target strength,TS)进行计算,即可得到高精度的 TS 均值。

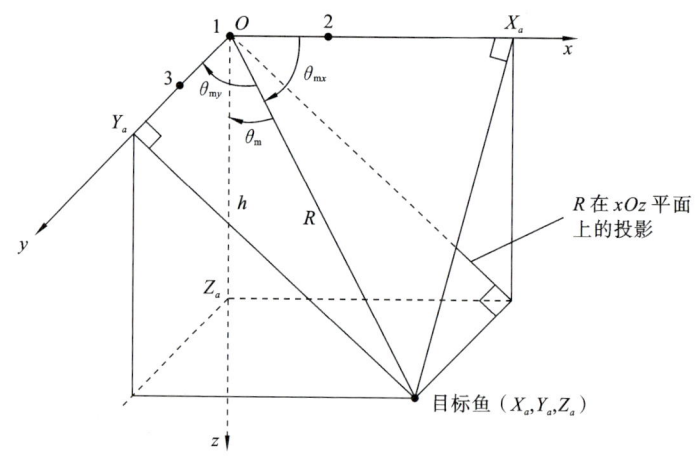

图 4-2　分裂波束目标方位探测原理

$$\begin{cases} \tau_m = d\cos(\theta_m/c) \\ \theta_{mx} = \arccos(c\tau_{mx}/d) \\ \theta_{my} = \arccos(c\tau_{my}/d) \end{cases} \qquad (4\text{-}7)$$

式中：τ_m 表示两子阵的时延，单位为 s；τ_{mx} 和 τ_{my} 分别为子阵在 x 和 y 方向上的时延；θ_{mx}、θ_{my} 表示信号入射角，单位为（°）；c 表示声速，单位为 m/s；d 表示两子阵间距，单位为 m。

可以从中解算出目标鱼的空间位置为

$$\begin{cases} X_a = R\cos\theta_{mx} \\ Y_a = R\cos\theta_{my} \\ Z_a = \sqrt{R^2 - X_a^2 - Y_a^2} \end{cases} \tag{4-8}$$

式中：R 表示斜距，单位为 m；X_a、Y_a、Z_a 表示目标鱼的坐标值，单位为 m。

分裂波束技术利用四个象限的子阵独立接收回波信号，在白噪声背景下，采用匹配滤波的方法可以得到最大输出信噪比，因而可以用相关器求时延，通过增加采样率、内插算法等来提高精度。得出精确的时延后，就可以利用上述推导的公式计算出方位角与距离。

4.2.3 多波束技术

多波束声学系统是利用相控阵技术进行远距离、高分辨率海洋生物探测的声学装备，通过在一定的扇区内形成多个发射波束，定向顺序地发射，然后同时接收多个波束来探测和定位生物位置，提高海洋生物探测的分辨率。多波束声学系统发射窄波束，方位分辨率较高，在同样的发射效率下，发射能量集中，作用距离也比较远。

如果换能器阵列的有效阵元数为 L 个，H_i 表示第 i 个阵元，其直角坐标为 (x_i, y_i, z_i)，球坐标为 $(\theta_i, \varphi_i, r_i)$，两者关系如下：

$$\begin{cases} x_i = r_i\sin\theta_i\cos\varphi_i \\ y_i = r_i\sin\theta_i\sin\varphi_i \\ z_i = r_i\cos\theta_i \end{cases} \tag{4-9}$$

式中：x_i, y_i, z_i 分别为直角坐标系下第 i 个阵元在 X 轴、Y 轴、Z 轴的坐标，单位为 m；θ_i, φ_i, r_i 分别为球坐标系下第 i 个阵元的俯仰角（°）、水平角（°）及距离（m）。

OH_i 与 Ox、Oy、Oz 轴的夹角分别是 α_i、β_i、γ_i，假定入射信号方向为 (θ, φ)，与 Ox 轴、Oy 轴、Oz 轴的夹角分别是 α、β、γ，可推导出：

$$\begin{cases} \cos\alpha = \sin\theta\cos\varphi \\ \cos\beta = \sin\theta\sin\varphi \\ \cos\gamma = \cos\theta \end{cases} \tag{4-10}$$

式中:θ 为俯仰角($°$);φ 为水平角($°$)。

信号入射方向与向量 $\overrightarrow{OH_i}$ 的夹角用 δ_i 来表示,可推导阵元 H_i 与参考点 O 的声程差为

$$d_i = r_i\cos\delta_i = x_i\cos\alpha + y_i\cos\beta + z_i\cos\gamma = x_i\sin\theta\cos\varphi + y_i\sin\theta\sin\varphi + z_i\cos\theta$$

$$(4\text{-}11)$$

对 L 个阵元求和,得到基阵空间指向性函数的一般表达式:

$$D(\theta,\varphi) = \left\{ \left[\sum_{i=1}^{L} A_i\cos\Delta\xi_i \right]^2 + \left[\sum_{i=1}^{L} A_i\sin\Delta\xi_i \right]^2 \right\}^{\frac{1}{2}} \qquad (4\text{-}12)$$

式中:A_i 为第 i 个阵元的加权值;$\Delta\xi_i = \xi_i - \xi_{i0}$,其中 ξ_i 为相位差,ξ_{i0} 表示期望波束方位为 (θ_0,φ_0) 时,H_i 信号应当被补偿的相位。其表达式如下:

$$\begin{cases} \xi_i = \dfrac{2\pi}{\lambda}(x_i\sin\theta\cos\varphi + y_i\sin\theta\sin\varphi + z_i\cos\theta) \\[2mm] \xi_{i0} = \dfrac{2\pi}{\lambda}(x_i\sin\theta_0\cos\varphi_0 + y_i\sin\theta_0\sin\varphi_0 + z_i\cos\theta_0) \end{cases} \qquad (4\text{-}13)$$

式中:λ 为波长;(θ,φ) 为来波方向;(θ_0,φ_0) 为期望方向。

由式(4-12)计算得到的指向性函数是一个二维函数,通常在某一个截面上观测。根据上述空间指向性函数的求解原理,运用乘积定理把圆柱阵指向性的计算简化为平面阵指向性的计算,图4-3所示为波束成形效果图。

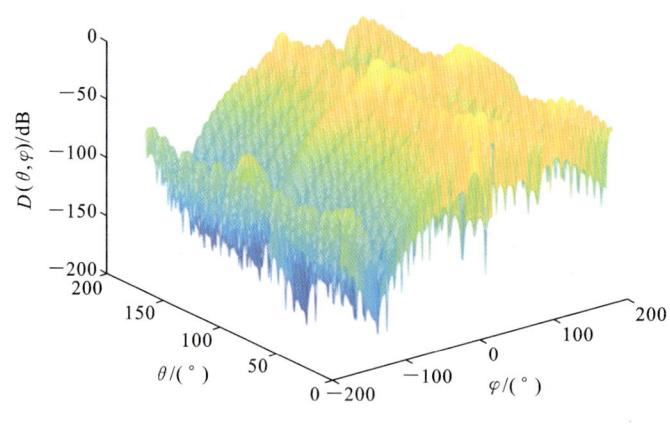

图 4-3　波束成形效果图

近几年,多波束声呐还在海洋生物追踪方面表现出良好的应用前景,国内外的科学家陆续提出基于多波束回声探测系统的最近邻域算法并用以跟踪动

物行为。

4.3 影响渔业声学仪器探测性能的主要因素

4.3.1 探鱼仪作用距离预报模型及主要制约因素

水平多波束渔用声呐作为利用水声回波进行鱼群探测的一种主动声呐,其探测性能依据噪声或混响限制条件的不同可表述成以下声呐方程:

主要工作在噪声干扰区时:

$$SE = SL - 2TL + TS - NL - DT \tag{4-14}$$

主要工作在混响干扰区时:

$$SE = SL - 2TL + TS - RL - DT \tag{4-15}$$

式中:SE 为信号余量;SL 为声源级;TL 为传播损失;TS 为目标强度;NL 为环境噪声级;RL 为混响级;DT 为检测域。

1)声波在海水中的传播损失

声波信号在海洋声信道中传播时,由于波阵面的扩展,声波信号会随着传播距离的增加而产生扩展损失。多波束渔用声呐通常使用在较深海域,因此我们以球面扩展的法则来计算这一损失:

$$TL_{扩} = 20 \lg r \tag{4-16}$$

式中:r 是信号传播距离,单位为 m。

海水中质点在通过振动传递能量的过程中,由于振动时阻尼的作用,部分能量会转化为热能,并消耗在海水中而带来吸收损失,吸收损失可以表示为

$$TL_{吸} = a(f) \times r \tag{4-17}$$

式中:a 为海水吸收系数,与信号频率 f 有关,即

$$a(f) = \frac{0.1f^2}{1+f^2} + \frac{40f^2}{4100+f^2} + 2.75 \times 10^{-4} f^2 + 0.003 \tag{4-18}$$

式中:a 的单位为 dB/km,信号频率 f 的单位为 kHz。

声波在海水中的传播损失主要来源于上述两方面,传播损失之和为

$$TL = 20 \lg r + a(f) \times r \tag{4-19}$$

2)环境噪声级

工作过程中,噪声是主要的干扰因素之一,其来源主要包括热噪声、环境噪声和自噪声等。由风浪、湍流及海水分子的热运动等产生的海洋环境噪声是影响渔用声呐作用距离的主要因素。深海噪声级 SpL 的强弱与海况和频率直接

相关,6 级海况时的噪声级比 1 级海况下高出 20 dB。在渔用声呐常用频段 (20~200 kHz),6 级海况时的深海噪声级的经验公式为

$$SpL = 52 - 20 \times \lg(f/10^3) \tag{4-20}$$

有指向性系统下,宽带噪声级为

$$NL = SpL + 10 \times \lg B - DI \tag{4-21}$$

式中,B 为系统带宽,单位为 Hz;DI 为指向性指数。

3)换能器基阵指向性

探测仪器换能器一般具有一定指向性,水平多波束渔用声呐一般采用平面阵或圆柱阵,其中圆柱阵可以实现水平 360°全方位扫描,探测效率高,使用灵活,是大多数多波束渔用声呐所采用的阵列形式。圆柱阵的指向性指数可以表示为

$$DI = 10\lg(5hDf^2) \tag{4-22}$$

式中:h 和 D 分别是圆柱阵的高度和直径,单位为 m。

如果单扇区水平方向采用三分之一周长上的阵元发射和接收,则水平和垂直波束半功率波束宽度分别为

$$\theta_h = 88 \times 2\pi/360 \times D \times f \tag{4-23}$$

$$\theta_v = 76 \times 2\pi/360 \times h \times f \tag{4-24}$$

4)混响级

声波在水下传播时,海面和海底的反射会产生界面混响,界面混响级表示为

$$RL_s = SL - 2TL_R + S_b + 10\lg A \tag{4-25}$$

式中:S_b 为界面散射强度;A 为散射边界的面积;TL_R 为混响传播损失,如果混响传播路径与信号传播路径相同,则 $TL_R = TL$。

同时海洋生物、分布在海洋中的无生命物质、海洋自身不均匀性也会产生体积混响,体积混响级为

$$RL_v = SL - 2TL_R + S_v + 10\lg V \tag{4-26}$$

式中:S_v 为体积散射强度;V 为形成混响的总体积。

5)发射声源级

在恒定声功率 P 下的渔用声呐声源级为

$$SL = 10\lg P + 170.8 + DI \tag{4-27}$$

式中:P 为声功率,单位是 W。

6)单体鱼和鱼群目标强度

单体鱼的目标强度定义为

$$TS_单 = 20\lg \frac{\sigma_{bs}}{4\pi} \tag{4-28}$$

式中：σ_{bs} 是鱼体的声学截面，单位是 m^2，也可以理解为鱼体对入射声波产生散射的等效面积。

入射声波产生散射的等效面积无法直接测量，可通过建立目标强度-体长经验公式来表示：

$$TS_单 = a\lg L + b \tag{4-29}$$

式中：L 是目标鱼体体长，单位为 cm；a、b 是回归系数，根据目标强度测定实验确定。

多波束渔用声呐探测的主要目标是鱼群，当平面波射向鱼群，并且鱼群处在声波投射的指向范围内时，其回波可视为各条单体鱼反射子波的相位叠加总和。如果简单考虑同相位叠加的情况，两条鱼的回波声强要比单体鱼强一倍，即反射损失少 3 dB，四条鱼的回波声强增大为单体鱼的四倍。由此可以推论，n 条相距较大的鱼所构成的平面散射鱼群，假设均处在投射声场范围内，总的目标强度为

$$TS = TS_单 + 10\lg n \tag{4-30}$$

对于一定容积的密集鱼群，情况就变得复杂很多。鱼数量的增加，必然引起鱼群反射性质上的改变，这时鱼群反射强度大致与每立方米中的鱼数成正比。

7）检测域

渔用声呐检测域是在接收机给定检测概率和虚警概率下，平均信号功率和平均噪声功率之比，可以表征在波束成形后能分辨的最小目标鱼群的信噪比，可以用下式计算。

$$DT = 5\lg d - 10\lg(BT) \tag{4-31}$$

式中：d 为检测指数；T 为脉宽，单位为 s；B 为带宽，单位为 Hz。

4.3.2 典型渔用声呐性能分析实例

以水平多波束渔用声呐为例，由于探测性能受到使用频点、带宽、换能器基阵尺寸及阵元数量等制约，其换能器尺寸和发射功率受限于海洋捕捞船舶的部署条件，对于不同参数的多波束渔用声呐，其探测性能必然存在一定差异。结合我国远洋渔船特点及典型多波束渔用声呐，仿真采用的参数如下：工作频点为 25 kHz；目标强度 TS 分别为 −10 dB、0 dB 和 10 dB；脉冲宽度为 0.004 s；窄带和宽带时信号带宽分别为 0.25 kHz 和 10 kHz；换能器高为 356 mm，直径为

374 mm,有效阵元数为 256 个,阵元排列方式为 32 列×8 行;电功率为 2000 W;5lg$d$ 为 10 dB。

由图 4-4(a)可见,在 6 级海况下,采用窄带信号探测,对目标强度为-10 dB、0 dB 和 10 dB 鱼群的有效作用距离分别为 250 m、1800 m、2550 m,对小目标鱼群有效作用距离有主要影响的是界面混响,而对大目标鱼群有效作用距离有主要影响的是噪声。

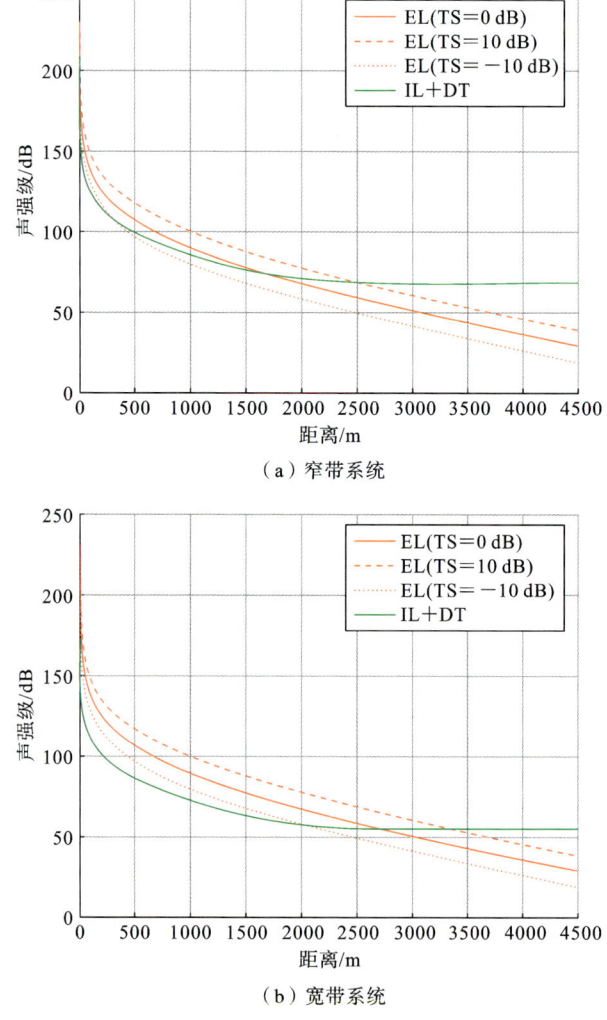

（a）窄带系统

（b）宽带系统

图 4-4　水平多波束渔用声呐探测性能

由图 4-4(b)可见,在 6 级海况下,采用宽带信号探测,对目标强度为－10 dB、0 dB 和 10 dB 鱼群的有效作用距离分别为 2000 m、2750 m、3350 m,这时对目标鱼群有效作用距离有主要影响的是噪声。

综上所述,多波束渔用声呐探测性能受噪声和混响的综合影响,在深海区域,体积混响影响相对较小。采用窄带信号系统时,其探测性能受界面混响影响较大,当目标强度较低时探测性能急剧恶化;采用宽带信号系统时,界面混响的影响被有效抑制,系统的有效作用距离大幅提高,其探测性能主要取决于不同海况下噪声的影响。表 4-1 对比了主要参数对探测性能的影响。

表 4-1　主要参数对探测性能的影响

影响因素	优点	缺点
发射功率	增大发射功率能提高噪声限制距离	不改变混响限制距离,增加系统硬件成本
换能器尺寸	增大换能器尺寸能提高噪声限制距离,能提高混响限制距离	增加硬件成本,限制船舶使用条件,加大了声呐安装难度,不利于对抗姿态摇摆
发射脉冲宽度	增加发射脉冲宽度能增加噪声限制距离	降低目标分辨率,不改变混响限制距离
信号带宽	增加信号带宽能提高混响限制距离	不改变噪声限制距离,增加了系统复杂度

4.4　典型渔业声学探测仪器

4.4.1　垂直波束探鱼仪

垂直波束探鱼仪包括采用单频单波束技术的单波束探鱼仪和采用双频双波束技术的双波束探鱼仪。其中单频单波束技术早在 20 世纪 30 年代中期就应用到渔业声学领域中,可用来估计单个目标的距离。单波束渔用声呐通过利用换能器基阵的极大值方向,将声程差补偿到某一个需要探测的方向上来达到定向的目的,其探测原理如图 4-5 所示。单波束传感器的灵敏度取决于目标相对于声轴的方向,接收到的信号没有提供关于目标方向的信息,因此无法探测到目标方位。

单频信号伴随着单波束技术出现,早期的单波束系统通常只能发射一种频率的信号,即单频信号。单频技术对于鱼群回波所包含的信息判断存在较大的局限性,如果鱼群散射信号中包含更丰富的信息,则单频技术将无法判断其目标强度。单波束探鱼仪多选用 50 kHz 左右的工作频率,以实现较大的探测深度。

双频双波束技术是 20 世纪 70 年代初期引入渔业声学领域的一项技术,它被用于估算从声波束内单个目标的波束轴测得的极角。该技术利用两个独立传感器之间的波束图差异,即一个宽波束和一个窄波束,通过宽窄波束传感器回波的后向散射强度的比率来确定单个目标的极角,其工作原理如图 4-6 所示。双波束技术只使用幅度或强度的信息,没有相位信息,因此探测信息不全面。

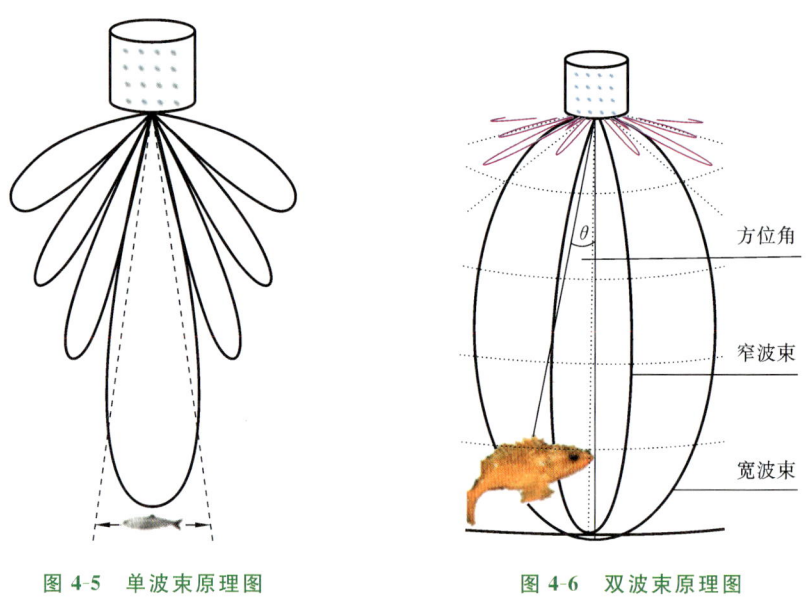

图 4-5　单波束原理图　　　　　　　　图 4-6　双波束原理图

为了更精确地判断鱼群回波所包含的信息,人们对原有的单频探鱼仪进行了改进,一些垂直波束探鱼仪如 69-3 型探鱼仪和 TCL-204 型探鱼仪采用了低频 24 kHz 和高频 200 kHz 两种工作频率,可以根据需要转换使用。汕尾市快捷通导设备有限公司旗下的 ONWA RKF-293、Kfish-7 等双频探鱼仪目前在市场上广泛应用,设备配置有 50 kHz 和 200 kHz 两种探测频率,脉冲频率越低,探测范围越广。因此,50 kHz 的频率可以用于一般的检测和判断海底状况,200 kHz 的频率可以用于详细的鱼群观察。探鱼仪工作频率的高低影响探测深度和指向角等,从而影响探测范围和分辨能力等。表 4-2 展示了低频和高频对探测能力的影响。

表 4-2　低频和高频对探测能力的影响

项目	低频	高频
探测深度	深	浅
脉宽	长（距离分辨力弱）	短（距离分辨力强）
发射功率	大	小
换能器大小	大	小
指向角	宽（探测范围大）	窄（探测范围小）
海洋噪声	较大	较小
波长	长	短

4.4.2　分裂波束探鱼仪

基于分裂波束测量技术的渔业资源声学探测系统，为海洋渔业资源调查提供了有效的工具。随着数字技术和计算机技术的快速发展，科学探鱼仪实现了更高的集成度，采用宽带技术提升了探测精度，大幅度降低了系统工作的自噪声，成为海洋渔业资源调查的主流仪器。

分裂波束技术能够测量目标在波束中的三维位置，并可直接测定自然状态下鱼体的目标强度并观测鱼类个体的行踪。分裂波束探测系统具有很宽的频带范围，可同时在不同频段上对海洋生物、海底资源进行探测，因此有足够的分辨率来处理较小浮游动物及较大鲸类的声音信号。该系统运用 4 个象限的换能器，通过发射电路将电信号转换为脉冲并发射到水中，声波在传播过程中遇到海洋生物便反向散射到换能器。接收时，每个象限的换能器独立接收，系统通过比较各象限接收到的信号来确定目标方向。在实际海洋渔业探测中，利用分裂波束技术确定目标在波束中的位置，并根据波束的指向性对偏离声轴的回声信号进行补偿，从而实现对鱼类目标强度的客观估测，其工作原理如图 4-7 所示。运用目标跟踪技术可对海洋生物的运动轨迹、游动速率及方向等参数进行测算。

基于分裂波束技术的渔业资源声学探测系统主要用于对规模较大且品种较为单一的鱼类进行资源测量和评估。随着人们日益关注海洋生态的变动，浮游动物也被列为声学观测的主要对象之一，这就要求渔业资源声学探测系统在具备更高接收灵敏度的基础上，需要有更低的系统噪声、更高的系统稳定性和更大的动态范围。在高速模数转换和数字信号处理技术的支持下，渔业资源声

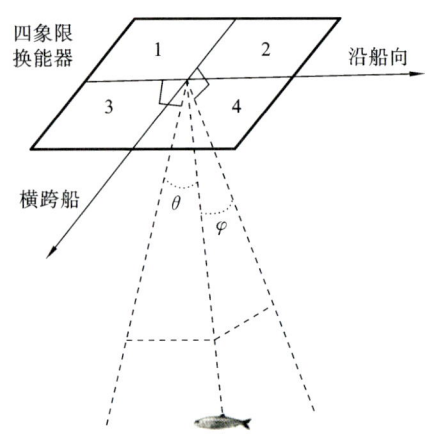

图 4-7　分裂波束原理图

学探测系统的信号处理动态响应范围达到 150 dB。仪器向着更低的系统噪声、更高的系统稳定性和更大的动态范围发展,实现了小至几厘米的浮游动物、大到高密度鱼群的非饱和测量。

近年来,随着不同种类鱼类的声学散射特性研究的日益完善,宽带多频率渔业资源声学探测仪的发展成为主要趋势,结合低频探测距离远和高频单体目标距离分辨率高的特点,单体目标识别效率大为提高。同时,利用回波的频差技术可以进行有鳔鱼类和浮游动物的识别,也可以进行有鳔鱼类和无鳔鱼类的声学识别,解决了有鳔鱼类和浮游动物的混杂回波区分问题,不仅可以进行海洋生物资源声学评估和单体目标强度的测定,也提高了鱼类和浮游动物的测量精度。借助分裂式波束能够测量单体目标天顶角和方位角的技术优势,针对不同水层品种及体长混杂鱼类的生态行为也可以进行测量和研究。海洋生物目标强度的宽带频谱识别技术近年来成为海洋生物探测的热点,随着宽带系统校正方法的开发、系统带宽范围的扩大,不同种类海洋生物识别和对应不同种类的资源探测评估在不久的将来会得以实现。

分裂波束声学系统可以精准地采集鱼类和浮游动物聚类、沉水植物数据,也适用于水深测量、地质分类等。目前,分裂波束技术仍是世界范围内许多商业和科学渔业声学调查中使用的标准技术。分裂波束探测系统上可同时配备多种频率的换能器。图 4-8 所示是挪威 Simrad 公司旗下的 EK80 系统配置图,这是一款典型的分裂波束探测系统,该系统能够同时操作多个频率,范围从 10 kHz 到 500 kHz,常用的频率为 18 kHz、38 kHz、70 kHz、120 kHz、200 kHz、333 kHz 这六种工作频率。

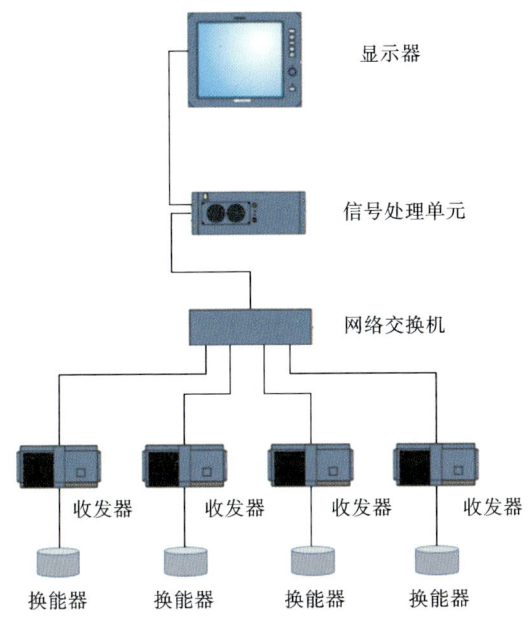

图 4-8　EK80 系统配置图

4.4.3　水平多波束渔用声呐

　　水平多波束渔用声呐的原理是利用鱼群对声波的反射来探测鱼群信息。鱼群密度、大小和种类等信息可以通过分析回波信息的特征来获取。多波束渔用声呐通过换能器基阵中的多个阵元发射和接收信号，并进行相位控制，以实现发射和接收信号具有更高的指向性、更小的波束角，从而具备更远距离和高分辨率的探测能力。

　　如图 4-9 所示，多波束渔用声呐由换能器、信号处理主机、显控主机及升降机构组成。当进行鱼群探测时，升降机构将换能器降到保护罩以下，换能器负责水声信号和电信号的转换。多波束渔用声呐通常采用多种形式的换能器基阵，如线形、平面形、圆柱形等。圆柱形渔用声呐换能器基阵能够实现水平全方位扫描，以及垂直近 60°扫描，几乎达到了以渔船为中心的三维空间整体扫描能力，在航行状态下可以实现无盲区探测。船员根据作业时探测目标特性、海况、天气等因素设置渔用声呐探测参数。信号处理主机根据相应参数发射和接收探测信号并进行相应的信号处理，解算出探测目标数据，并将结果上传到显控主机。

　　多波束渔用声呐通常采用平面换能器阵和圆柱形换能器阵，平面换能器阵

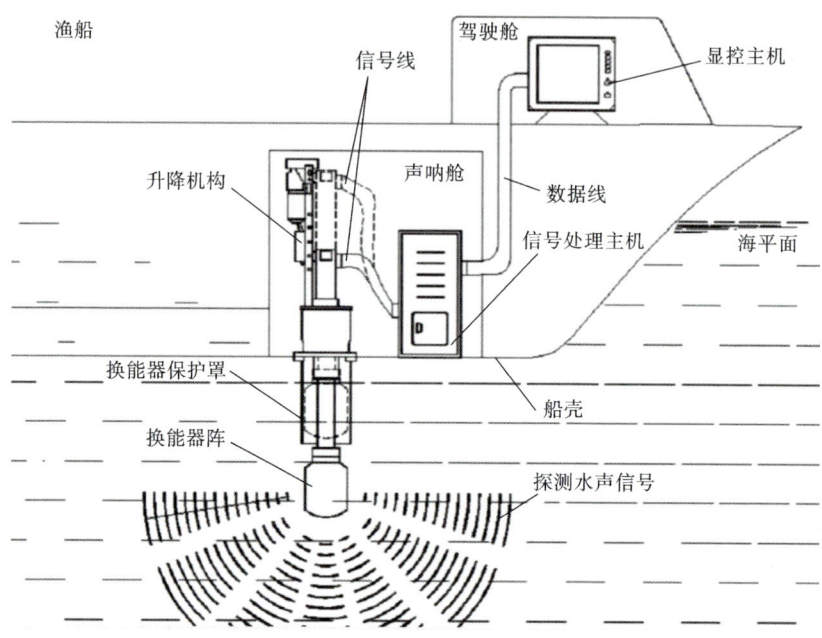

图 4-9　多波束渔用声呐系统组成

只能对渔船航向一定开角(一般小于 90°)海域进行扫描;圆柱形换能器阵可以实现以渔船为中心的水平 360°全方位扫描,及垂直 60°扫描。如图 4-10 所示,多波束渔用声呐首先根据作业环境设定一定倾角,再进行周期重复的水平扫描,当发现鱼群时,在发现鱼群水平方向进行垂直扫描,从而达到对鱼群的多角度立体探测。

　　如图 4-11 所示,多波束渔用声呐的发射方式是旋转定向发射,即在一定的时间内,轮流发出很多个不同方位的窄波束去覆盖一个扇形区域,因此,多波束发射覆盖一个扇区需要一定的时间,波束越多,发射信号的时间越长,盲区越大。多波束渔用声呐的接收方式是多阵元在时间同步下进行接收,再通过相控方式进行空间信号处理形成多个接收波束,达到对不同方向的探测目的。

　　由于硬件条件的限制,多波束渔用声呐发射和接收过程有所不同。在定向发射过程中,采用定向旋转方式,即在一个探测发射周期内,为了提高分辨率,集中能量轮流发射不同方位的窄波束以覆盖一个扇形探测区域。发射波束越密集,信号覆盖越均匀。同时,探测盲区越大,系统也越复杂。在接收过程中,基阵中多阵子同步接收回波信号,并通过移相来形成多个接收波束,达到更高的分辨率和更远的探测距离的目的,实现对被探测鱼群方位的确定。

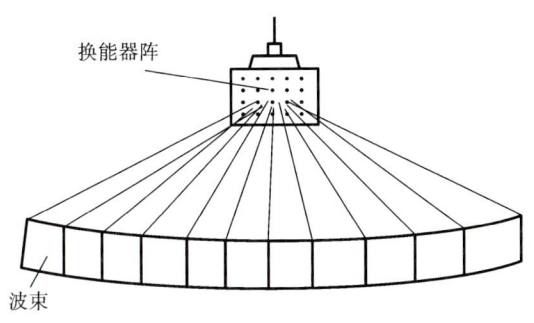

（a）水平扫描过程

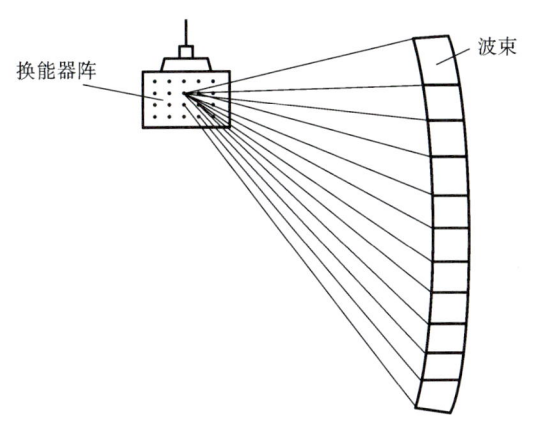

（b）垂直扫描过程

图 4-10　多波束渔用声呐工作过程

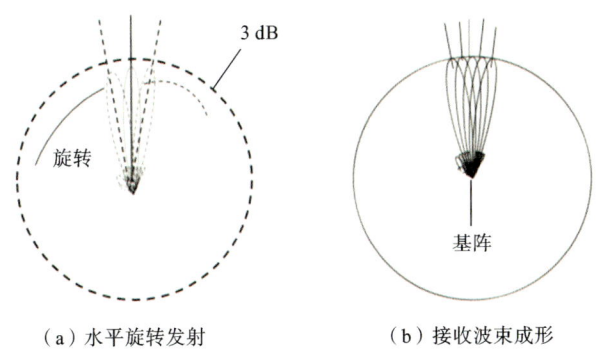

（a）水平旋转发射　　　　　（b）接收波束成形

图 4-11　多波束渔用声呐发射/接收过程示意图

　　随着计算机信号处理能力的增强以及声呐软硬件技术水平的提高,结合人工智能、神经网络等前沿技术,海洋渔业声学装备关键技术发展突飞猛进。多波束渔用声呐在不同的扫描方式下的稳定性和可靠性均得到了验证。图 4-12 展示了 Simrad SX90 的系统配置。

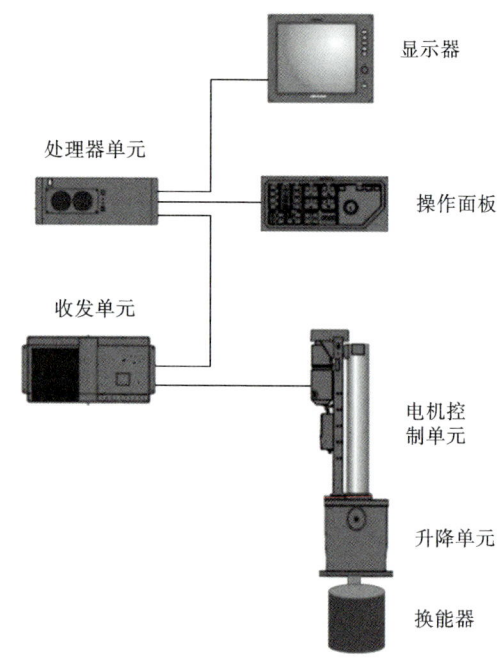

图 4-12　SX90 系统配置图

　　虽然近些年中国在海洋渔业声学装备关键技术上取得了一定的进展,但与国外先进技术仍存在较大差距。目前深远海渔船配备的渔用探测装备几乎全部是进口的多波束渔用声呐。表 4-3 对比了 Simrad EK80、Simrad SX90、FU-RUNO FSV-35 和 FFS25 这几种典型渔业声学探测设备的性能参数。

表 4-3　国内外典型探鱼仪性能参数对比

性能参数	型号			
	Simrad EK80	Simrad SX90	FURUNO FSV-35	FFS25
量程/m	100～12000	50～4500	60～5000	500～4000
工作频率/kHz	18、38、70、120、200、333	20～30	21～27	23～27

续表

性能参数	型号			
	Simrad EK80	Simrad SX90	FURUNO FSV-35	FFS25
信号制式	CW/FM	CW/Hyperbolic FM/Chirp FM	CW	CW/Chirp FM
阵元数/个	/	256	/	128
布阵方式	/	U 形阵	球形阵	平面阵
水平开角	11°	10.7°	18°	10°
垂直开角	7°	8.7°	18°	8.5°
搜索方式	/	360°水平全向（电子）	360°水平全向	90°旋转（电子）+135°机械旋转
发射波束	分裂波束	多波束	多波束	多波束
国别	挪威	挪威	日本	中国

本章参考文献

[1] 徐皓,陈家勇,方辉,等. 中国海洋渔业转型与深蓝渔业战略性新兴产业[J].渔业现代化,2020,47(3)：1-9.

[2] ELLIOTT J M, FLETCHER J M. A comparison of three methods for assessing the abundance of Arctic charr, *Salvelinus alpinus*, in Windermere (northwest England)[J]. Fisheries Research, 2001, 53(1)：39-46.

[3] FOOTE K G, CHU D Z, HAMMAR T R, et al. Protocols for calibrating multibeam sonar[J]. Journal of the Acoustical Society of America, 2005, 117(4)：2013-2027.

[4] KORNELIUSSEN R J, HEGGELUND Y, ELIASSEN I K, et al. Combining multibeam-sonar and multifrequency-echosounder data：examples of the analysis and imaging of large euphausiid schools[J]. Ices Journal of Marine Science, 2009, 66(6)：991-997.

[5] HORNE J K, JECH J M. Multi-frequency estimates of fish abundance：constraints of rather high frequencies[J]. Ices Journal of Marine Science, 1999, 56(2)：184-199.

[6] JECH J M，MICHAELS W L. A multifrequency method to classify and evaluate fisheries acoustics data[J]. Canadian Journal of Fisheries & Aquatic Sciences，2007，64(2)：2006-2225.

[7] LAVERY A C，CHU D Z，MOUM J N. Measurements of acoustic scattering from zooplankton and oceanic microstructure using a broadband echosounder[J]. Ices Journal of Marine Science，2010，67(2)：379-394.

[8] JOHN S，DAVID M. Fisheries acoustics：theory and practice[M]. 2nd ed. Oxford：Blackwell Science Ltd，2005.

[9] CHU D Z. Technology evolution and advances in fisheries acoustics[J]. Journal of Marine Science and Technology，2011，19(3)：245-252.

[10] 徐皓,张建华,丁建乐,等. 国内外渔业装备与工程技术研究进展综述(续)[J].渔业现代化,2010,37(3):1-5,19.

[11] 黄一心,丁建乐,鲍旭腾,等. 中国渔业装备和工程科技发展综述[J].渔业现代化,2019,46(5):1-8.

[12] STANTON T K，CHU D Z，WIEBE P H. Sound scattering by several zooplankton groups. Ⅱ. Scattering models[J]. Journal of the Acoustical Society of America，1998，103(1)：236-253.

[13] 张慧杰,危起伟,杨德国. 回声探测仪的发展趋势及渔业应用[J]. 水利渔业，2008,28(1)：9-13.

[14] 张同伟,秦升杰,唐嘉陵,等. 典型分裂波束声学探测系统及其应用[J]. 舰船科学技术，2019,41(3)：135-138.

[15] 李斌,陈国宝,郭禹,等. 南海中部海域渔业资源时空分布和资源量的水声学评估[J]. 南方水产科学,2016,12(4)：28-37.

[16] 胡健辉,王艳,赵欢,等. 分裂波束鱼探仪换能器的旁瓣级控制[J]. 声学与电子工程,2016,124(4)：35-37.

[17] 钱韬. 线阵分裂波束处理技术在水声探测中的应用[J]. 声学技术,2015,34(6)：75-79.

[18] 田坦. 声呐技术[M]. 2版. 哈尔滨：哈尔滨工业大学出版社,2000：6-10.

[19] MELVIN G D，COCHRANE N A. Multibeam acoustic detection of fish and water column targets at high-flow sites[J]. Estuaries and Coasts，2015，38(1)：227-240.

[20] DUNLOP K M，BENOIT-BIRD K J，WALUK C M，et al. Ecological insights into abyssal bentho-pelagic fish at 4000 m depth using a multi-beam echosounder on a remotely operated vehicle[J]. Deep-Sea Research Part Ⅱ，2020，173：1-7.

[21] COLBO K，ROSS T，BROWN C，et al. A review of oceanographic applications of water column data from multibeam echosounders[J]. Estuarine，Coastal and Shelf Science，2014，145：41-56.

[22] COOK D，MIDDLEMISS K，JAKSONS P，et al. Validation of fish length estimations from a high frequency multi-beam sonar（ARIS）and its utilisation as a field-based measurement technique[J]. Fisheries Research，2019，218：59-68.

[23] WEI B，ZHOU T，LI H S，et al. Theoretical and experimental study on multibeam synthetic aperture sonar[J]. Journal of the Acoustical Society of America，2019，145(5)：3177-3189.

[24] FRANCISCO F，SUNDBERG J. Detection of visual signatures of marine mammals and fish within marine renewable energy farms using multibeam imaging sonar[J]. Journal of Marine Science and Engineering，2019，7(2)：1-19.

[25] WILLIAMSON B J，FRASER S，BLONDEL P，et al. Multisensor acoustic tracking of fish and seabird behavior around tidal turbine structures in Scotland[J]. IEEE Journal of Oceanic Engineering，2017，42(4)：948-965.

[26] MELVIN G D. Observations of in situ Atlantic bluefin tuna（*Thunnus thynnus*）with 500 kHz multibeam sonar[J]. ICES Journal of Marine Science，2016，73(8)：1975-1986.

[27] MAKI T，HORIMOTO H，ISHIHARA T，et al. Tracking a sea turtle by an AUV with a multibeam imaging sonar：toward robotic observation of marine life[J]. International Journal of Control，Automation and Systems，2020，18(3)：597-604.

[28] STANTON T K. 30 years of advances in active bioacoustics：a personal perspective[J]. Methods in Oceanography，2012(1)：49-77.

[29] 李国栋，谌志新，汤涛林，等. 多波束渔用声呐最优工作频点选取方法及探

测性能分析[J].渔业现代化，2021，48(5)：62-69.

[30] 宗艳梅,李国栋,谌志新,等. 圆柱阵多波束渔用声呐波束形成性能分析 [J].渔业现代化，2020，47(6)：68-75.

[31] ROUSSEAU S，GAUTHIER S，NEVILLE C，et al. A multi-frequency acoustic method to estimate mean standard length of juvenile salmon in the Discovery Islands，British Columbia[J]. Fisheries Research，2020，227：1-7.

[32] HABIB A，THOMAS B，JOSSELIN G，et al. Mathematical modelling of the electric sense of fish：the role of multi-frequency measurements and movement[J]. Bioinspiration & Biomimetics，2017，12(2)：1-9.

[33] BRANDYN M L，JOSEPH D W. Fishery-independent observations of Atlantic menhaden abundance in the coastal waters south of New York [J]. Fisheries Research，2019，218：229-236.

[34] SZCZUCKA J，HOPPE L，SCHMIDT B，et al. Acoustical estimation of fish distribution and abundance in two Spitsbergen fjords[J]. Oceanologia，2017，59(4)：585-591.

[35] 李国栋,谌志新,汤涛林,等. 多波束渔用声呐作用距离预报建模及性能分析[J]. 渔业现代化，2020，47(1)：56-62.

[36] 宗艳梅,魏珂,李国栋,等. 海洋渔业声学装备关键技术研究进展[J],渔业现代化，2021，48(3)：28-35.

[37] VARGAS G，FRÉDOU F，ROUDAUT G，et al. A new multifrequency acoustic method for the discrimination of biotic components in pelagic ecosystems：application in a high diversity tropical ecosystem off Northeast Brazil[J]. Journal of the Acoustical Society of America，2017，141 (5)：3866-3873.

[38] BRAUTASET O，WALDELAND A U，JOHNSEN E，et al. Acoustic classification in multifrequency echosounder data using deep convolutional neural networks[J]. ICES Journal of Marine Science，2020，77(4)：1391-1400.

[39] CAMPANELLA F，TAYLOR J C. Investigating acoustic diversity of fish aggregations in coral reef ecosystems from multifrequency fishery sonar surveys[J]. Fisheries Research，2016，181：63-76.

[40] 陈明. 基于宽频带超声换能器的渔业探测关键技术研究[D]. 上海：上海

海洋大学，2018.

[41] STANTON T K，CHU D Z，MICHAEL J J，et al. New broadband methods for resonance classification and high-resolution imagery of fish with swimbladders using a modified commercial broadband echosounder [J]. Ices Journal of Marine Science，2010(2)：365-378.

[42] 毕杨，王英民，王奇. 双重优化的宽带聚焦波束形成算法研究[J]. 兵工学报，2017(8)：110-118.

[43] 陈乾坤. 基于目标深度信息处理的水声探测关键技术研究[D]. 杭州：浙江大学，2017.

[44] STANTON T K. Broadband acoustic sensing of the ocean[J]. Journal of the Marine Acoustics Society of Japan，2009，36.

[45] BOSWELL K M，PEDERSEN G，TAYLOR J C，et al. Examining the relationship between morphological variation and modeled broadband scattering responses of reef-associated fishes from the Southeast United States[J]. Fisheries Research，2020，228：1-12.

[46] 吴陈波，谌志新，李国栋，等. 宽带分裂波束探鱼仪探测性能预报建模及仿真分析[J]. 渔业现代化，2020，47(3)：72-79.

[47] DELEAU M J C，WHITE P R，PEIRSON G，et al. The response of anguilliform fish to underwater sound under an experimental setting.[J]. River Research and Applications，2020，36(3)：441-451.

[48] VETTER B J，MURCHY K A，CUPP A R，et al. Acoustic deterrence of bighead carp (*Hypophthalmichthys nobilis*) to a broadband sound stimulus[J]. Journal of Great Lakes Research，2016，43(1)：163-171.

[49] VETTER B J，CALFEE R D，MENSINGER A F. Management implications of broadband sound in modulating wild silver carp (*Hypophthalmichthys molitrix*) behavior[J]. Management of biological invasions，2017，8(3)：371-376.

[50] ANDERSON V C. Frequency dependence of reverberation in the ocean [J]. The Journal of the Acoustical Society of America，1967(41)：1467-1474.

[51] MCKINNEY C D，ANDERSON C D. Measurements of backscattering of sound from the ocean bottom[J]. Journal of the Acoustical Society of

America，1964(36)：1596-1597.

[52] JACKSON D R，ANDREW M，JOHN J．High-frequency bottom back-scatter measurements in shallow water[J]．Journal of the Acoustical Society of America，1986,80(4):1188-1199.

[53] 何心怡,蔡志明,林建域,等.主动声纳①探测距离预报仿真研究[J].系统仿真学报，2003,15(9):1304-1306.

[54] 于源,鄢社锋,侯朝焕.混响背景下主动探测声纳性能预报[J].鱼雷技术,2011,19(3):192-194.

[55] 费志刚,肖军,王红萍.海洋环境对探雷声纳探测性能的影响研究[J].声学技术,2012,31(4):154-157.

[56] FSSLER S M，GORSKA N．On the target strength of Baltic clupeids[J]．ICES Journal of Marine Science，2009，66(6)：1184-1190.

[57] LAVERY A C，CHU D Z，MOUM J．Discrimination of scattering from zooplankton and oceanic microstructure using a broadband echosounder[J]．ICES Journal of Marine Science，2010，67(2)：379-394.

[58] TRYGONIS V，GEORGAKARAKOS S，SIMMONDS E J．An operational system for automatic school identification on multibeam sonar echoes[J]．ICES Journal of Marine Science，2009，66(5)：935-949.

[59] 杜伟东.多波束探鱼声纳关键技术研究[D].哈尔滨:哈尔滨工程大学,2015.

---

① 编者注:《现代汉语词典(第7版)》建议采用"声呐",此处为了尊重原文献,保留"声纳"的写法。其他处"声纳"的处理方式同此。

第 5 章
海洋浮标监测系统及装备

　　海洋是生命的起源,地球上海洋的面积占地球总面积的 2/3,海洋拥有丰富的矿产资源和生物资源,是人类可持续发展的重要支撑。进入 21 世纪以来,各国把发展海洋经济、探索海洋资源、保护海洋环境作为发展的重中之重。随着人类科学技术的不断发展,人类对海洋的开发和探索日益频繁,这打破了海洋环境的平衡,造成了海洋资源的浪费和环境的污染。近年来,赤潮、石油泄漏、水体富营养化等环境事件频发,国家高度重视海洋资源和空间的规划,"十三五"规划以来,自然资源部、农业农村部出台多项海洋相关规定和规划,以建立全方位的海域实时监测体系,保障国家海域安全,实现海洋绿色发展。因此,迫切需要大力发展海洋监测技术,优化海洋监测方式,加强海洋监测研究,提高海洋监测效率,降低海洋监测成本,实现海洋监测的精细化、实时化、智能化。

5.1 海洋浮标监测系统

5.1.1 概述

　　海洋监测是认识海洋、探索海洋的前提条件和基础。目前,常见的海洋探测装备有三种,分别是移动调查船、海洋观测站和海洋浮标监测系统(也称海洋浮标观测系统),如图 5-1 所示。其中,移动调查船是专门用来在海上从事海洋调查研究的工具,调查船在海上不断航行从而收集海洋数据,这种方法不仅需要耗费大量的人力物力成本,同时容易受到海洋环境的限制。海洋观测站是一种建立在海岛上的自动监测站,具有一次建成、永久固定的特点,对于海洋的探测不具有灵活性。

　　为了弥补上述两种方法的不足,海洋浮标监测系统应运而生。海洋浮标监测系统是一种通过锚链固定于海面上或者随波浪或风漂移的海洋自动监测站,具有运行稳定、监测灵活、承载力大、成本低等多种优势,即使在其他方法都无

（a）大型移动调查船　　　（b）海洋观测站　　　（c）海洋浮标监测系统

图 5-1　海洋监测装备

法监测的恶劣环境下,海洋浮标监测系统仍能保持工作。浮标监测系统可以搭载多种传感器,比如温湿度、气压、波浪、海水流速、潮汐等传感器,可以全方位多角度地监测海洋中的水文数据和气象数据,为海洋灾害预警、海上航行安全、海洋水文气象研究等提供宝贵的研究数据。目前海洋浮标监测系统已被广泛地应用于海洋研究、数据勘探、军事侦察等多方面。

5.1.2　海洋浮标监测系统的组成

　　海洋浮标监测系统由浮标系统、锚泊系统和岸站接收系统组成,工作原理如图 5-2 所示。锚泊系统帮助浮标系统完成定点作业,浮标系统搭载传感器完成数据的采集与处理,最后通过通信模块将采集的数据回传至岸站接收系统。

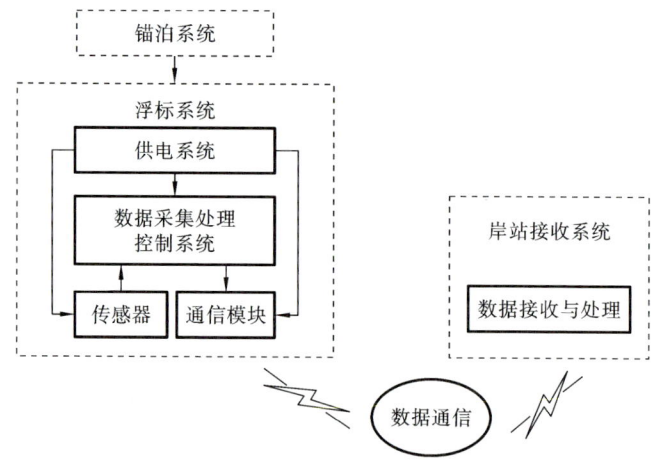

图 5-2　海洋浮标监测系统工作原理

1. 浮标系统

浮标系统如图 5-3 所示,主要位于海面上,由浮标体、供电系统、防护系统、各类传感器、数据处理系统、通信系统等组成。

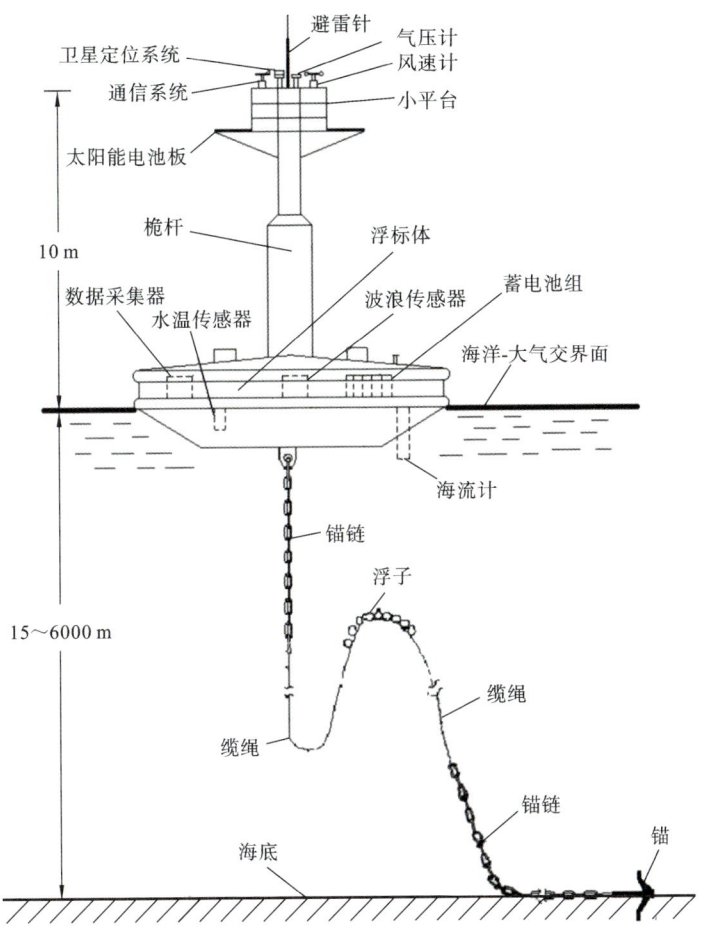

图 5-3　海洋浮标系统组成示意图

1) 浮标体

浮标体包括标体、桅杆(塔架)、小平台、配重等组成部分。浮标体为浮标系统正常工作提供漂浮浮力。通常,浮标体形状有多种,包括圆盘形、圆柱形、圆台形、船形等,多采用复合型材料制成。桅杆上一般需要安装各种气象传感器及供电系统,为了确保耐用性和轻便性,桅杆一般采用不锈钢材质或者铝合金材质。

2）供电系统

浮标供电系统需要为各类传感器、数据处理系统、通信系统等提供必需的工作电源。浮标系统通常被放置在远离岸边的海水中,这就要求浮标系统需要具有独立的供电系统,一般小型浮标系统会配备碱性或干电池系统,而中型浮标系统会配备太阳能和蓄电池双重供电系统。考虑到环境因素和天气因素,浮标系统一般还会考虑配备风力发电系统和海浪发电系统,保证浮标系统可以在恶劣的环境下持续工作。

3）防护系统

为了避免发生偏移,浮标系统上会加装定位系统,同时为了减少外部冲击,也会安装警示器、避雷针等。

4）各类传感器

浮标系统根据功能不同可以选择性地加装不同的传感器。水文气象类浮标系统一般装载水文气象类传感器,可用于监测风向、风速、温湿度、流向、流速、水温等参数。水质监测类浮标系统一般装载水质检测类传感器,可用于监测 pH 值、盐度、溶解氧浓度、氨氮浓度、叶绿素浓度、浊度等参数。除此之外,还有波浪浮标系统(用于监测波浪数据)、光学浮标系统(用于监测海洋光学变化特征)等。

5）数据处理系统

该部分是浮标系统的中枢,按照一定的时序完成数据的采集、处理、存储、传输以及控制等功能。数据处理系统要求具有高可靠性、低功耗性,具有良好的人机交互界面及远程控制能力,且要求有稳定的存储能力。

6）通信系统

通信系统负责将监测到的海洋数据传输到陆地上。浮标运行在远离陆地的海洋中,需要时时刻刻应对恶劣的海洋环境,因此其通信系统需要具有很强的可靠性和稳定性。海洋浮标的通信系统一般包括三类,分别是移动通信、无线通信和卫星通信,前两种通信方法受通信距离的限制,不能用于深远海数据通信,卫星通信则更具保障性。目前我国自主开发的北斗卫星系统已经广泛地应用于海洋浮标的数据通信中。

2. 锚泊系统

锚泊系统是浮标在海上停泊作业时所使用的装置,是一个十分复杂的物理系统,它可以帮助海洋浮标定点作业,主要由锚、锚链、钢丝绳、化纤缆绳、弹性绳、浮子等组成。海洋浮标的锚泊系统有多种组成和结构,按照浮标系泊方式的不同可以分为单点系泊和多点系泊。其中单点系泊指的是只有一个锚碇点,而多点系泊指有两个及以上的锚碇点和多根锚索。相比于单点系泊,多点系泊在海面上的运动更加稳定,可以减少浮标断链、跑标等事故的发生,但多点系泊作业难度大、价格昂贵,不适合深海布放,因此在深远海一般采用单点系泊的方式。

3. 岸站接收系统

岸站接收系统包括计算机、通信系统等,主要用于接收浮标系统传输的数据。在海洋浮标监测系统的接收端一般会有数据存储、实时显示、历史数据查询等多种功能。根据通信方式的不同,岸站接收系统也分为短波通信接收岸站和卫星通信接收岸站。

4. 海洋浮标监测系统的关键核心技术

海洋浮标监测系统是一个复杂的系统,其设计涉及多项关键技术,涉及多个学科的交叉融合。随着海洋监测中应用需求的增多和新技术新方法的不断出现,海洋浮标监测系统的核心技术也在不断地发展和完善。海洋浮标关键核心技术主要分为浮标结构设计、系留、数据采集与控制、数据传输与通信、能源供给、传感器这六个方面。表5-1概括了每一部分所面临的挑战和迫切需要解决的关键核心技术。

表 5-1 海洋浮标监测系统的关键核心技术

技术类别	关键核心技术
浮标结构设计技术	(1) 易布放、低成本回收的平台技术; (2) 新型深远海定点平台设计技术; (3) 新型定点平台性能评价技术
系留技术	(1) 牢固、耐用锚泊设计技术; (2) 新材料、新技术锚泊技术; (3) 深远海系泊技术
数据采集与控制技术	(1) 采集数据质量控制技术; (2) 智能化数据采集控制技术; (3) 传感器即插即用技术
数据传输与通信技术	(1) 数据实时可靠传输技术; (2) 双向交互通信技术

续表

技术类别	关键核心技术
能源供给技术	（1）深远海长期稳定供电技术； （2）太阳能、风能及混合供电技术； （3）波浪能、潮汐能供电技术； （4）大功率综合供电技术
传感器技术	（1）高精度、高可靠性传感器技术； （2）多功能、多参数传感器技术； （3）新材料、新技术传感器技术

5.1.3　海洋浮标监测系统的分类

海洋浮标监测系统根据不同的分类方法有不同的名称，一般按照海洋浮标的尺寸、功能用途、锚泊方式等进行分类。

1. 根据浮标尺寸分类

根据浮标的尺寸，一般将海洋浮标分为大型、中型、小型等，浮标尺寸越大，稳定性越高。大型浮标的尺寸在 10 m 以上，具有稳定性高、抗恶劣海况能力强等优势，适合于长期定点监测，但大型浮标设计难度大，价格贵，布放、回收等要求也更高。中型浮标尺寸在 1～5 m 之间，适合于近海海洋监测和短期监测。小型浮标尺寸在 1 m 以内，小型浮标具有体积小、成本低、布放快速等优势，可以用于一次性的监测任务。海洋浮标可以根据具体需求来选择，对于深远海等恶劣海况的监测任务，可以选择大型浮标；对于成本要求低、海况较稳定的近海可以选择布放中小型海洋浮标。

2. 根据功能用途分类

根据浮标的功能用途以及搭载传感器的不同，可以将浮标划分为水文气象浮标、水质浮标、波浪浮标、海洋光学浮标、声呐浮标、导航浮标、海冰浮标等。

海洋水文气象浮标的尺寸通常在 10 m 以上，能够全天候监测海洋中的风向、风速、温湿度、波向、波高、流向、流速、水温、降雨量、能见度等参数。海洋水文气象浮标是目前应用最多最早的浮标，其收集的信息可用于海洋天气预报、自然灾害预报等。

海洋水质浮标可用于监测水温、pH 值、盐度、溶解氧浓度、氨氮浓度、叶绿素浓度、浊度等参数。其收集的信息可用于海洋环境监测、水产养殖水质监测、赤潮预报预警等。

海洋波浪浮标的尺寸通常在 1 m 以下，一般是小型浮标系统，多为椭球形，可用于监测海洋波浪的高度、周期、传播方向、功率谱、方向谱等参数。

海洋光学浮标载有光学测量设备，可以连续观测海面、海底的光学特性，对海洋中光谱辐亮度、光谱辐照度、漫射衰减系数等参数进行测量。其收集的信息可用于海洋光学科学、军事等方面的研究。

声呐浮标的核心部件是水听器，用于海洋中声信号的收集，探测识别水中物体。声呐浮标按工作方式可以分为主动式和被动式，主动式声呐浮标可以主动发射声信号，通过接收到的信号回波来检测水中目标。被动式声呐浮标通过接收水下噪声信号，检测目标有无并估计目标方位。

导航浮标一般为大型浮标，尺寸在 10 m 以上，在恶劣天气下给船舶提供可视信号，用于保障船舶的航行安全。导航浮标布置在航道的两侧，当环境恶劣或能见度低时，航标灯以某个相同的频率闪烁导航，为船舶安全航行提供帮助。

海冰浮标的尺寸在 1 m 以内，能够对南北极的海洋环境进行监测。该浮标不仅可以监测冰层交换界面的环境参数，还可以监测冰层环境剖面参数，为研究南北极的气象水文参数、海冰生成融合过程、浮标漂浮流向等提供可靠的数据支撑。

3. 根据锚泊方式分类

按照锚泊方式，海洋浮标可以分为锚系型和漂流型。锚系型通过锚系将浮标系统连接到海底，实现浮标的定点作业，防止浮标走标，可以用于长时间监测定点位置的海洋信息。锚系型常为大型浮标，比如水文气象浮标、导航浮标等，也有少数中小型浮标采用锚系型锚泊方式。漂流型浮标没有锚系的限制，可以悬浮在海面上，在海洋中随风、海流漂浮，或者随具体控制指令等漂浮或上下运动。漂流型浮标可以在漂流运动中获取海洋监测信息，适合大规模布防，相比于锚系型，漂流型具有成本低、布防灵活等优势。

5.1.4　我国海洋监测浮标网的建设及应用

目前我国海洋监测浮标主要是"十五""十一五""863 计划"创新研究及成果标准化定型后的系列化浮标，这些不同规格和功能的浮标逐渐达到了国外先进水平，使得我国海洋观测浮标网络日益完善，具备了观测浮标大规模组网应用条件。我国海洋监测浮标网的重要用户包括原国家海洋局（2018 年组建为自然资源部）、中国气象局以及中国科学院等涉海研究机构。

1. 原国家海洋局海洋浮标网及中国气象局海洋气象网的应用

原国家海洋局海洋浮标网及中国气象局海洋气象网的应用可以划分为 3

个时期,浮标网的建设相应历经三代演变。

第一代浮标网:此时期浮标以国外引进为主。原国家海洋局在1985年提出国家海洋观测浮标网总体方案,方案确定后最终引进了6套英国Martex公司直径为2.75 m的圆盘形DS-14型浮标。该浮标获取海洋观测数据的方式有三种:通过乘船直接从浮标体内读取存储的数据,这种方法获取数据完整,但无法满足时效性需求,同时较为危险;通过ARGOS卫星进行地面接收,该方法的数据接收率仅为20%;通过国际电传从法国ARGOS中心获取数据,该方法费用高且时效性低。除了数据获取问题外,浮标的维修、更换等都存在问题。尽管第一代引进的浮标存在很多问题,但是它仍然为我国海洋数据的获取、石油的开发、天气的预报等提供了重要的帮助。

第二代浮标网:进入国产自主研发阶段。第一代国外引进的浮标系统中存在的问题说明了自主研制浮标监测系统的重要性。1986—1990年,国家重点科学技术攻关项目Ⅰ型海洋浮标及后续改型浮标研制成功。1990年后,我国常年运行的自主研制的国产浮标总共有7套,均是FZF型的直径10 m的大型浮标。我国自主研制浮标的故障率大大降低,使得监测浮标可以长期可靠地运行,同时解决了第一代浮标数据接收问题,将岸站数据接收率提高到了90%。自此,我国浮标监测网的研发进入了良性发展阶段。

第三代浮标网:进入大规模业务化应用阶段。进入21世纪以来,FZF型浮标进入标准化、系统化的发展阶段。2008年后,原国家海洋局部署建设的海洋浮标网开始进入大规模业务化应用阶段。2008年,中国气象局投资建设了首个大型海洋气象浮标监测站,用于监测气温、气压、风速、能见度、降雨量和一些水文数据,为2008年奥运会帆船比赛提供了气象水文信息服务。

2. 中国科学院海洋研究所近海海洋观测研究网络应用

中国科学院海洋研究所近海海洋观测研究网络由黄海海洋观测研究站、东海海洋科学综合观测浮标站的主观测系统及其相应的区域性海洋环境多要素断面调查、应急保障观测系统等部分组成。其中主体观测系统由10个海洋观测浮标系统组成,它们散布在中国近海,可以长期定点实时地进行海洋数据监测。该浮标网络通过无线通信和北斗卫星通信的方式将监测的数据实时回传到地面,形成了一个覆盖中国近海的大范围的数据传输网络。

2007年,中国科学院在北黄海獐子岛布放了第一套组合潜标系统,用于海洋生态环境多要素调查。2010年,我国在青岛崂山东部海域布放了1套综合观测浮标,用于研究青岛沿海的环境变化和浒苔绿藻灾害。除此之外,我国还布设了荣成楮岛海域观测浮标系统、青岛灵山岛海域观测浮标系统、苏北浅滩观测浮标系统、舟山嵊山海域综合观测浮标系统。其中,2009 年,舟山嵊山海域综合观测浮标系统布放的完成也标志着中国近海海洋观测研究网络系统的初步建成。

3. 地方(省市)海洋监测浮标网的应用

地方(省市)海洋监测浮标网主要用于地方海洋灾害预报预警、海洋通航安全、海洋渔业生产环境安全保障、海洋牧场精细化预报以及海上重要赛事活动保障。

2005 年,国家海洋局闽东海洋环境监测中心站在白基湾深水网箱养殖区边缘海域布放了海水水质监测生态浮标,该浮标可测量多种水质数据,比如 pH 值、盐度、溶解氧浓度、叶绿素浓度等,可以通过 GPRS 向福建海洋预报台发送所采集的水质信息。

2006 年,江苏南通洋口港成功布放了直径 10 m 的大型海洋水文气象监测浮标,用于全天候监测水文、水质、气象等 26 个要素,为海水养殖、海洋捕捞、港口工程及运营、船舶运输航行等提供服务。

2009 年,16 个海洋浮标监测系统在广西近岸海域成功布设,用于实时监控北部湾海域的水质,防止海域出现赤潮危机和海洋污染事件。

2010 年,浙江省大气探测技术保障中心和舟山市气象局成功在舟山群岛布设了大型海洋气象浮标。该浮标可以对近海气象进行全天候的观测,对浙江省海洋气象监测和预报具有重要的意义。

2010 年,浙江省在南鹿以东海域成功布设了海洋气象浮标,可以对温州市气候进行全天候观测,观测数据包括风速、风向、温度、能见度、叶绿素浓度等 18 个观测参数。

2010 年,国家海洋局南海工程勘察中心在南海区成功布放了第一个海啸监测浮标,2013 年在南海中北部深水海域成功布放了第二个海啸监测浮标。这两个海啸监测浮标的成功布放有效提升了对于该海域和附近海域的海啸预警能力。

2012 年,中国北极科考队在挪威海成功布放了中国首个极地大型海洋监测浮标系统,该浮标系统可以全天候观测海气相互作用。这是中国首次将自主研发的浮标监测系统推广到北极海域。

在奥运会、全运会、亚运会等重大赛事上,海洋浮标监测系统也为多项海上赛事提供了预报服务,为比赛的顺利举行提供了保障。另外,在海洋灾害预报预警上,海洋浮标监测系统也充当了重要的角色,提供了重要的支持。

5.2　海洋潜标监测系统

5.2.1　概述

海洋是一个巨大的能源宝库,储藏着丰富的海洋资源,包括海洋生物、海底矿产、海洋能源、海水等多种综合性资源。随着海洋科学研究、海洋资源的综合利用和国防事业发展的需求不断增长,各国对海洋环境监测的重视程度持续提升,对海洋水下环境监测仪器设备的需求也在日益增加。因此,海洋潜标监测系统受到了全世界各个海洋国家的高度重视,其应用也越来越广泛。另外,在各种重大的国际海洋合作项目研究中,也常常布放大量的潜标监测系统。

潜标监测系统是海洋科学研究水下工程前期调研、海洋军事、海洋开发的重要技术装备,甚至在极其恶劣的海洋环境中,它可以长时间连续自动地对海底情况进行全方位的综合监测。因此,海洋潜标监测系统具有其他数据采集装备或者设计方案无法取代的地位。同时它也是潜艇、陆岸基站和飞行器在空间上和时间上的延伸与扩展,更是离岸监测系统的重要装备之一。这都归因于潜标系统自身的自动化程度高、安全稳定、布放回收简便、经济耐用,可用于获取海量综合的海洋环境信息。许多研究指出潜标技术在水下目标信息获取和研究领域中具有十分光明的发展前景。鉴于此,国内外各海洋国家对海洋潜标系统研究的投入比例已连年攀升。

潜标技术最早起源于美国,在 20 世纪 50 年代初期,美国科研人员开始研发潜标装备。紧接着,苏联、澳大利亚、日本、法国、德国、加拿大等国家也认识到潜标技术的重要性和战略性,为此相继开展相关的研究和应用。经过漫长的发展历程,潜标技术不论是在基础理论研究中,还是在新工艺、新技术、新材料的应用以及系统布放与回收技术的研究方面都有了长足的进步,同时也拥有了相当的水平和规模。潜标系统已逐渐发展成为一种主要的海洋环境监测装备,被研究人员普遍运用。相比于欧美一些发达的海洋国家而言,我国于 20 世纪 70 年代才开始开展潜标技术的研究,较发达国家晚启动约 20 年。随着我国海洋事业的全方位发展,对海洋环境监测的要求不断提升,为了合理开发和利用海洋资源,近年来我国加大了对潜标技术的投入与研究。通过潜标系统可获取多尺度、多维度的海洋环境信息,这为开展海洋生态环境演变以及海洋综合效应分析的研究提供了技术和装备上的支撑,进一步推动我国海洋监测领域研究的发展。

5.2.2 潜标系统的组成

1. 系统简介

海洋潜标系统也被称为水下浮标系统,是海洋环境观测的重要设备之一。海洋潜标系统通常由两部分构成:即水下部分和水上机。图 5-4 所示为海洋潜标系统的结构示意图。水下部分一般由探测仪器、主浮体(标体)、浮子、释放器、锚系系统等组成。通常,主浮体安放在海面以下约 10 m 处或者更深的水层中,以避免海面风力和水流的扰动;锚系系统将整个系统固定在海底某一选定的测点上。在主浮体与锚之间的系留索上,根据不同的需要,挂放多层自动观测仪器和浮子,在系留索与锚的连接处安装释放器。海洋潜标系统由作业船布放,观测仪器在水下进行长时间的自动化观测并将测得的数据储存起来。待到

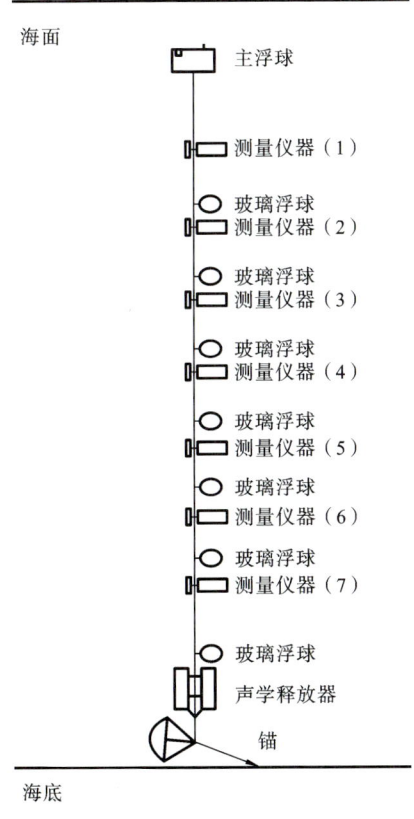

海面

主浮球

测量仪器(1)

玻璃浮球
测量仪器(2)

玻璃浮球
测量仪器(3)

玻璃浮球
测量仪器(4)

玻璃浮球
测量仪器(5)

玻璃浮球
测量仪器(6)

玻璃浮球
测量仪器(7)

玻璃浮球
声学释放器

锚

海底

图 5-4 海洋潜标系统的示意图

达人们提前设定的时间后，作业船到达原设定坐标，由水上机向释放器发出指令释放锚块之后，系统上浮并被回收。海洋潜标系统能获取水下不同层面上的长期连续的深度、温度、盐度、海流等海洋水文资料，同时它具有稳定、隐蔽、自动化程度高、方便回收等优点，成为海洋环境观测中不可替代的角色，因此具有十分重要的地位。

为了更详细地展示潜标系统的优点，本节将潜标系统和水面调查船在实现三种常规调查中的特点做了简单比较，如表 5-2 所示。

表 5-2　潜标系统和水面调查船的各项功能比较

调查手段	可观测和研究项目	连续观测层次/m	最大观测深度/m	资料同步性	观测允许最恶劣海况	监测范围	所需船只数	最大连续观测时间
水面调查船	规定调查项目	0～200	200	准同步	6～7 级海风	浅海区	多只	1 个月
潜标系统	温度、盐度、深度、流体声学实验、生化实验	50～8000	8000	同步	全天候	浅海和深海区	1	1 年

可以发现在调查观测项目相同的情况下，潜标系统具有水面调查船所没有的特殊功能，尤其在全天候监测、连续同步监测以及深海监测方面，更有其特点。潜标系统也有不足之处，例如，获得表层资料和即时资料比较困难，因此，潜标系统与水面调查船可以互为补充。可以清楚地看到，潜标系统不仅给常规调查提供了一种新的手段，而且大大提高了某些观测项目的调查质量和调查资料的可信度。这意味着潜标系统为海洋科学研究和海洋环境预报提供了更可靠的信息。

我国海洋系统的设备比较混杂，这些设备由许多厂商供应，有国产的仪器设备也有部分进口的设备。这也就引发了一个值得关注的现象：不同厂商生产的仪器在材料、结构、性能上会存在很大差异，另外对连接方式的要求也不尽相同。所以在设计潜标系统前应该经过仔细的调研和分析，尤其要留心仪器型号的选择、结构的设计，从而保证最终设计的系统具有可靠的稳定性和测量精度。另外，海洋潜标系统的站位、布放深度、环境条件（如海流）、仪器测量层次等都随监测任务的不同而不同，因此潜标系统不可能是一种固定的系留结构形式，换句话说对每套潜标系统都必须按照相应的任务进行再设计。潜标系统的设计必须考虑布放环境条件、所选仪器的性能、连接结构和布放回收方法的系统工程,这主要包括系统配置设计、系统受力和姿态分析、结构连接及其可靠性设计。

2. 测量仪器的选择

目前,潜标系统中使用的测量仪器一般以测流为主,同时将测温、测盐和测压的传感器集成在一起。测流仪器种类很多,按测量原理可以划分为机械转子式海流计、声学矢量海流计、声学多普勒海流计、电磁海流计等。机械转子式海流计曾经是潜标系统中应用最广泛的海流计(以 RCM5/6 和 RCM7/8 为例,它们在全世界售出的数量在一万台以上),如今的系统则越来越多地使用声学测量仪器。机械转子式海流计通过转子的转动可直接测量海流流速,造价相对低廉,但是,它在低速下易失速,易受生物附着的影响,易引起水动力噪声,这也是值得注意的缺点。声学矢量海流计无运动部件,附着物会对测量产生影响,由于声传播时间与温度、盐度和结构长度有关,故每台仪器要单独校正。它的结构要求做到坚固无变形以保证声传输路径不变。声学多普勒海流计是目前发展较快的海流测量仪器,对生物附着相对不敏感,不会造成流体动力噪声,但是在水中需要反射粒子。电磁海流计根据流过一个环形线圈的电流在传感器周围产生一个磁场的原理,当流动的水体作为一个运动的导体切割磁力线时,可根据法拉第感应定律,由电势和水流速度的比例关系得到水流的相关数据。电磁海流计无机械动作,对生物附着同样比较敏感,并且每台需要单独标定。

3. 系留索的配置

系留索是海洋潜标系统测量仪器的支撑部件,系统配置的系留索不仅要满足拉力强度要求,还要应对可能存在的人为破坏及鲨鱼损坏等危险情况。研究表明,在回收潜标系统时多次发现系留索上缠有钓鱼线及锋利的钓钩,如果采用 Kevlar 绳,则极易被破坏。因此,对于水深小于 1 km 的区域,潜标系统应该选用钢丝绳作为系留索。而对于水深超过 1 km 的区域,建议选用钢丝绳与 Kevlar 绳的混合配置,这样做可以减轻系统的整体重量并减少浮力配置。在选择系留索直径时,首先要满足强度的要求,其次要尽可能地减小其在海流中的流阻面积。经验表明,采用静力学分析方法,用递推公式计算海洋潜标系统系留索在极限使用环境条件下的张力,取 3 倍安全系数所确定的系留索直径,完全可以满足系统安全布放回收的要求。不同系留索具有不同的扭矩。在潜标系统中使用的不旋转钢丝绳和 Kevlar 绳在制造时都存在扭矩,故在绳索中要串接一些转环以释放扭矩,保证绳索拉紧时测量仪器不受扭矩影响。转环的数量应按照系统中串接的仪器数目来确定,一般来说,每台仪器的上部都要接入一个转环。每段系留索的长度要根据仪器间设定的距离来确定。系统最底部应设置调节绳,当设计水深与实际水深有较大差距时,通过调整调节绳来改变系统的总长度,从而保证测量仪器布放在预定的深度层次。

4. 系统浮力配置

系统浮力配置的目的是绷紧系留索,以保证测量仪器的正常运转,确保系统可以在声学释放器释放后上浮回收。故在设计系统时,系统所配置的浮力应当大于系统除锚以外所有零部件重力之和。潜标系统的浮力配置可以分为两种方式:集中方式和分散方式。浮力集中配置的潜标系统一般将所有浮力部件布置在系统顶部,如图 5-5 所示。其特点是系统结构相对简单,浮力和锚重较大,绳索绷得较紧,所以张力也相对较大。浮力集中配置的结构一般用于较短的系统。浮力分散配置的潜标系统,除了在系统顶部配置一定的浮力部件外,一般在每套仪器的上部配置辅助浮子,以保证仪器的倾斜角满足工作要求。这种浮力结构的特点是系留索内张力相对较小,系统的锚块重量相对较轻。一般

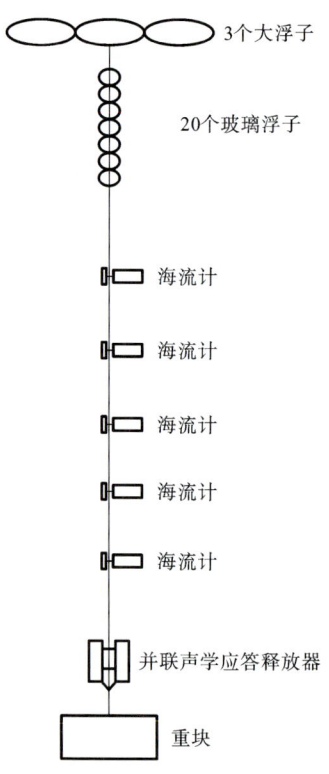

图 5-5　浮力集中配置潜标系统示意图

来讲,人们布放的潜标系统均为浮力分散配置型,它的最大优点是即使系统的主浮体由于某种原因丢失,其系统的辅助浮子也可在系统释放后使系统的剩余部分上浮,实现回收。而集中配置浮力部件的潜标系统,一旦顶部浮力部件丢失,那么整套系统都会因为不能上浮而丢失,无法实现回收。

5. 系统受力和姿态分析

潜标系统配置确定之后,就需要对系统进行受力分析和水下姿态计算。在水下布放潜标是获取长期海洋环境资料(特别是水体内部环境参数垂直分布信息)最常用的技术手段。出于以下三方面的原因,需要对潜标系统在水中的受力情况和姿态进行精确的分析与计算:(1)为了保证潜标系统不会因风浪、海流等外力作用而造成连接部件断裂或产生整体移位,必须通过计算给出合理的部件受力设计参数及锚定重量。(2)为了正确地利用潜标系统测得的数据推算出布放水域的环境参数垂直分布信息,需要清楚地知道潜标系统组成设备的水下位置和姿态。(3)为了监测某一水深的环境参数,必须通过一定的浮力设计,保证测量设备的空间位置相对固定。

潜标系统受力姿态分析的目的是,确认所配置的系统能满足特定的极限环境条件要求。具体的受力计算和姿态分析可以参考本章文献[15]。

6. 结构连接及其可靠性设计

潜标系统部件本身和部件间的连接设计关乎整个系统的结构可靠性。在潜标系统设计过程中应该考虑连接所引起的强度、水密性和腐蚀问题。连接强度问题,除部件本身强度外,还应特别注意绳索的接头设计和制作工艺。先前的研究表明,一些从国外进口的绳索在进行拉力验收试验时会发生接头脱开事故,如果不通过检测而直接应用是非常危险的。各种连接件的设计要保证足够的强度安全系数,同时要检查所有的非标准件(包括绳索)的额定强度,抽查其破断强度。对每一批次采购的标准件也要抽查它的质量是否符合标准。水下仪器壳体的水密性是保证仪器正常工作的首要条件,一般情况下,严格按照设计手册规定的标准执行密封设计并合理选用密封件就能达到密封的要求。但是,在应用中往往会出现实验室检查合格而实际布放时漏水,或短期试验合格、长期试验漏水的情况。比如,在压力罐内进行玻璃浮子加压试验时,会发生加压一天不漏水,而加压一星期后就有极少量漏水的情况,另外仪器壳体也发生过实验室试验时不漏,而实际应用时漏水的情况。其原因主要是:(1)表面光洁度不够;(2)材料性能不符合设计要求,长期受压会导致变形而发生渗漏;(3)密封器件质量差,或装配工艺不合理。因此,在仪器零部件设计、制造、试验和安装时，应该格外留心以上可能造成密封失效的各种因素。连接设计不当还可能造成电化学腐蚀，在设计中根据强度或重量等的需要，不同的零部件会采用不同的金属材料，如壳体用铝材或钛材，锚链、卸扣或钢丝绳采用低合金钢；卸扣采用不锈钢而相连的开口销采用普通钢；铝壳体的密封法兰用普通钢螺栓固定等。由于潜标系统在水下工作时间周期长，不同电位的金属在海水中接触会形成原电池，因此电位低的金属很快就被腐蚀。在设计时可以采用以下几种方案来保护金属部件：(1) 尽量避免不同类型的金属直接接触；(2) 在接触处加绝缘套或者绝缘垫；(3) 采取牺牲阳极材料法来防止电化学腐蚀的发生。

5.2.3 应用案例

水声数据采集是水声技术研究领域的一个重要环节，随着对海洋研究的日益深入，潜标数据采集系统得到越来越广泛的应用。声波作为水下重要的信息载体，它在海洋中的传播与海洋动力过程有着密不可分的关系，海水的温度、压力、盐度等因素影响声波在水中的传播速度，其中任何一个环境因素的变化都会引起声波传播速度的变化。因此，掌握复杂海洋环境中的声波传播规律，同步观测海洋声场和动力场环境信息是一种重要手段。高国彩等设计了一种温盐链潜标系统，实现了数据的实时传输。他们在浅海海域垂直剖面布放一套温盐链潜标，链上集成多台传感器，传感器的位置可以随机调整，用来长时间测量不同深度的温度、压力、盐度等信息。传感器的数据一方面存储在自容式存储器中，另一方面通过感应耦合系统链传到水面通信浮标中。水面通信浮标既要控制数据的上传流程，又要满足海面组网的需要，实时响应岸站索取数据命令，并且通过无线电台将数据发送至岸站，根据所得的数据进行声场动力场耦合分析。浮标控制电路采用 MSP430 作为中央处理器，包括串口通信模块、实时时钟模块、SD 卡存储模块以及电源模块。系统设计完成后，在实验室对其进行各部分功能测试和整个系统联合调试，主要进行功耗测试、数据传输测试、数据存储速率测试以及硬件平台工作稳定性测试。最后，在南海海域进行海上试验，验证了系统数据采集存储能力、耦合传输能力以及无线传输能力。

近些年来，随着矢量水听器技术的兴起，对矢量水听器潜标技术的研究也在水声研究领域广泛开展起来。刘振江从工程应用的角度，对矢量水听器潜标系统及其数据采集系统进行了全面的研究。这套潜标系统的核心电路包括信号调理电路与采集存储电路，电路实现了对前端矢量水听器信号的放大、滤波预处理以及数据采集、数据存储等功能，同时记录了时间信息以及矢量水听器的姿态信息；外围的支持设备为潜标系统的顺利布放以及电路的稳定运行提供了必要条件;上位机控制软件的开发实现了对电路部分采集功能的控制并完成了 GPS 授时的功能。

不同于其他装备,潜标系统需要在水下进行长期工作,对整个系统在水下进行受力和姿态分析是确保整个系统稳定工作的前提。之前一项非常有价值的研究,分别在 400 m 和 4000 m 深度的水下完成了潜标系统的结构配置、受力分析和姿态计算,建立了一整套水下系统的数学模型,对后续研究工作具有重要的参考意义。作者指出由于每一项任务的站位、海深和环境条件特别是各区域海流不同,同时仪器层次也会根据不同的任务而改变,因此在不同的任务中,必须重新计算以确保该次任务下系统的配置和参数满足当下使用环境条件。兰志刚等结合深海海流剖面测量实际应用,介绍了潜标系统的设计中需注意的几个问题。他们针对绳索和不同形状的潜标系统测量单元,给出了静力计算和姿态分析的步骤与方法;根据测量要求,在假定的海流剖面环境下,计算了各潜标单元在海水中的位置、倾斜度以及潜标系统的浮力配置和锚块配重。作者建议特别是对于在深水区布放的半悬浮式的潜标系统,由于海流的拖曳作用,若设计不当,系统就会随海流变化产生很大的位置和姿态变化,出于安全和可靠测量的考虑,必须对潜标系统在一定环境载荷作用下的受力及姿态进行分析。

近年来,潜标系统的布放和回收问题的研究有所进步。张勇等克服了现有的潜水器布放回收系统的缺点,发明了一种潜水器运移和布放回收潜标的系统。该系统包括吊放系统、运移系统和拖曳系统:船尾或船侧设有用于潜水器吊放的吊放系统,与吊放系统相邻的船舶甲板上设有用于潜水器运移的运移系统;吊放系统下方的船体中设有用于回收潜水器的拖曳系统。该系统具有以下特点:吊放系统旋转角度大,便于安全吊放潜水器;吊放系统与潜水器刚性连接,能有效避免潜水器随船舶摆动;运移系统具备抗倾覆功能,能够高效可靠地将潜水器运移至起吊位置;拖曳系统能够保证潜水器在水中的浮态和稳定性。实验结果表明,这种系统能够保证潜水器安全、可靠、高效地进行运移和布放回收作业。余明德等研发了一种无人艇的自动布放与回收系统,其特征在于可以避免以人工介入的形式完成无人艇与起重机吊钩的挂钩或连接操作,避免当海况差时出现设备损坏和人员伤害的情况,提高无人艇在布放及回收过程中的安全性。另外,也有研究者开发了群体式无人艇布放与回收系统,该系统能够实现多艘无人艇的快速布放与回收,自动化程度高,提高了无人艇与无人艇容置装置对接的智能性和准确率。

虽然我国的海洋监测技术与发达国家相比晚启动了很多年,但我国十分重视海洋监测技术的研究,在许多研究者们的共同努力下,目前已经有了相当的规模和丰硕的研究成果。尤其是浮标和潜标在系统回收率、可靠性及布放深度方面与发达海洋国家的差距正在缩小。近年来,随着新材料、大数据、电子通信等多门学科的迅速发展,海洋浮标、潜标监测技术会向着综合化、智能化的方向发展,数据传输的实时性和可靠性也会迎来更加光明的前景。

本章参考文献

[1] 胡颖. 海洋监测小型浮标系统研究[D].厦门:集美大学,2021.

[2] 王皖东. 一种应用于近海海洋监测的浮标系统研究[D].南京:南京信息工程大学,2018.

[3] 李晴. 多参数海洋浮标监测系统研究[D].上海:上海海洋大学,2017.

[4] 赵聪蛟,周燕.国内海洋浮标监测系统研究概况[J].海洋开发与管理,2013,30(11):13-18.

[5] 王军成,厉运周.我国海洋资料浮标技术的发展与应用[J].山东科学,2019,32(5):1-20.

[6] 王亚洲. 深海单点系泊海洋浮标锚泊系统研究[D].青岛:中国海洋大学,2013.

[7] 王波,李民,刘世萱,等.海洋资料浮标观测技术应用现状及发展趋势[J].仪器仪表学报,2014,35(11):2401-2414.

[8] 赵志超. 基于DSP+FPGA的被动声呐浮标硬件平台设计[D].哈尔滨:哈尔滨工程大学,2017.

[9] 任建明,陈永华,刘长华.中国近海海洋科学观测研究网络[J].科研信息化技术与应用,2011,2(5):72-80.

[10] 毛祖松. 海洋潜标技术的应用与发展[J].海洋测绘,2001(4):2.

[11] 杨坤汉.试论潜标系统在我国海洋事业中的地位和作用[J].海洋技术,1989(8):1.

[12] 李飞权,张选明,张鹏,等.海洋潜标系统的设计和应用[J].海洋技术,2004,23(1):17-21.

[13] 高国彩. 实时传输温盐链潜标系统关键技术研究[D].哈尔滨:哈尔滨工程大学,2015.

[14] 刘振江. 潜标系统数据采集存储技术研究[D].哈尔滨:哈尔滨工程大学,2012.

［15］王明午. 海洋潜标系统的静力分析和姿态计算［J］. 海洋技术，2001，20
　　　（4）：41-47.

［16］兰志刚，杨圣和，刘立维，等. 深海剖面测流潜标系统设计及姿态分析
　　　［J］. 海洋科学，2008（8）：21-24.

［17］张勇，张福民，佟寅，等. 一种潜水器运移和布放回收系统及方法：
　　　CN202010799280.2［P］. 2020-11-06.

［18］余明德，徐丽云，眭国忠，等. 一种无人艇的自动布放与回收系统：
　　　CN201920458632.0［P］. 2020-03-17.

［19］张泉，李卓，蒲华燕，等. 群体式无人艇布放与回收系统：CN201911015634.3
　　　［P］. 2020-10-16.

第6章
池塘养殖智能装备

6.1 池塘养殖系统概述

池塘养殖是我国水产养殖主要生产方式之一。池塘养殖是利用人工开挖或天然的池塘进行水生动植物产品养殖的一种生产方式,人们通过苗种和相关的物质投入来干预和调控养殖动物的生长环境条件,以期获得最大经济产出。池塘养殖分为淡水池塘养殖和海水池塘养殖,我国以淡水池塘养殖为主。2020年,我国池塘养殖面积占全国水产养殖总面积的43.16%,池塘养殖产量占全国水产养殖总产量的48.57%,其中海水池塘养殖产量为257.38万吨,淡水池塘养殖产量为2279.76万吨。

随着我国水产养殖业的快速发展,池塘养殖也逐渐暴露出一些问题,这些问题主要包括:(1)在养殖方式和养殖技术方面,部分养殖户采取粗放式养殖方式,养殖户养殖技术落后,主要依靠人工经验养殖,养殖池塘管理不科学,造成低投入、低产出、低效益甚至无效益。(2)在生态环境方面,池塘养殖过程中的过量投饲和施肥极易造成养殖池塘水域氮、磷浓度超标,导致水体富营养化,滋生大量浮游植物;化学药品的滥用等操作会造成水环境的污染;同时,不合理的投喂也会造成水产养殖效率低等问题。(3)在养殖产品质量安全方面,池塘养殖的水产品质量涉及池塘环境、养殖生产、产品流通、产品加工和消费等诸多流程。近年来,我国水产品质量安全问题时有发生,还存在水产品药物残留超标、环境污染物混杂等问题。有效地解决这些问题,是保证池塘养殖可持续化发展的基础。

当前我国已进入由传统渔业向现代渔业转变的关键时期,现代渔业要求养殖模式由粗放式放养向精细化喂养转变。池塘精细化养殖需要对池塘养殖环境进行"天、空、地、水"一体化的实时监测,对养殖水体关键参数如溶解氧浓度进行精准调控,对养殖过程饲料投喂进行科学管理,对养殖过程疾病进行实时预防预警。随着物联网、大数据、云计算和移动互联网等现代信息技术的快速发展，在国家自然科学基金、国家科技重大专项、国家重点研发计划等项目的大力支持下，国内的科研单位在池塘养殖智能系统和装备方面已取得了阶段性成果，国内涌现了技术先进的池塘养殖环境监测、智能增氧、智能投饵等装备。这些技术和装备将提升池塘养殖精准化生产水平，提高池塘养殖生产效率，实现生态健康和精准养殖。

池塘养殖智能装备主要包括池塘养殖环境监测系统和装备、智能增氧系统与装备、智能投饵系统（也称智能投饲系统）与装备等，其功能如下。

（1）池塘养殖环境监测系统和装备。池塘养殖水体是水产品栖息的重要场所，其水质对水产品的健康成长有着至关重要的作用，恶劣的养殖环境会导致水产品疾病的暴发和水生物大面积死亡，严重降低池塘养殖生产效益，对养殖户造成不可估量的损失。池塘养殖环境监测系统基于智能传感器和物联网系统，实时在线监测水体温度、pH 值、溶解氧浓度、盐度、浊度、水草量等对水产品生长环境有重大影响的水质参数，以及太阳辐射、气压、雨量、风速、风向、空气温湿度等气象参数。在对所检测数据变化趋势及规律进行分析的基础上，系统实现养殖水质关键参数的预测和预警，为水质调控、精准投喂、病害防控提供支持。

（2）智能增氧系统与装备。池塘养殖水体溶解氧是水产养殖环境中衡量水质好坏的最重要的生态因子之一，溶解氧含量高低直接影响养殖水产品的摄食量、新陈代谢和生长发育，若控制不当，将造成养殖水产品减产和病害。因此，对水体中溶解氧浓度进行监控，是减少生产损失、提升养殖效益的关键所在。池塘养殖环境监测系统根据水质监测、预测结果，构建溶解氧调控模型，通过智能调控增氧机、循环泵等养殖设施，实现水质智能调控，为养殖对象创造适宜的水体环境，保障养殖对象健康生长。

（3）智能投饵系统与装备。水产品科学喂养技术是水产养殖中最重要的技术之一。在水产养殖中，饲料成本占水产养殖总成本的比例最大，直接影响养殖总成本，此外，饲料投喂量过多过少都在一定程度上影响鱼类的健康生长。因此，养殖人员需要掌握养殖水产品生物量估算方法，依据养殖水产品在各养殖阶段的营养成分需求，并结合生物量、水质参数、鱼类摄食活动强度等因素，建立不同养殖品种的生长阶段与投喂率、投喂量间的定量关系模型，再利用投饲机等装备，实现池塘养殖精准投喂。

（4）智能技术其他应用。随着人们对优质水产品的需求越来越大，池塘养殖模式正发挥着更加重要的作用。通过人工巡塘或经验来指导生产的传统池塘养殖模式已经无法满足日益增长的产品需求,通过物联网、机器学习和神经网络等方式实现池塘养殖智能化生产已经成为提升水产养殖生产效益的必要手段。因此,在水产养殖过程中,无人机等智能装备也逐步应用在池塘养殖中,以实现池塘水面的实时检测和水质管理。

6.2　环境监测系统与装备

6.2.1　池塘养殖环境监测系统的组成

池塘是开放性养殖环境,其养殖水体的品质直接影响水产品的生长状况及品质。池塘养殖环境监测系统通过部署水质传感器、气象站、高清摄像头等设备对水质参数、气象因子、养殖环境进行实时监测,并将数据传输至服务器,在养殖基地数据中心可远程查看相关数据,并对水质数据进行预测分析,及时预警水质异常、养殖环境异常等突发状况,实现对水产养殖环境的智能监测。环境监测系统的目标是保持水质稳定,为水产品创造健康的生存环境。

池塘环境监测系统主要由水质和气象在线监测子系统、养殖环境视频监测子系统组成,系统功能如图 6-1 所示。

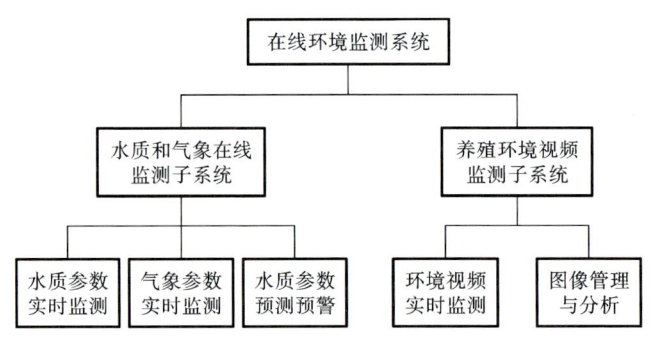

图 6-1　在线环境监测系统功能结构图

池塘养殖环境监测系统总体架构如图 6-2 所示。针对我国现有的池塘养殖场缺乏有效信息监测技术和手段、水质在线监测水平低等问题,该系统采用物联网技术,实现对水质和环境信息的实时在线监测与预警;采用无线传感网络(ZigBee、NB-IoT 或 Wi-Fi)、移动通信网络(4G 或 5G)和互联网等信息传输通道,将数据上报到软件平台,远程服务器就可以对数据变化进行分析,并将水质预警信息及时通知给养殖管理人员。养殖管理人员根据水质监测结果实时调整控制措施，保持水质稳定，为水产品创造健康的水质环境。

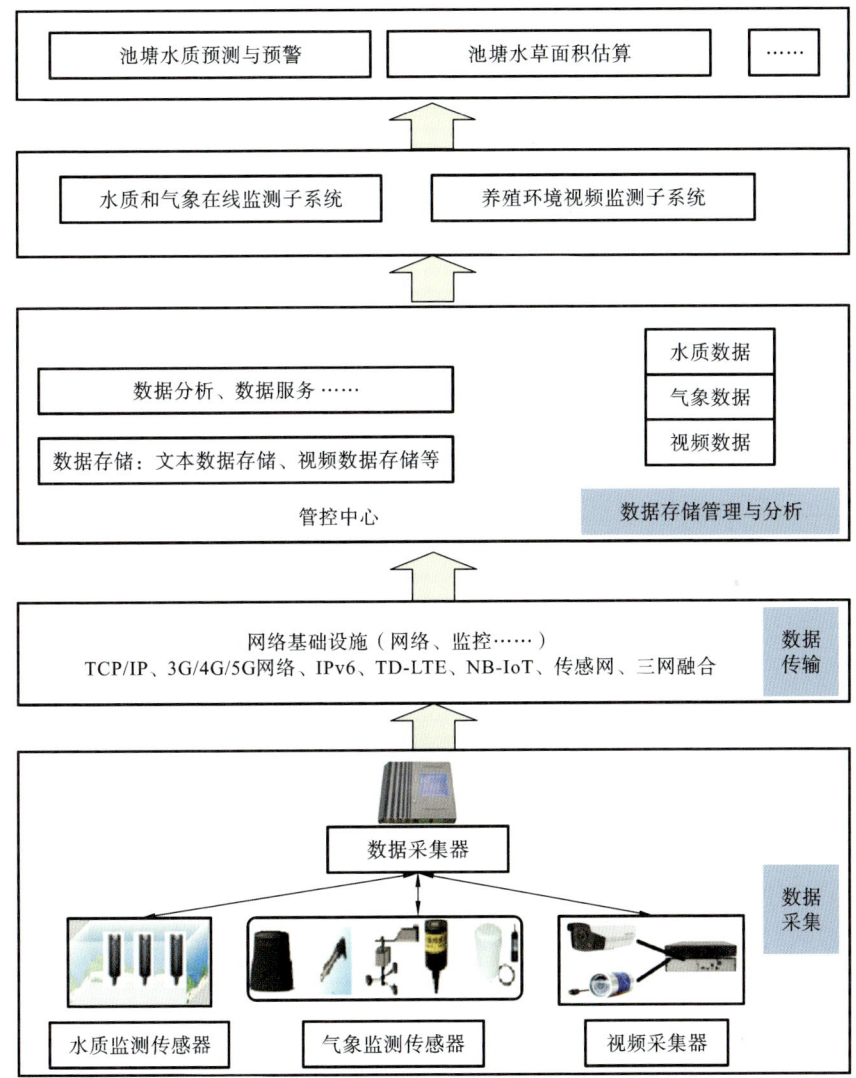

图 6-2　池塘养殖环境监测系统总体架构图

6.2.2　水质和气象在线监测子系统

水质和气象在线监测子系统主要由水质传感器、气象站、无线传感器网络和智能控制系统组成。将采集到的数据通过无线传感网络、移动通信网络等方式传输到服务器，实现对水质和气象信息的实时监测和预警。

采集的水质参数包括溶解氧浓度、水温、pH值、盐度、氨氮浓度、亚硝酸盐浓度、浊度等；气象参数包括温度、湿度、风向、风速、降水量、大气压力、光照强度等。

水质和气象在线监测系统的业务功能如图6-3所示。

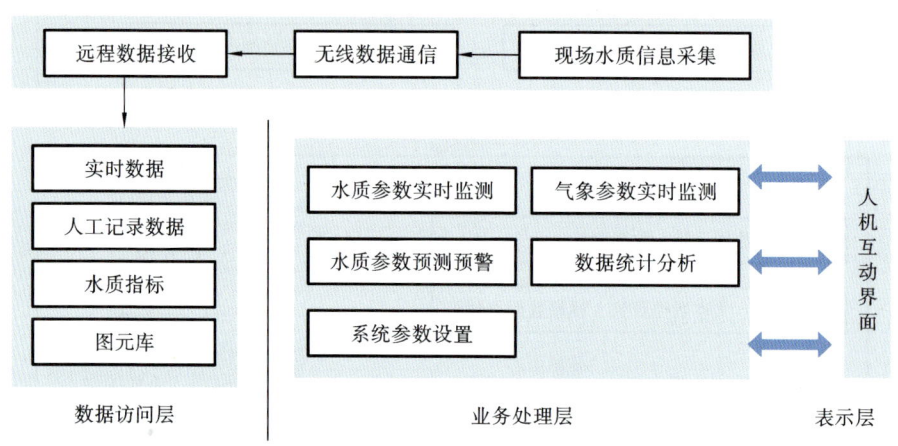

图6-3 水质和气象在线监测系统的业务功能

1）数字化远控中间设备

针对不具备数字化功能的传统非数字化设备，在不做任何改动的情况下增加一个数字化远控中间设备，就可以实现传统设备的数字化升级改造，设备结构框图如图6-4所示。远控设备可以监测原有设备的电流、电压、功耗、开机时间、关机时间、GPS位置等信息，以及预警信息等。远控设备从原理上分为8个功能模块：交流/直流转换、远程控制电路、数据采集、中央控制处理、物联网无线通信、电平匹配转换、保护电路、北斗位置信息。

2）水质和气象参数实时采集传感器

在池塘养殖区的不同位置不同水层配置溶解氧、水温等智能传感器，实现池塘中不同空间位置的各项水质指标的实时监测。传感器采集水质参数，通过网络将数据传输到养殖基地数据管理中心，可在数据管理中心实时查询展示相关数据。

在养殖池塘附近部署气象站采集气象数据，将实时采集的气象数据通过网络传输到养殖基地数据管理中心，在数据管理中心可以实时查询相关数据。

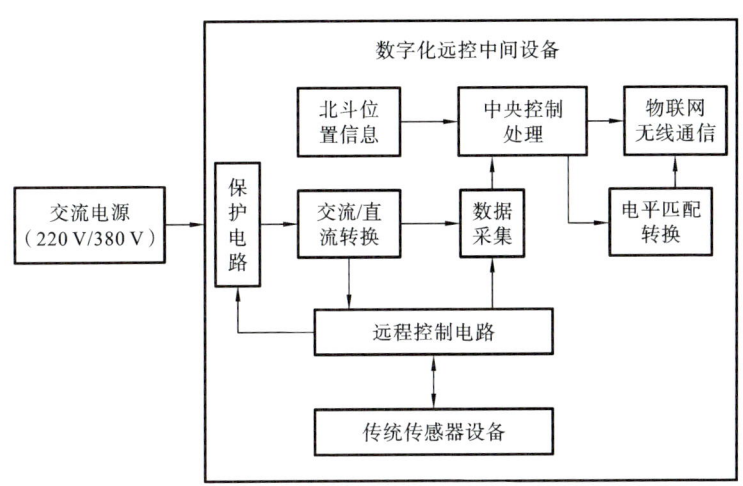

图 6-4 数字化远控中间设备结构图

3）水质参数预测与预警

水质和气象在线监测子系统融合水质、气象、传感器位置、水产品生长状况等多源数据,构建池塘养殖水质参数的一维预测模型和三维预测模型,得到池塘不同时间和位置的水质立体预测结果,根据预测结果构建水质预警模型,对养殖水体异常情况进行预警。预警信息实时发布,支持短信、App 和 Web 多种预警方式。

6.2.3 养殖环境视频监测子系统

用视频设备对池塘养殖区的养殖环境进行监测,在养殖基地数据管理中心可以实时监测整个养殖基地的视频图像。通过养殖环境视频监测子系统,就可以实现养殖区域的实时监测、水面水草面积的估算与监测。该系统的主要功能包括养殖环境视频实时监测、水面水草监测、图像视频管理与分析。

1）养殖环境视频实时监测

配置适合于采集水产养殖环境数据的视频采集终端,通过视频信号传输技术,将视频数据传输到养殖基地数据管理中心,对水产养殖环境进行全天候视频监测。

2）水面水草监测

获取重点监控区域的水面视频监控画面,建立水草识别模型,通过识别池塘水面水草的位置就可以对水草的生长速度、面积等进行实时监测。

3）图像视频管理与分析

系统用户对视频监控区域、视频保存期限等进行配置和管理，可通过设置时间、养殖区域等参数回看视频信息，并对视频图像进行分析。

6.3 智能增氧系统与装备

6.3.1 智能增氧系统组成

智能增氧系统是指水产养殖水体中溶解氧浓度的自动测量和智能控制设备。其功能是当溶解氧浓度高于设定的上限时自动停止增氧机，当溶解氧浓度低于设定的下限时自动启动增氧机，且会在特定的时刻进行自动补氧，使溶解氧时刻保持在鱼类生长的最适含量。智能增氧系统包括传感器、通信模块、主机监控模块和执行机构等。传感器负责把被测装置的含氧量信号传递给主机监控模块。通信模块负责增氧系统各设备之间的指令接收与发送，是实现智能监测与控制的基础。主机监控模块对传感器传过来的模拟信号进行采集处理并显示。同时，监控系统中的控制器对被测量参数进行运算，得出一系列控制指令，并将控制信息发送给执行器。执行机构主要为增氧机，根据监控系统发送的不同控制状态进行启停等相关动作。

传感器：水产养殖环境变化对养殖十分重要，系统需要通过水质传感器和气象传感器采集多样化数据，水质传感器负责采集溶解氧浓度、温度、pH 值、氨氮浓度等数据，气象传感器负责采集风速、风向、温湿度、大气压、CO_2 浓度等数据。现在所用传感器大都是 RS485 型传感器，支持 Modbus 协议，可直接输出数据实际值，不再需要模数转换模块，可降低开发难度，增强采集数据的准确性。传感器将检测数值传输到主机监控模块，并在上位机中显示，可为控制增氧机、了解实时养殖情况提供重要的数据参考。

通信模块：智能控制系统的通信方式主要分为有线通信和无线通信两类。池塘养殖环境一般处于偏远的地区，有线通信方式的控制系统需要铺设电缆，不适用于水产养殖的水质监控系统。因此，水产养殖领域的水质监控系统以无线通信为主，且应具有低成本、低功耗等特点。无线传感网技术可以分为无线局域网技术和无线广域网技术。无线局域网技术主要包括 ZigBee、Wi-Fi、蓝牙等，其通信距离较短，适于作为前端无线传感器的组网形式。无线广域网技术包括蜂窝移动通信网（如 2G/3G/4G、GPRS 等）、低功耗广域网（LPWAN）。目前，水产物联网的远程通信技术仍以 GPRS 为主。

主机监控模块：监控模块为整个智能增氧系统的核心。考虑到智能增氧系统中传感器种类及数量较多，主控 CPU 要具有较高的数据处理能力与较快的运行速度。而且，主控 CPU 还需要承担控制指令的计算与下发任务，其内部通常配置一些控制流程或简单控制算法（如定时、PID、模糊规则等），以实现增氧设备自动运行和停止。目前，主流的主控 CPU 包括德国西门子 S7-200 系列的可编程逻辑控制器（PLC）和意法半导体（ST）公司出品的 STM32 单片机主控制器。

执行机构：执行机构主要为增氧机，起到增氧、运氧和散氧的作用。根据增氧机的工作方式，常见的增氧设备可分为叶轮式增氧机、水车式增氧机、喷水式增氧机、射流式增氧机、涡流式增氧机、充气式增氧机、微孔曝气增氧机等。目前，我国池塘水产养殖中以叶轮式增氧机、水车式增氧机为主。工厂化增氧技术的研究以液氧增氧为主，液氧增氧设备具有结构简单、节省电能、增氧效率高等优点。图 6-5 为无线增氧控制系统实物图。

（a）水质监测点1

（b）水质控制点1

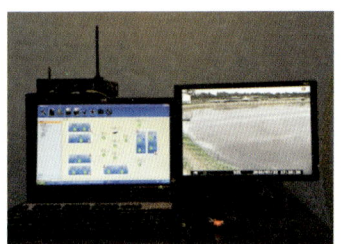
（c）现场监控中心

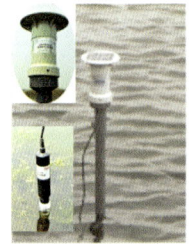
（d）水质监测点2

（e）水质控制点2

（f）中继节点

（g）视频监控设备

图 6-5　无线增氧控制系统实物图

6.3.2　智能增氧控制技术

水产养殖溶解氧智能控制系统通常包括控制中心和养殖现场设备两部分。

溶解氧浓度的调控方法主要包括两种:基于阈值的开关定时控制和基于智能控制算法的精准控制。

池塘养殖在我国占据很大的比重。基于阈值的开关定时控制是当前池塘养殖溶解氧浓度的主要调控方式。在这种调控模式中,监控中心需要根据现场采集的水质数据、相应预测模型和专家知识库等对水质参数进行分析和预测,并根据设定的报警规则辅助用户做出相应决策。但由于溶解氧浓度等参数的变化受多重因素的制约,因此增氧过程存在大惯性、时间滞后的特点,当监测到参数值低于阈值时往往来不及采取增氧措施,鱼类仍然面临缺氧危险。因此这种溶解氧调控方式需要对水质的变化趋势做出预测,当溶解氧含量低于阈值时,提前开启增氧机。基于阈值的开关定时控制溶解氧调控流程如图6-6所示。

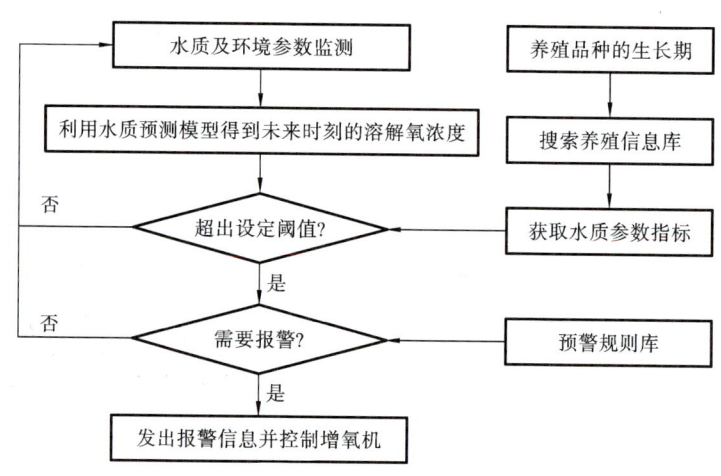

图6-6　基于阈值的开关定时控制溶解氧调控流程

传感器将采集到的溶解氧浓度、pH值、水温、盐度、氨氮浓度等水质参数及温度、光照强度、风速等环境参数经GPRS传送至控制中心,控制中心的监控系统利用建立的预测模型对待控制参数进行预测,并根据养殖品种的不同生长期搜索养殖信息库获取该时期养殖水质的参数指标和预警规则库。控制中心结合溶解氧浓度的变化趋势和当前时期的养殖水质指标,提前下发控制指令,开启或关闭增氧机。

由于池塘养殖水环境具有波动性、季节周期性、趋势性等非线性特点,以及时间滞后性和大惯性的特点,采用简单的基于阈值的定时开关控制无法实现溶解氧浓度的精准控制。针对这个缺点,基于智能控制算法的精准控制被提出来,用于溶解氧浓度的精准控制。这种控制方式对控制系统硬件设备之间的通信稳定性有很高要求,是一种闭环反馈控制方式,其流程如图 6-7 所示。

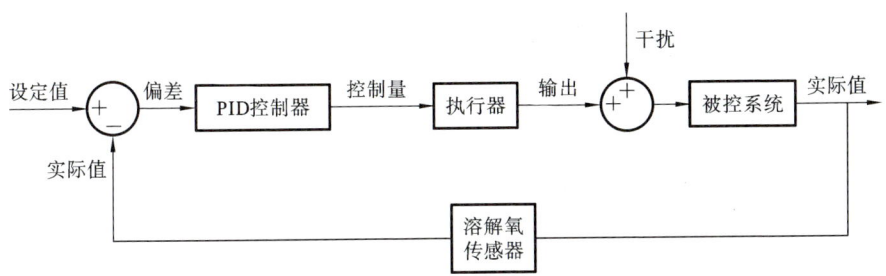

图 6-7　溶解氧闭环控制流程

在溶解氧闭环控制流程中,溶解氧传感器将检测的溶解氧浓度实际值实时发送给监控中心,形成闭环反馈控制。监控中心接收到传感器数据后,与理想设定值进行比较,提供控制偏差。监控中心内置控制算法,如 PID、模糊 PID 等,根据控制偏差计算出控制量,作用于执行器(变频器和增氧机),改变增氧机的输出空气流量大小,再作用于被控系统(养殖水体),实时将溶解氧浓度维持在理想设定值。

在基于阈值的溶解氧控制方式中,监控中心发出的控制指令直接作用于增氧机,并且只能控制增氧机的启停,无法改变增氧机的工作功率。与基于阈值的调控方式相比,在基于智能算法的反馈控制中,监控中心发出的控制指令首先作用于变频器,然后通过变频器控制增氧机空气流量的大小。这不仅能控制增氧机的启停,还能控制增氧机的工作功率,起到精准控制溶解氧浓度的目的。

6.4　智能投饵系统与装备

饲料为水产动物的生存提供了营养和能量,是水产养殖的重要组成部分,不正确的投喂方法,易导致单产低、病害多、经济效益差。传统的水产养殖行业中,饲料的投喂方法主要依赖于养殖者的经验,若对养殖对象的生理特性、行为变化、养殖环境质量参数等因素考虑不足,就会存在投喂过量或不足等问题。投喂过量易造成水产养殖区水质富营养化,污染养殖水体,增加养殖投入成本;投喂不足又会导致养殖品种生长过慢,不能满足养殖品种的生理需要。智能投饵系统采用智能化技术根据养殖对象的需求实现按需投喂,保证养殖对象健康快速生长,其工作流程具体包括:根据各养殖品种的生物量初步确定饲料投喂量;结合光照度、水温、溶解氧浓度、浊度、氨氮浓度等环境因素对水产动物摄食量的影响,同时分析水产动物在摄食过程中的行为,实时了解其摄食需求,及时调整饲料投喂量,真正实现按需投喂,降低饲料损耗,节约养殖成本。因此,智能投饵系统与装备涉及以下几部分:生物量估算系统、精准投喂决策系统、智能投饵装备。

6.4.1 生物量估算系统

生物量是指生物有机体的重量,在水产养殖中即为养殖区域内所有水产动物的重量。养殖人员通过生物量估算系统,科学估算出养殖区域内的所有水产品的重量,进而初步估算出饲料投喂量,避免无限制投喂,提升饲料利用率,降低养殖成本。生物量估算系统通过估算出水产动物个体的重量以及养殖区域内的水产品的总数目实现生物量的估算,因此,该系统包括水产动物重量估算和水产动物计数两部分。

1)水产动物重量估算

估算不同生长阶段的水产品重量对于准确估算生物量、有效实现精准投喂、促进养殖对象健康生长具有重要意义。传统的水产动物重量测量方法主要采用人工取样并称重。该方法劳动强度大,会对水产动物产生一定压力,容易造成水产动物体表受伤,影响其正常生长。计算机视觉具有非接触、非侵入式的特性,成为研究水产动物重量估算的重要手段。计算机视觉技术通过实时传输的无人机、水下摄像机等拍摄设备采集实际养殖环境下的养殖对象图像,提取养殖对象的面积、周长、体长、体宽、等效圆直径、圆形度因子、充实度、弧形度等特征,利用这些特征与养殖对象质量的关系构建出质量估算模型。生物量估算系统采用计算机视觉技术、机器学习技术对提取的图像特征进行分析,构建基于体长、面积等单因子或者多因子的重量拟合模型,从而实现水产动物的重量估算。

2)水产动物计数

计数是指准确估计出目标区域内的物体数量,便于及时掌握目标区域内的信息,在多个领域都有着广泛的应用。水产动物计数是水产养殖业中进行生物量估计的基础操作,对于实现精准投喂、提高养殖效益具有重要意义。传统的人工计数方法误差大、效率低且极易损伤水产动物体表。后续基于计数需求,研制了电阻计数、光学计数和声学计数装置,但也大都由于设备的损耗性高、利用率低等情况而没有实现大面积推广。随着计算机视觉技术的发展,视频图像数据获取的便捷性提高,现阶段的水产动物计数方法大多借助简易的摄像头拍摄设备来获取一线的实地养殖对象的图像数据,结合使用计算机视觉技术、机器学习算法、统计学理论等,达成图像增强、图像修复、目标跟踪等目的,研究并突破养殖区域背景复杂、养殖对象群体粘连、养殖对象品种混养等计数难点,提高养殖对象群体数目预测结果的稳定性,最终实现高准确率、高效率的养殖对象计数。

6.4.2　精准投喂决策系统

在水产养殖中,应用科学合理的饵料精准投喂决策系统对于量化养殖对象的实际摄食需求、减少饵料浪费具有重要意义。通过生物量估算系统初步估算出饲料投喂量,与此同时,结合养殖环境因子的变化分析以及摄食过程中水产动物的摄食状态分析,实时了解水产动物的摄食需求,及时调整饲料投喂量,有效提升饲料的利用率。因此,精准投喂决策系统主要包括水质信息获取系统、摄食行为监测系统、饲料配方系统、智能投喂决策平台。

1）水质信息获取系统

溶解氧浓度、水温、氨氮浓度等水质参数的状态直接影响投喂量,实时水质信息的获取是养殖基地饵料投喂系统精准饲喂的前提。精准饲喂决策系统要通过水质传感器实时获取水质参数信息,通过水质数据分析并辅以生物量、摄食行为、饲料配方等综合分析,给出饲喂量的最佳决策。

2）摄食行为监测系统

摄食行为监测系统可以根据养殖对象的行为活动获取其摄食强度及摄食欲望,对于量化实际摄食需求、配制合理饵料量、降低因残饵留存导致的水质污染具有重要意义。该系统主要分为摄食行为检测和摄食行为量化两方面。

摄食行为检测是摄食行为量化的前提,实时检测养殖对象的摄食行为可以突破传统投喂的定时、定点原则,针对实际养殖中同一区域不同范围的群体,差异性地调整饵料投喂地点和投喂时间。摄食行为量化是摄食行为监测系统的核心,也是投喂量决策依据之一。摄食行为量化是通过摄食行为群体的聚散度、面积等重要特征,划分群体摄食强度等级。摄食行为监测系统依赖于摄食行为检测和摄食行为量化的相互结合,实现投喂时间、投喂地点和投喂量的灵活调整,为实现数字化智能化的精准投喂提供重要的决策支撑。

3）饲料配方系统

饲料配方系统是在营养学的角度上,根据养殖对象的品种、体重、生长周期规律,搭配出最适合养殖对象的饲料,通过建立水产养殖管理决策系统,结合饵料投喂的各种因素影响,建立饲料配方与营养知识库和数据库,构建水产养殖饲料配方模型,最后制定最合适的饲料配方。

4）智能投喂决策平台

该平台用于实现池塘养殖的智能投喂决策,适用于水产养殖基地的养殖人员和养殖专家。如图 6-8 所示,该系统包括以下功能模块:水质信息检测模块、生物量估算模块、摄食行为监测模块、饲料配方模块、养殖层信息维护模块、投喂监测模块、投饲机管理模块、用户信息管理模块等。

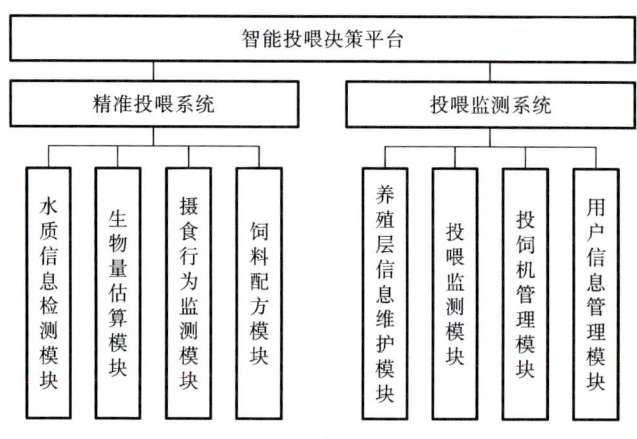

图 6-8　智能投喂决策平台

该系统实现了养殖区域内的生物量估算、养殖对象摄食行为的实时分析、饲料配方的定制。养殖人员可实时监测水体水质信息、生物量信息、养殖对象行为信息,根据饲料配方信息设置饲料投喂策略。系统对投喂情况进行实时监测,根据实时分析结果自动控制饲料投喂。该系统有效地减轻了养殖人员的工作量,保障了养殖对象的摄食安全问题,提升了养殖基地的投喂管理质量。

6.4.3　智能投饵装备

我国的投饵研究从人工经验投饵发展到简单的机械投饵再到利用投饲机控制投饵,发展迅速。但很多养殖场依旧依赖人工经验投饵方式,一些养殖户虽然也使用投饲机投喂,但是由于受到技术的限制,投饵量、投饵速度以及投饵时间还是要根据人工经验判断,这样的投饵方法不再适用于养殖面积不断增长的现状。为了解决虾蟹类养殖行业日益突出的投饵问题,降低养殖成本,提高水产品质量和养殖效益,基于精准投喂决策的智能投饵设备应运而生。

　　智能投饵装备是指无人渔场中智能投饲机和自动投饲机器人设备等。智能投饲机考虑鱼、虾、蟹、贝等养殖对象不同生长阶段的营养需求,根据养殖区域内的生物量,结合光照强度、水温、溶解氧浓度等环境因素变化,分析饵料中不同营养成分的利用率,建立养殖对象的饵料关系模型。该设备同时利用深度学习技术、计算机视觉技术对养殖对象的摄食行为强度、残饵量进行分析,实时调控投喂量以实现科学按时、按需投喂,有效控制饵料的浪费,实现投饲机的智能控制。根据养殖模式、养殖品种的不同,智能投饲机可固定在养殖池边上,也可安装在无人船、无人机、网箱上,实现养殖对象的数字化喂养。自动投饲机器人具有自主导航、自动变量投饵、自动检测饵料抛撒流量及剩余量等功能,能够可靠、均匀、准确地将饵料抛撒到养殖对象的觅食区域,从而实现养殖对象的精准变量饲喂。

　　大连水产学院曾研发出一款机械式对虾养殖投饵装置,该装置由柴油机驱动水泵,利用水泵产生的水力高压将饵料由喷嘴冲出,完成投料。汪万里和陈军就对虾养殖研发了一种移动式投饵装置,该装置集成了移动小车与投饲机,以蓄电池为电力供应源,以减速电机为动力源,可实现移动过程中饵料投喂功能。这些装置摆脱了以往的人工投喂模式,一定程度上提高了饵料的投喂效率。

　　上海海洋大学结合遥控和自主导航研制了移动式投饵装置,如图 6-9 所示。该装置通过主控制系统的综合控制,能够在不同养殖塘沿着预设轨迹完成自主航行,按照养殖需求实现自主均匀投饵,最大程度地节省养殖成本,提高养殖收益。

图 6-9　移动式投饵装置

该移动式投饵装置主要由通信系统、投饵系统、驱动系统、导航系统、能源供应系统等组成,控制功能框图如图 6-10 所示。

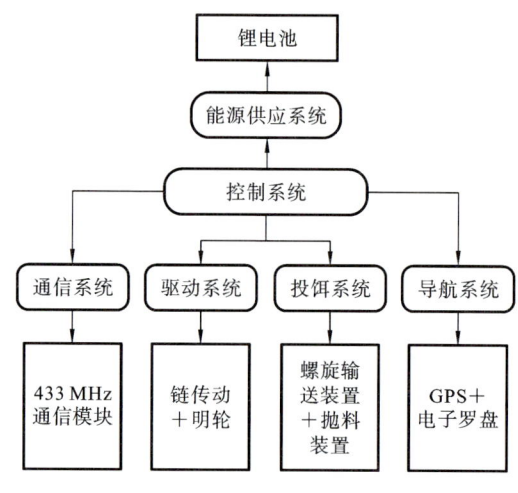

图 6-10　控制功能框图

驱动电机作为驱动系统的动力源,通过链传动带动明轮驱动投饵船运行;投饵系统利用螺旋输送装置把饵料送达抛料装置,通过抛料盘的转动实现饵料的均匀抛撒;导航系统通过 GPS＋电子罗盘的方式实现自主导航定位和姿态控制需求,采用 PID 航向、航速运动控制算法进行巡航路径控制;整个装置利用控制系统实现驱动系统、投饵系统、通信系统和导航系统的综合控制。该装置还采用了绿色环保、节能高效的动力锂电池作为能源供应系统。

本章参考文献

[1] BÓRQUEZ-LOPEZ R A,CASILLAS-HERNANDEZ R,LOPEZ-ELIAS J A,et al. Improving feeding strategies for shrimp farming using fuzzy logic,based on water quality parameters[J]. Aquacultural Engineering,2018,81:38-45.

[2] CAO X K,REN N,TIAN G L,et al. A three-dimensional prediction method of dissolved oxygen in pond culture based on Attention-GRU-GBRT[J]. Computers and Electronics in Agriculture,2021,181:105955.

[3] 程文平. 智能型虾塘移动式投饵装置研发与试验[D]. 上海:上海海洋大学,

2017.

[4] DABROWSKI J J，RAHMAN A，PAGENDAM D E，et al. Enforcing mean reversion in state space models for prawn pond water quality forecasting[J]. Computers and Electronics in Agriculture，2020，168：105120.

[5] FAN Y X，CHEN Y Y，CHEN X，et al. Estimating the aquatic-plant area on a pond surface using a hue-saturation-component combination and an improved Otsu method[J]. Computers and Electronics in Agriculture，2021，188：106372.

[6] GÜMÜS E，YILAYAZ A，KANYILMAZ M，et al. Evaluation of body weight and color of cultured European catfish (*Silurus glanis*) and African catfish (*Clarias gariepinus*) using image analysis[J]. Aquacultural Engineering，2021，93：102147.

[7] LI W Y，WU H，ZHU N Y，et al. Prediction of dissolved oxygen in a fishery pond based on gated recurrent unit (GRU)[J]. Information Processing in Agriculture，2021，8(1)：185-193.

[8] 石庆兰,李道亮,陈英义,等. 一种数字化远控中间设备：CN202110241078. 2[P]. 2021-07-23.

[9] TSENG C H，KUO Y F. Detecting and counting harvested fish and identifying fish types in electronic monitoring system videos using deep convolutional neural networks[J]. Ices Journal of Marine Science，2020，77(4)：1367-1378.

[10] UBINA N，CHENG S C，CHANG C C，et al. Evaluating fish feeding intensity in aquaculture with convolutional neural networks[J]. Aquacultural Engineering，2021，94：102178.

[11] ZHAO S Q，DING W M，ZHAO S Q，et al. Adaptive neural fuzzy inference system for feeding decision-making of grass carp (*Ctenopharyngodon idellus*) in outdoor intensive culturing ponds[J]. Aquaculture，2019，498：28-36.

第7章
陆基工厂养殖智能装备

陆基工厂化养殖技术(land-based industrialized farming)运用现代生物和物理技术,采用封闭式水循环工艺,是一种全面摆脱自然海水水域、淡水水域的环保型、集约化养殖方式,体现了节水、环保和高密度养殖的要求。它的特点是养殖水体循环利用,不投放药物和激素,排放水体经过处理,对环境无污染。陆基工厂养殖智能装备将物联网应用到水产养殖中,将由计算机、互联网、现代通信技术、物联网技术、智能控制和现代机械等技术获取的多尺度、多维度信息进行智能化处理,最终实现农业产业化生产过程中的最优控制、智能化管理。

7.1 陆基工厂养殖系统概述

陆基工厂化养殖摆脱了传统养殖方法对固定水源的依赖性,环境局限性变小,且工厂化养殖规模更大,产量更高,同时工厂化操作的可控性更高,可以避免干旱、暴雨、洪水等自然灾害对水产养殖的影响。陆基工厂化养殖是以开放式的养殖方式进行流水养殖的,其特点是养殖用水经过沉淀池、重力式无阀过滤池、调温池再进入养殖车间养殖池,循环后直接作为养殖废水排放。其中,循环水系统是陆基工厂化养殖的核心系统,因此陆基工厂化养殖也被称为工厂化循环水养殖。陆基工厂化养殖是在全人工控制条件下的水产养殖生产模式,不受自然条件限制,可以实现养殖水温可控、养殖水质可控,可在高密度的养殖环境下有效减少病害发生,同时实现生产过程机械化、生产管理程序化、养殖用水循环利用的目的。

陆基工厂养殖智能装备结合物联网技术和大数据技术,可以实现陆基工厂化养殖的水质调控、水质净化、投饲智能化、投饲自动化、投饲精准化,提高水资源循环利用效率,达到节能降耗、降低劳动强度和养殖风险的目的。

7.2 循环水处理装备

循环水处理装备是陆基工厂化养殖的核心装备,这些装备围绕物理处理、生物处理和化学处理三大支柱,确保了养殖水体的持续净化与循环利用,促进了资源的最大化利用和环境的可持续性。

物理处理是循环水净化的基础,其中机械过滤装置扮演着核心角色。通过精密的物理筛选过程,水体中的粪便、剩余饲料及各类悬浮杂质被有效移除,为后续净化步骤奠定洁净基础。此外,增氧设备和智能调温系统的整合,不仅维持了水体中溶解氧的饱和度,还保证了适宜的养殖温度,为水生生物营造了一个理想的生长环境。生物处理环节,在循环水养殖中同样关键。生物过滤装备利用自然界微生物的力量,通过精心设计的生物反应器,促使氨氮、亚硝酸盐等有害物质经由微生物代谢转化为无害成分,显著优化了水质条件。这种方法既高效又生态友好,展现了生物工程技术在水产养殖领域的应用潜力。化学处理则是确保水质安全与稳定的另一重要防线。采用的消毒设备运用化学或物理化学方法,有效消除水中的病原微生物,有效控制疾病传播,保护养殖生物免受病害威胁。同时,配备的二氧化碳去除装置起调节水体化学平衡的作用,避免因二氧化碳积累而导致的酸碱失衡问题,为饲养生物提供一个适宜生存的水环境。

工厂化循环水养殖系统通过物理、生物和化学处理的综合运用,构建了一个高效、环保且自维持的养殖生态系统(图 7-1)。随着科技的不断进步,预期未来将有更多创新技术和装备涌现,进一步推动这一行业向更加智能化、绿色化的方向发展,引领水产养殖业迈入新的发展阶段。

7.2.1 循环水处理背景

国际循环水养殖系统最早起步于 20 世纪 60 年代末,具有代表性的是日本的生物包静水养殖系统(采用碎石为载体)和欧洲组装式多级净水养殖系统。到了 20 世纪 70 年代,生物转盘得到研制开发,同时在生物净化之前增加了前处理装置,滤除颗粒污物,以降低生物滤器的负荷。20 世纪 80 年代,欧洲出现了"一元化"的工业化养殖模式,其特点为投资少、易于管理、经济与环境效益较好,形成了工业化养鱼的主要养殖模式。从 20 世纪 90 年代开始,生物工程技术、微生物技术、膜技术和自动化控制技术等被逐步应用在循环水养殖系统的水体消毒、水质净化、池底排污、增氧及控温等方面;现代循环水养殖系统几乎采用了所有可以利用的水处理工艺和技术。循环水养殖系统作为现代集约化

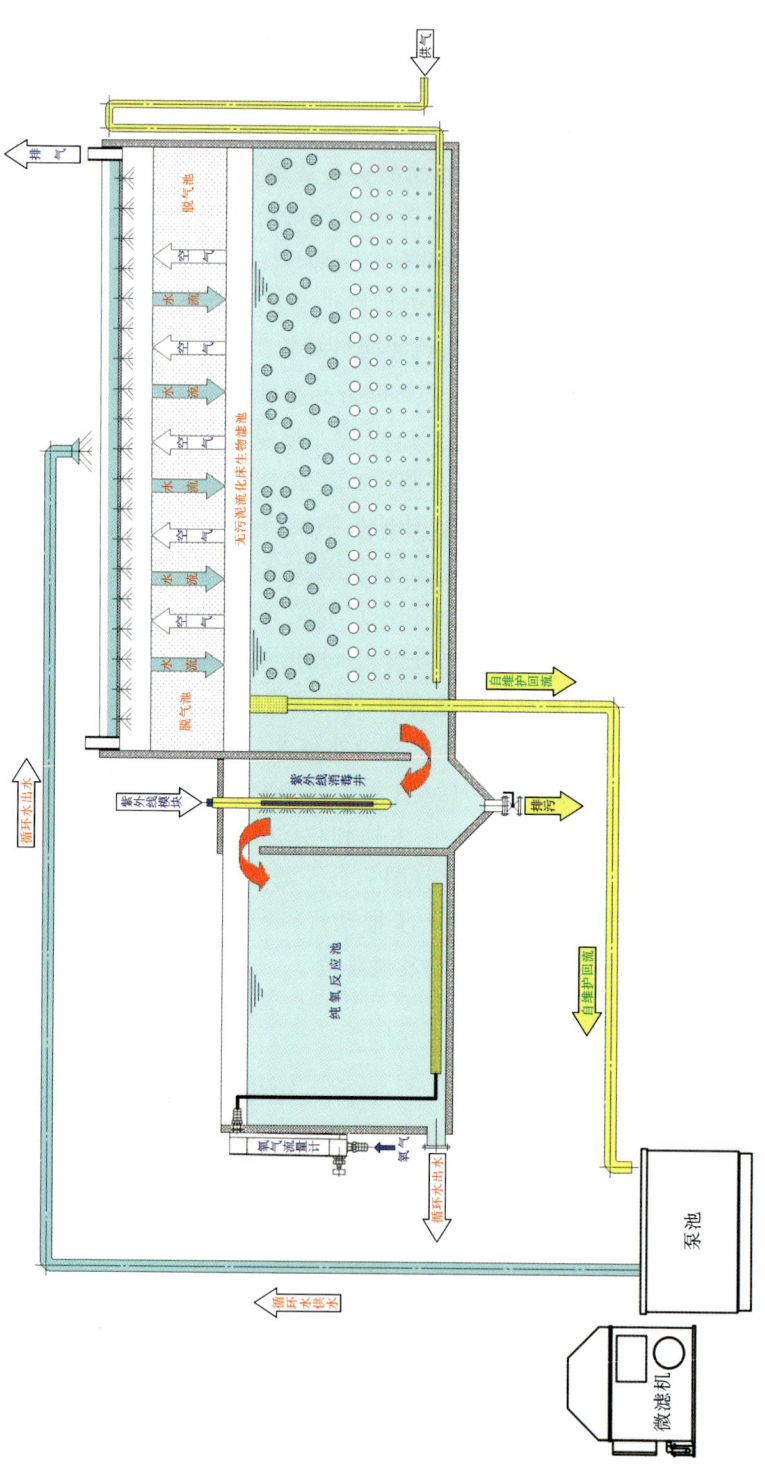

图 7-1 一体化循环水处理系统

水产养殖模式,已经具备了养殖密度高、不受季节限制、节水省地、环境可控等优势,得到诸如美国、日本、丹麦、挪威、德国、英国等一些发达国家的重视。这些发达国家还从政策、立法、财政等方面对循环水养殖给予支持,积极推进其发展。较为成功的有英国汉德斯顿电站的温流水养鱼系统、德国的生物包过滤系统、挪威的大西洋鲑工厂化育苗系统、美国蓝岭公司鱼虾循环水养殖系统和美国亚利桑那州凡纳滨对虾良种场等。在欧洲,高密度封闭式循环水养殖已成为一个发展迅速的技术密集型产业。目前,世界各水产养殖强国正围绕循环水养殖的生态工程化、复合种养、分隔强化等高效养殖模式以及相应的设施化、机械化、信息化等技术及装备开展重点研究。

中国的循环水养殖研究起步较晚,直到 20 世纪 80 年代才引进了第一批循环水养殖设施装备,用于鳗鱼的养殖。然而,由于初期投入和运行成本高昂,这批设施并未得到广泛应用,很快便陷入了荒废状态。为了推动循环水养殖技术的发展,国家随后启动了一系列国家科技支撑计划项目,并积极借鉴国际先进技术,自主研发了适合我国国情的海水循环水养殖设施与装备,如微滤机、臭氧发生器、蛋白分离器等。同时,养殖技术和工艺也逐步得到完善。近年来,中国在循环水养殖领域取得了显著进展。新技术的引入和新材料的研发使得净水技术和设备不断升级。多功能固液分离装置、微滤机、多功能蛋白质分离器、紫外线消毒器、高效溶氧器等设施装备的应用,使得循环水养殖水质净化处理工艺得到进一步优化。这些创新不仅提升了循环水养殖的效率,也降低了运营成本,推动了循环水养殖在我国的快速发展。

7.2.2　循环水系统机构——物理过滤设备

在工厂化循环水养殖系统中,养殖池排出的废水常含有大量残饵、粪便等颗粒性物质,这些物质以总悬浮颗粒物(TSS)的形式存在于系统中。TSS 主要由无机物(如砂或粗砂)和有机物(如粪便和生物絮凝)组成,它们的存在不仅降低了过滤器的效率,还促进了异养细菌的生长,对鱼类健康产生不利影响。因此,及时去除 TSS 成为确保水质稳定和系统运行顺畅的关键环节。为实现这一目标,物理过滤设备发挥着至关重要的作用。通过不含化学成分的过滤方法达到净化水质目的的设备,即为物理过滤设备。物理过滤设备种类多样,各具特色。

1. 固液分离装置

养殖废水在通过固液分离机时,水中的残饵、鱼排泄物及老化后的各种藻类被有效滤除。通常,大颗粒物的去除可采用沉淀池实现,但其去除效果与固液分离器相比仍有差距。固液分离器作为循环水养殖系统的首个水处理单元，其重要性不言而喻。它不仅能通过离心作用和重力作用去除残饵、粪便等大颗粒物质，避免后续处理单元管道的堵塞和设备腐蚀，还可降低管道局部水头损失，进而节约系统能耗。现有的固液分离技术包括旋流分离器、水力旋流器、减速池和离线沉降锥等。在水产养殖应用中，这些装置通常能去除直径为 $80~\mu m$ 及以上的颗粒，这些颗粒占总颗粒负荷的 80%。

2. 砂滤器

砂滤器是循环水养殖中处理养殖水体悬浮颗粒物的有效设备，其核心材料为石英砂。由于砂滤器具有无污染、价格低廉、运行成本低、结构简单的优点，且具备高悬浮颗粒物去除效率和优良的反冲洗再利用效果，因此在业内得到了广泛的应用。

砂滤器不仅能够有效去除水中的悬浮颗粒物，还能对细菌和微藻等微生物进行过滤。Bomo 等的研究发现，生物砂滤器在去除养鱼废水中的病原菌方面表现出色，不仅在试验初期就能显著去除水中的多种细菌，而且在试验后期去除效率仍能维持在 99.9% 以上。此外，陈志强等通过不断试验，设计出内循环连续式砂滤器，并对其运行效果进行了全面评估，为这种新型砂滤器的推广和使用提供了理论基础。尽管砂滤器在截留养殖水体中的悬浮颗粒物以及降低氨氮含量和化学需氧量方面表现出色，但传统的砂滤器也存在一些固有的缺陷。例如，它们需要定期进行反冲洗，反冲洗时压力大，滤料容易板结，一旦出现问题，维修的难度大，维修成本也较高。

3. 微滤机

转鼓式微滤机是一种高效的水处理设备，其核心工作原理是利用水中悬浮物粒径大于筛网孔径的特性，从而截留悬浮颗粒物，实现固液分离和水质净化的目的。通过转鼓的连续转动和反冲洗清洁筛网，微滤机能够保持其高效去除悬浮颗粒物的可持续性。作为砂滤器的替代品，尤其在处理大量废水时，转鼓式微滤机展现出显著的优势。

微滤机的最大特点是具备自动清洗筛面的功能，这使得系统可以连续运行而无须人工干预。在国内市场上，微滤机的污水处理能力通常为 $5\sim150~m^3/h$，过滤网的目数一般为 $120\sim300$ 目，以 200 目为主。然而，需要注意的是，转鼓式微滤机在使用过程中也存在一些缺点，如需要高压水射流冲洗，导致能耗大、处理效率低、筛绢易破损以及维修成本高等问题。因此，在使用转鼓式微滤机去除悬浮颗粒物之前，必须充分了解其性能特点和使用要求，并采取相应的应对措施以避免不必要的经济损失。

图 7-2 展示了转鼓式微滤机的工作原理的示意图。从图中可以看出,转鼓式微滤机通过转鼓的旋转和筛网的过滤作用实现固液分离。当含有悬浮颗粒物的水流入转鼓时,悬浮物被截留在筛网上并逐渐积累形成滤饼。随着转鼓的连续旋转和筛网的反冲洗作用,滤饼被清除并排出系统从而实现连续过滤的效果。转鼓式微滤机作为一种高效的水处理设备,在循环水养殖中具有广泛的应用前景。然而在使用过程中也需要注意其性能特点和使用要求,以避免出现问题。通过不断优化设计和运行管理可以提高微滤机的处理效果和使用寿命,为循环水养殖业的可持续发展做出贡献。

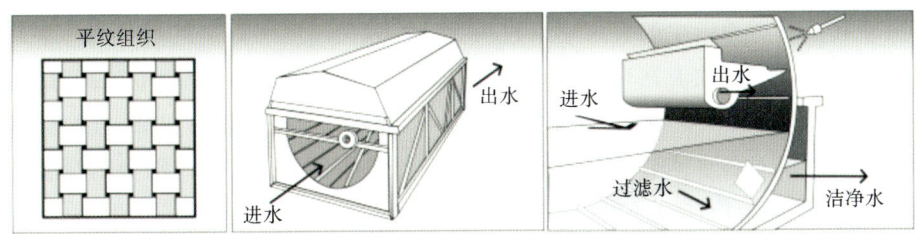

图 7-2 转鼓式微滤机的工作原理

4. 弧形筛

弧形筛是一种专门用于养殖水处理的技术性筛分装置,其设计灵感源于矿砂筛分技术。其核心工作原理在于利用圆弧形固定筛面,该筛面的筛缝排列垂直于进水水流方向,当水流经过筛面时,在离心力和重力的作用下,清水及粒径小于筛孔直径的悬浮颗粒物得以从筛缝中排出,成为筛下物,而粒径大于筛孔直径的悬浮颗粒物则被截留在筛面上,从而实现固液分离的目的。

作为一种金属网状结构设备,弧形筛具备高强度、高刚度和出色的承载能力。其结构简单,操作便捷,并且不需要额外的动力,这使得维护成本较低。在养殖水处理中,弧形筛能够有效分离出直径大于 $70\ \mu m$ 的悬浮颗粒物,为水质净化提供了有效的技术支持。然而,弧形筛的自动化程度相对较低,这导致在实际应用中需要人工对筛网进行频繁的清洁工作。尽管如此,与转鼓式微滤机等其他水处理设备相比,弧形筛的最大优势在于其不需要额外的机械动力,因此节能效果显著。

在实际应用中,弧形筛展现出了良好的处理效果。例如,梁友等的研究表明,在循环水养殖中应用弧形筛,能够有效去除废水中的固体颗粒,去除率高达

90%,同时改善了水体的其他指标,为后续的水处理过程减轻了负担。张正等研究了弧形筛对大菱鲆养殖废水中悬浮颗粒物的去除效率,结果显示弧形筛作为废水的初级过滤设备,能够高效去除大悬浮颗粒物,结合生物净化技术,可显著提升养殖水体的品质。

5. 泡沫分离设备

泡沫分离,是向水体中通入空气,使水中的表面活性物质被微小的气泡吸附,并借气泡的浮力上升到水面形成泡沫,从而去除水中溶解物和悬浮物的方法。泡沫分离能有效去除海(咸)水体中微小悬浮颗粒、可溶性有机物,简化水体细菌数量精处理的净化工艺,还具有一定的增氧和脱二氧化碳气体的功能。但泡沫分离设备在淡水养殖中的使用效果不明显,除在鳗鱼养殖中取得成功之外,在其他鱼类养殖中的去污效果并不明显。溶气气浮和射流气浮是两种常用的泡沫分离形式,前者在环保行业使用较广,效率较高,但投资和电耗高;后者目前在海水循环水养殖上较为常用,占地小,使用简便,但效率较低,且能耗偏高,在大规模养殖水体处理上的应用有一定的局限性。主要的泡沫分离设备有泡沫分离器和蛋白质分离器。

7.2.3　循环水系统机构——生物过滤设备

生物处理对于净化养殖系统中的水体有着核心作用。通常的生物处理是利用硝化细菌将氨氮和亚硝酸盐氧化成硝酸盐,去除水体中的有机物、氨氮、亚硝酸盐等有毒物质。常用的生物过滤设备有如下几种。

1. 生物滤池

生物滤池是循环水养殖系统中最常见的过滤设备,通过滤材(如陶瓷环、塑料颗粒等)为微生物提供附着表面。水流通过滤材时,附着其上的硝化细菌将氨氮氧化为亚硝酸盐,再进一步转化为硝酸盐,从而净化水质。该设备具有结构简单、运行稳定的特点,适合大规模和长期使用。

2. 旋转生物过滤器

旋转生物过滤器由一个缓慢旋转的圆盘系统组成,圆盘表面附着生物膜,当其部分浸入水中时,微生物在生物膜上降解水中的污染物。旋转过程使得微生物间歇性暴露在空气和水体中,既提升了氧气供应,又提高了净化效率。该设备占地面积小,适合对处理效率要求较高的场景。

3. 生物塔

生物塔是利用垂直方向布置的填料(如塑料球或网格)作为滤材的设备,水流从塔顶向下流动,同时空气从下向上流动,形成良好的接触条件。附着在填料表面的微生物通过代谢降解水中的氨氮和有机物,达到净化的效果。生物塔适用于大流量水体的处理,运行稳定,维护成本低。

4. 流化床生物过滤器

流化床生物过滤器利用高速水流将微小的滤材(如砂粒或塑料颗粒)悬浮,形成流化状态。微生物附着在滤材表面,处理水体中的氨氮和有机物。流化状态提供了极大的表面积供微生物生长,同时水流增强了氧气供应。该设备占地面积小,净化效率高,适用于高密度养殖系统。

5. 多层生物过滤器

多层生物过滤器通过分层布置不同材质的滤材(如砂层、石英砂、活性炭等),对水体中的悬浮物、溶解性污染物及有害气体进行多重净化。各层滤材发挥不同的过滤功能,实现高效的净化效果。该设备结构紧凑,适应性强,适合小型和中型循环水系统。

6. 挂膜式生物过滤器

挂膜式生物过滤器通过特制的挂膜材料(如纤维膜或塑料网)提供大量附着位点,促进微生物的生长。水流经过挂膜材料时,附着的微生物分解水中的有机物和氨氮。挂膜设备具有生物量高、运行稳定的特点,特别适合小型养殖场和水质波动较大的养殖环境。

7. 沉积池与生物滤床结合系统

该系统结合了沉积池和生物滤床的功能,先通过沉积池去除大颗粒的悬浮物,再通过生物滤床分解水中的有机污染物和氨氮。此设备利用沉积物减少水体负荷,同时利用滤床完成深度净化,适合多种养殖规模。

7.2.4 循环水系统机构——化学过滤设备

在循环水养殖系统中,化学过滤设备主要用于去除水中的溶解性有害物质,如有毒重金属、氨氮、亚硝酸盐、溶解性有机物等。这些设备通过化学反应或吸附等机制去除水中的有害物质,保持水质的稳定性。常见的化学过滤设备有以下几种。

1. 活性炭过滤器

活性炭过滤器通过吸附作用去除水中的有机物、色素、异味和某些溶解性重金属。活性炭具有较大的比表面积,能够吸附大量污染物,因此在养殖系统中用于净化水质、消除水中的有害物质和改善水的透明度。活性炭过滤器常用于处理水中的溶解性有机污染物和水体中的异味。

2. 离子交换树脂过滤器

离子交换树脂过滤器主要用于去除水中的离子性污染物,如氨氮、钙、镁、磷等。该设备通过离子交换原理,利用树脂表面具有的离子交换功能,将水中有害的离子交换出去,达到净化水质的目的。离子交换设备适用于需要去除水中特定离子的养殖系统。

3. 反渗透(RO)膜过滤系统

反渗透膜过滤系统是一种高效的化学过滤设备,能够有效去除水中的溶解性盐类、细菌、病毒、有机物等。水通过半透膜时,水中的杂质会被阻隔在膜外,只有纯净水才能通过。这种技术能够有效去除水中的有害物质,但其设备投资较大,且需要定期更换滤膜。

4. 臭氧消毒系统

臭氧消毒系统利用臭氧强氧化性的特性,对水中的细菌、病毒及有机污染物进行氧化分解,从而净化水质。臭氧系统不仅能有效去除水中的微生物,还能够氧化水中的某些溶解性有机污染物和氨氮。臭氧设备通常用于水体深度消毒和去除难以处理的有害物质。

5. 紫外线消毒系统

紫外线消毒系统通过紫外线照射水体中的微生物,破坏其 DNA 结构,从而达到灭菌效果。紫外线消毒系统主要用于水体消毒,可以有效去除水中的细菌、病毒和藻类。虽然紫外线设备不能直接去除溶解性化学物质,但对于维持水质的微生物平衡和消毒是非常有效的。

6. 磷酸盐去除装置

磷酸盐去除装置通过化学吸附或沉降原理,去除水中溶解性磷酸盐。过多的磷酸盐是水体富营养化的主要原因之一,在养殖过程中会促进藻类的过度生长,影响水质。通过使用磷酸盐去除装置,能够有效降低水中磷酸盐的浓度,避免水体富营养化。

7. 化学沉淀池

化学沉淀池通过投加化学药剂(如石灰、聚合硫酸铁等),促使水中溶解性物质发生沉淀,形成固体颗粒后沉降到底部。该设备常用于去除水中的磷、氨氮和重金属等污染物,广泛应用于养殖水体的水质治理和改良。

8. 多介质过滤器

多介质过滤器由多层不同颗粒大小的滤料(如沙、炭、石英等)组成,通过物理和化学作用去除水中的悬浮物、溶解性有害物质和某些污染物。该设备能有效去除水中的颗粒物、重金属离子和部分溶解性有害物质,通常作为水质处理的预处理设备。

9. 电解水处理设备

电解水处理设备通过电解作用使水中溶解氧浓度增高,并促进水中溶解性有害物质的去除。电解设备不仅能提高水体的溶解氧含量,还能分解水中的某些有毒物质,如氯化物、硫化物等。这种设备可以提升水质并减少水中的污染负荷。

这些化学过滤设备在水产养殖中广泛应用,能有效去除水中的污染物,保持水质稳定,从而提高养殖效率,保证水产品质量。

7.3　智能投饵系统与装备

饵料是水产养殖中主要的投入成本之一,直接关系着水产养殖的效率和经济效益。当前,我国仍然主要采用人工投饵的方式进行投喂,然而,人工投喂不能按照鱼类的需求定时定量投喂,投喂过少会限制鱼类的生长速度,延长养殖周期,从而增加养殖风险;投喂过多则会造成饵料浪费,降低饲料转化率,同时,残饵沉积易造成水质污染。因此,人工投饵的方式已经成为制约我国水产养殖效益提升的主要因素。智能投喂是陆基工厂化养殖的一部分,是指根据鱼类对饵料的需求、生物量、环境等因素实时调控投喂量,从而达到以最小的成本投入得到最佳产出的效果。智能投喂能够节省饵料投入量、增加饲料转化率、降低水质污染风险,从而提升水产养殖的环境效率和经济效益。

7.3.1　智能投饵系统及关键技术

智能投饵系统是指根据鱼类的生物量、生长状态、摄食强度以及水质参数,如温度、溶解氧浓度等,分析鱼类对饵料的需求量,通过智能决策和控制技术,定时定量地按需投喂。智能投饵系统通常由三部分组成,包括环境感知模块、智能决策模块以及智能饵料投喂模块等(图 7-3)。环境感知模块用于监测鱼类的摄食强度以及水质参数,智能决策模块以环境感知模块采集的数据和分析结果作为输入,通过专家系统生成投喂策略,智能饵料投喂模块根据投喂策略实现饵料的精准投喂。

1. 环境感知模块

环境感知模块根据鱼类的摄食行为,集成人工智能、现代传感器技术以及

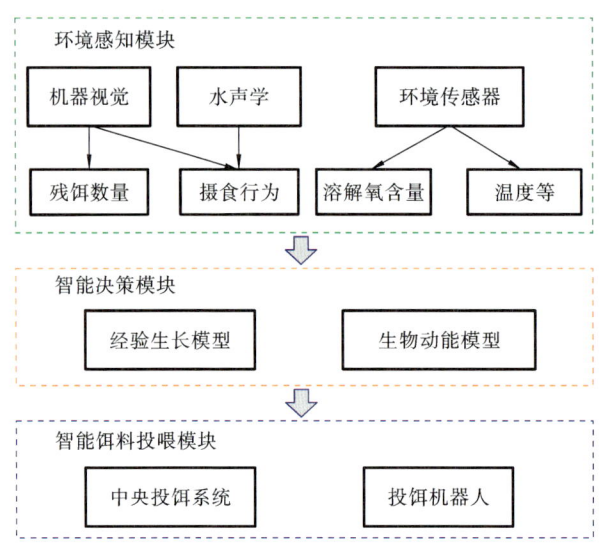

图 7-3　智能投饵系统及关键技术

大数据技术,分析摄食强度,可反映鱼类对饵料的需求量,从而精准控制投饵时间与投饵数量。目前对摄食行为的研究主要包括基于机器视觉、水声学以及其他传感器的摄食行为识别,根据观测目标不同,可分为直接摄食行为和间接摄食行为的识别与分析。直接摄食行为的识别与分析指使用测量的图像来获取鱼群的形状、纹理、面积、分布和游泳活动以及其他参数。间接摄食行为的识别与分析指通过分析摄像机记录的水产养殖水中的过量饵料量来评估鱼的食欲。

1）基于机器视觉的摄食行为识别方法

机器视觉技术通过在养殖池上方或者水下架设摄像机,并通过图像处理、机器学习等技术对鱼类摄食行为进行连续监测,凭借其无损、快速等特性有替代传统检测方法的趋势。

当鱼群摄食时,其行为和鱼群分布表现出与正常游动状态下不同的特征,利用机器视觉量化这些特征,如鱼的速度、加速度和角速度等,来识别鱼群的摄食行为。目标跟踪技术是基于机器视觉的摄食行为量化的关键技术之一,利用深度学习对视频中的鱼类进行帧间跟踪,可以获得鱼类摄食活动的速度、加速度、轨迹等运动特性,进而评估鱼的摄食强度。由于鱼在游动中尾部变化莫测,因此,目前该技术主要集中在对鱼头进行跟踪,并在一定密度内取得了令人满意的效果。此外,通过观察摄食时鱼群的散布面积、鱼群形状以及各种纹理特征,结合 BP 神经网络等机器学习算法,也可获取鱼群的摄食强度,该方法被证实是一种更加实用的识别方法。还有一些学者提出了基于鱼类摄食时运动的活跃度、运动状态,并结合光流算法等来评估其运动特性的方法,从而间接评估鱼的摄食强度。

检测残饵是使用机器视觉分析、识别和评估鱼类摄食强度的另一种方法,通常被称为间接摄食行为识别法。该方法主要利用相机采集摄食过程中或摄食结束后的饵料图像和视频,利用计算机对饵料图像进行处理和分析,然后对残饵进行计数,当计算机检测到区域内残饵数量达到某个阈值时,这间接表明鱼的整体摄食量正在减少,系统便将其反馈至控制器以减少或停止饵料供给。

由于可见光相机的成像效果通常受到光照强度、介质均匀性等的影响,因此鱼类摄食行为以及残饵数量估计的准确性也受到影响,基于近红外成像技术的机器视觉技术也被用于鱼类摄食行为识别中。近红外工业相机通常被安装在水面上以采集鱼在摄食期间的近红外图像。经典的图像处理和特征提取技术被用于从背景中分割出每条鱼,有利于消除飞溅和反射对图像的影响,之后,通过一定的算法可量化鱼类的摄食行为。与传统相机相比,红外传感器和近红外成像技术更适合在光照条件复杂的浑水中进行测量。

综上所述,机器视觉已成为提高鱼类摄食行为识别准确度和开发智能养殖系统的重要工具,是目前使用最为广泛的鱼类摄食强度评估方法。

2)基于水声学的摄食行为识别方法

机器视觉方法对用户友好且价格低廉,但存在一定的局限性。例如,机器视觉仅适用于清水环境下,如果有大量鱼聚集在池底或远离光源,则摄像系统可能无法采集鱼的图像。尽管红外设备可以在黑暗中采集图像,但同样受到光在水中的传播衰减的影响。水声学技术克服了光学相机存在的这些问题。水声学利用声波获取鱼类的摄食信息,不受光线、能见度的影响。水声学对鱼类摄食行为的识别可分为基于被动声学和基于主动声学的摄食行为识别。

基于被动声学的摄食行为识别是指通过水听器监听鱼类的摄食声音,根据摄食声音分析摄食量的变化,从而控制饵料的投放。不同种类的鱼类摄食声音集中在某一频率的某一强度,通过深度学习等算法,分离摄食声音和背景混响,可有效提取摄食声音。通过建立摄食声音与饵料消耗量之间的关系,就可以估测饵料的投放量。

基于主动声学的摄食行为识别是指由声学设备如探鱼器、成像声呐等主动发射声波,并收集目标物体的回声进行摄食行为识别。由于主动声学具有更好的可控性,因而主动声学识别较被动声学识别应用得更为广泛。生物遥测技术是一种对个体进行跟踪的手段,并被应用于摄食行为的观测中。该方法需要在鱼体内植入声学芯片,通过接收该芯片发射的声学信号对鱼的个体行为进行监测。声学遥测可记录鱼的游动速度、方向等参数。由于在不同的摄食强度下,鱼类的游动速度会发生变化,通过声学遥测技术可观测鱼类的游动速度,或在水体深度方向上鱼的游动方向的变化频率,据此,可有效判别鱼的摄食行为。然而,由于生物遥测技术价格昂贵,并会对鱼类产生伤害,因此常被用于探索性研究或者基础性研究,并未在水产养殖中大规模使用。

成像声呐是另一种主动声学识别摄食行为的设备。成像声呐通过声波对目标物体进行成像,从而得到与光学图像质量相近的声学图像。一些成像声呐可反映鱼类的密度以及空间分布等深度信息,使得基于成像声呐评估摄食强度成为主要的摄食行为识别方法。此外,双频识别声呐可获得声学视频,进而可获得鱼类的行为指标,如游动速度、加速度、轨迹等,根据这些参数量化鱼类的摄食行为,就可以制定合适的投饵策略。

3)基于水质参数的摄食行为识别

水质主要参数(如水温、溶解氧浓度、pH 值、氨氮化合物浓度等)的变化会直接影响鱼类的食欲和摄食量,鱼的摄食行为也会引起上述参数的变化。例如,当鱼进食时,局部的溶解氧浓度会降低。残饵沉积在水底也会导致溶解氧浓度和氨氮化合物浓度的变化。综合分析水质参数和鱼类行为参数,可以间接判断鱼类饥饿程度,准确掌握鱼类的摄食需求,因此监测水质参数对减少饵料浪费、提高饵料转化率和降低水产养殖的劳动力成本具有潜在意义。

2. 智能投喂决策

智能投喂决策是结合水产养殖动物生长影响因素和养殖经验,建立基于生物模型的鱼群摄食需求预测系统,实现对投饵量的预测。建立数学模型是智能投喂决策的基础。数学模型根据特定因素预测鱼类摄食量,可分为两个基本类别:经验生长模型和生物动能模型。

多数经验生长模型是通过分析目标尺寸、重量与投饵量之间的关系建立的,能够根据生长状态预测鱼群总投饵量,但精度会受环境因子的影响。因此,研究人员将鱼群经验生长模型与机器视觉技术相结合,设计了一种深水网箱精准投饵系统。该系统通过比较鱼群经验生长模型和由机器视觉技术得出的体重数据,对预测结果进行修正,进而准确预测所需的总投饵量。此外,研究人员还利用神经网络和先进的智能算法来预测鱼群的摄食量。通过将水温、平均体重和鱼的数量等关键因子作为模型输入,系统就能够输出精确的总投饵量。因此,将传统的经验生长模型与水温、溶解氧等环境因子相结合,共同作为模型的输入量,有利于建立更科学的投饵量预测模型。

生物动能模型就是根据鱼群摄食过程中的运动参数,如速度、加速度和运动轨迹等,建立的投饵量预测模型。有研究人员对水面反光区域进行分割、提取;再利用光流法、统计学方法及信息熵对反光区域的变化规律进行计算和分析;最后,结合反光区域的变化幅度信息实现对鱼群摄食活动强度的评估。此外,鱼类行为振动分析也被用于智能投饵预测,结合人工神经网络,通过提取鱼群的运动加速度和角加速度等信息预测鱼群摄食行为,从而实现对摄食量的预测。近年来,智能投饵技术的研究逐渐深入,许多研究人员建立了关于鱼类的生物模型,结合传统数学模型和先进人工智能算法,计入鱼的体长、重量、水温、pH 值等各因素,从而实现对摄食量的预测。然而,由于生物模型预测总投饵量受多方面因素的影响,为了提高模型的准确性,未来应考虑更多因素,这也意味着模型将更加复杂。

3. 智能饵料投喂模块

智能饵料投喂模块由智能投饵设备组成,包括中央投喂系统和投喂机器人。

1)中央投喂系统

中央投喂系统通过管道将饵料从料塔输送到每个养殖池中,实现饵料运输和饵料分配。目前较为常见的饵料输送方式是气力输送,主要包含以下部分:料塔、闸阀、风扇、用于输送饵料的气流管道、选择阀,以及用于每个养殖池的投喂终端。

中央投喂系统的典型结构是将饵料从料塔输送到螺旋输送器中,螺旋输送器将饵料颗粒输送到位于闸阀上方的小料斗中。经过闸阀后,饵料颗粒进入带有流动空气的管道,在管道内输送一段距离后,饵料进入选择阀。选择阀的作用是将中央主管道连接到通向养殖池的管道。在管道的末端配置有用于饵料播撒的投喂终端。

中央投喂系统中的气动输送方式可能造成大量饵料颗粒被破碎,从而产生粉尘。因此,管道中的气流速度和进料速度的控制十分重要,气流速度应该保证饵料在当前进料速度下全部被输送至养殖池,同时尽可能降低饵料的破碎程度。管道材料和布线是另一重要因素。当天气较为炎热时,空气在进入管道之前应被冷却,以避免管道内饵料中的脂肪流失。

2）投喂机器人

投喂机器人是近几年出现的智能投喂设备，一个投喂机器人通常能满足一个车间内多个养殖池的需求，可在没有任何人工参与的情况下实现多个养殖池的饵料投喂。最常见的投喂机器人是悬挂式自动投饵机，这种投饵机由电机驱动，在安装于养殖车间顶部的导轨系统上移动。导轨系统覆盖所有养殖池，当自动投饵机移动到养殖池上方时，导轨上的识别芯片被触发，投喂机器人按照决策单元提供的饵料投喂量进行投喂。当料斗为空时，机器人会自动返回给料站进行补料。这种投喂机器人的最大优点是同一台自动投饵机可以用于投喂多个养殖池，节省设备投入成本。投喂机器人经过一定的改进可以实现更加精确的投喂，例如，安装双容量分配器或使用重量分配器可以使该系统更加准确。该投喂机器人还可以携带不同粒度或饵料类型的料斗，从而满足更加广泛的需求。

中央投喂系统和投喂机器人的控制都是基于智能投喂决策系统的。单个养殖池的饵料量由计算机设置，允许根据单个养殖池中鱼群的状态调整饵料配给量。当给定水温、起始鱼重和鱼数时，计算机会自动设置单个养殖池所需的饵料量。

7.3.2　智能投饵系统应用实例

1. Akvasmart CCS 中央投喂系统

该系统适用于颗粒状饵料的投喂，它集成了相机控制、饵料和环境传感器，并配备了生产控制软件 Fishtalk，见图 7-4。所有感知数据均被存储在 Fishtalk 数据库中，通过该软件，用户可全面了解和控制养殖工厂中从场地到最高管理级别的所有运营活动。此外，Akvasmart CCS 投喂系统能够处理多达 20 条平行管道的养殖池，支持使用集中式或跳跃式进料器。所有操作均可在计算机、平板或智能手机上进行。

该系统为气动传输系统，鼓风机产生气压，将饵料输送到每个养殖池。空气控制系统安装在空气冷却器和进料分配器之间，可以实时测量气流、背压和温度，确保最佳的进料速度，并显著降低堵塞和破碎的风险。空气控制系统和调频鼓风机相结合，可以调整空气速度，从而优化饵料的传输效率。鼓风机安装在消音柜内，可降低工作噪声。传输饵料前需要对空气进行压缩，被压缩的空气温度会随之增加，因此，系统在鼓风机后安装有风冷却器，以确保压缩空气的温度仅略高于环境温度。

图 7-4 Akvasmart CCS 中央投喂系统

该系统的投喂终端饵料抛撒器可将饵料准确地抛撒至养殖池中,通过最小化抛撒压力减少对饵料的损伤。该旋转抛撒器在低风速下即可实现精准投喂,减少了粉尘量、饵料破损和部件磨损,降低了能耗、背压、空气温度和噪声。

该系统的摄像机和传感器系统可以监控鱼的摄食过程,结合无线视频传输技术,可以全面了解环境数据,如温度、溶解氧浓度、盐度、pH 值以及鱼类当前的速度和方向等。内置的决策系统提供了人机交互界面,可实现智能投喂。

2. Arvo-Tec 投喂机器人

该机器人可以实现一个机器人投喂多个养殖池,提高了喂食效率,并降低了投喂成本(图 7-5)。Arvo-Tec 控制单元最多可以控制 3 个机器人,每个机器

图 7-5 Arvo-Tec 投喂机器人

人的最大导轨长度为 450 m,共可投喂 240 个养殖池。料斗的高饵料周转率可以保持饵料新鲜,筒仓处在车间中心位置,因此饵料储存简单。该投喂机器人使用磁标记作为参考点使得投喂编程更灵活,可以为每个养殖池设置 1～3 个投喂点。针对不同类型和大小的饵料,一个机器人可以满足不同的投喂频率需求。一个机器人单次可承载 300 kg 或 450 L 饵料。

安装一个中控计算机并接入互联网后,Arvo-Tec 投喂机器人可以提供易于访问和使用的图形界面,以方便管理养殖工厂。中控计算机能够控制所有的控制单元、探头、投喂器和其他的连接设备,并快速呈现养殖场的监测数据、警报和详细的养殖池状态数据。此外,用户可以通过虚拟专用网络(VPN)在任何地方的浏览器访问该系统,实现水质和投喂的在线实时监测。

Arvo-Tec 控制系统集成了投喂、测量、光照控制和报警单元,以高效控制投喂机器人。控制单元和机器人之间采用无线通信。控制系统以水温、溶解氧浓度和生物量为初始数据,然后根据用户自定义的数学能量需求模型来控制投喂作业。投喂时间间隔可以手动设置,也可以自动设置。光照控制始终遵循单日的喂食周期,并且可以控制昼夜周期,模拟日出日落。自动上料站可以自动为机器人装载饵料,进一步增加日常操作的便利性,提高作业效率。控制系统可以自动检测机器人是否需要上料,上料是否完成,以及机器人是否离开上料站。

7.4 循环水设备故障监测系统

20 世纪 60 年代末,故障诊断技术作为新技术开始发展起来。随着不断引入计算机、现代控制理论、人工智能等新技术,其研究已取得很大进展,并广泛应用于多个行业中。1971 年,美国麻省理工学院(MIT)Beard 团队通过系统自组织和稳定系统闭环技术,利用比较观测器的输出结果来诊断系统故障。这标志着以解析余度为主的故障检测与诊断技术的出现。20 世纪 80 年代,故障诊断技术开始与专家系统、人工神经网络及知识工程相结合,人工智能运用于故障诊断技术标志着智能诊断技术的出现。它的机理是通过计算机相关技术模拟人脑的机能,有效地获取、传递、处理和利用故障信息,以达到故障诊断的目的。

我国的故障诊断技术始于 20 世纪 70 年代初期。在 1986 年,第一届国际机械设备故障诊断技术会议成功在我国召开,表明我国的故障诊断技术发展趋于成熟。之后几年,在政府的支持下,我国一些故障诊断技术理论研究已经与国际同列。随着时间的推移,我国在某些设备的故障诊断方面自主研发了一批设备监测诊断产品。全国各行各业也都很重视对关键设备智能化故障诊断系统的应用与研究,特别在电力、石化、冶金等传统行业,以及核动力电站、航空和载人航天等高科技领域。这些领域的技术发展尤为迅速。自 20世纪 90 年代以来,随着故障诊断技术的不断进步,其在提高生产效率、保障设备稳定运行等方面发挥了重要作用,从而在一定程度上带动了我国国民经济的发展。

随着计算机、微电子、传感器以及智能机电系统等技术的迅速发展,工厂化水产养殖的自动化、智能化程度不断提高,控制设备的数量也不断增多,虽然工作效率得到了很大的提升,但与此同时系统的复杂程度和故障率也在逐渐升高。因此,设备故障频发,设备运行状态的监控也变得更加困难。设备运行状态监控一直是国内外的研究热点。虽然我国在工厂化水产养殖设备状态监控技术方面的研究起步较晚,技术尚不成熟,但随着科学技术的快速发展,特别是信号分析与处理技术的进步,设备运行状态监控技术也在不断提升。这种科学化与实用化的监控技术正在迅速发展。为了满足工厂化水产养殖设备运行状态监测的需求,人们设计了专门的监控系统。该系统可以实现对工厂化水产养殖设备的实时监测与控制,从而提高养殖效率和设备管理的科学性。

7.4.1　系统介绍

图 7-6 是一种基于组态的循环水设备故障检测系统,主要包括两部分,第 Ⅰ部分为参数测量模块,第 Ⅱ 部分为数据分析模块。其中参数测量模块包括传感器模块和参数采集与处理模块。传感器模块主要是利用电流传感器和温度传感器测量电机设备的实时运行电流及温度参数;参数采集与处理模块负责采集设备的工作参数,并将采集到的参数处理后传送至下位机,然后通过下位机将处理后的参数传给上位机。数据分析模块是基于组态软件平台 MCGS、触控屏以及上位机而设计的模块,主要包括绘制图表、存储数据、设备控制以及参数显示等功能。

该系统主要通过传感器模块采集设备的实时工作电流和温度,实现对设备运行状态的实时监测。由于在不同的工作状态下,流经设备的电流不同,温度也不同,因此,工作人员便可以根据采集到的电流和温度来判断设备的具体工作状态,以及是否发生故障。工作人员可以通过系统实时显示的数据进行监测、判断,及时发现故障、消除故障,避免重大生产事故的发生。

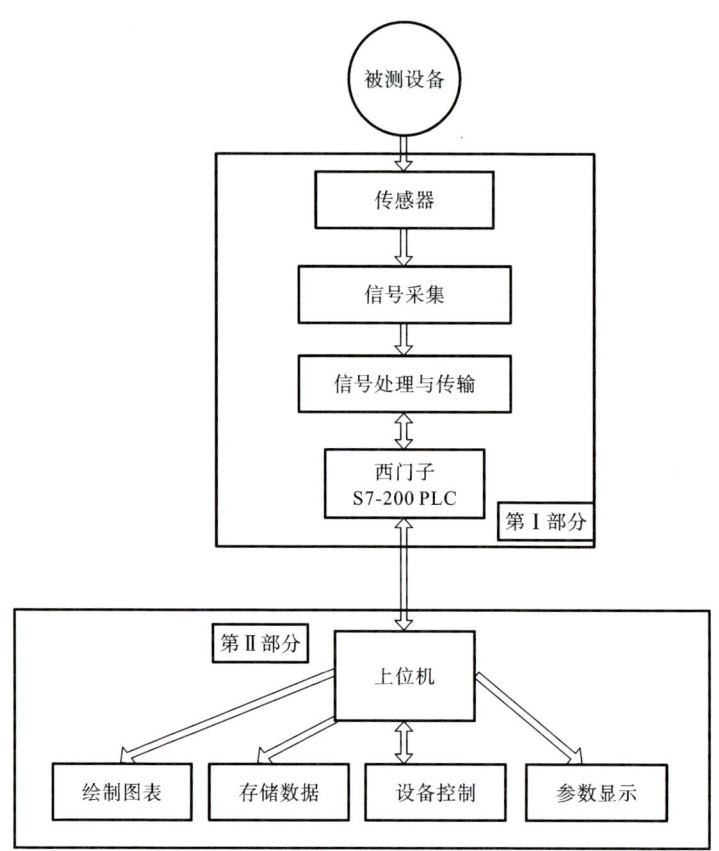

图 7-6　系统整体架构图

7.4.2　传感器模块

在工厂化循环水养殖工况监控系统中,传感器模块主要由电流传感器以及温度传感器等部分组成,可以用来测量电机等设备的工作电流和温度等参数。

7.4.3　参数采集与处理模块

参数采集与处理模块主要负责采集设备的工作参数,并将采集到的信号进行降噪、放大等处理后,再经过模数转换电路将模拟信号转换为数字信号传送至下位机。信号传输主要采用的是 RS485 串行通信接口。

下位机是以西门子 S7-200 PLC 为核心的控制器,该 PLC 具有抗干扰能力强、可靠性高的特点,能在恶劣的环境条件下稳定工作,而且平均故障间隔时间长,可以快速修复故障。此外,该控制器操作简单,使用方便;控制程序可变,柔性好;功能完善,组合灵活;可以减少设计及施工的工作量,在实践中得到了广泛应用。在这个系统中,通过模数转换端口读取的信号经 PLC 处理后,被传送至上位机,由上位机进行数据的计算和处理,并接收操作指令,控制设备的启动与停止。最后,MCGS 组态软件负责完成对采集数据的实时显示,并提供一系列的操作功能。

7.4.4　数据分析模块

数据分析模块是基于组态软件平台 MCGS、触控屏以及上位机而开发的模块,该模块不仅可以进行图表的绘制和数据的存储,还可以完成设备的控制及历史运行参数的查询、导出、绘图等功能。上位机主要用于处理采集到的设备参数,由 MCGS 和触控屏进行显示。MCGS 是用于快速构造和生成上位机监控系统的组态软件平台,可以实现可视化的用户界面,简洁易懂、便于操作。该平台通过与其他一些相关的硬件设备相结合,能够快速、方便地开发各种用于现场设备参数采集、数据处理和控制的系统。设备运行参数实时监控系统如图 7-7 所示。

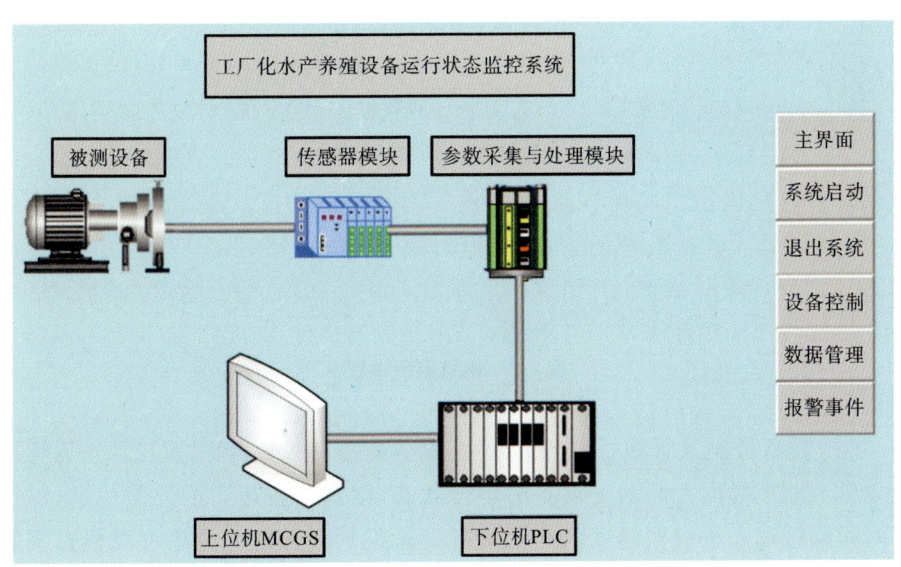

图 7-7　设备运行参数实时监控系统

上位机主要负责对采集到的设备参数进行处理,并将这些参数显示在

MCGS 的触控屏上。该部分通过硬件采集设备的工作参数,将设备运行状态实时显示于可视化界面,在设备工作参数异常时报警提示用户,并且记录设备运行的历史数据、报警信息,还可以控制设备的启动与停止。

数据分析模块可以实现的主要功能如下:

(1)实时数据采集:读取传感器采集到的数据及采集时间,并将获取的数据和时间记录下来,供用户实时查看或后期查询。

(2)数据管理功能:能够筛选并存储历史数据,便于对设备的运行特性进行分析;还可以显示设备的各种数据,完成曲线图的绘制;输出设备的各种数据,可用于过程存档、报警信息及历史数据的查询等。图 7-8 所示为采用数据分析模块绘制的电机温度曲线。

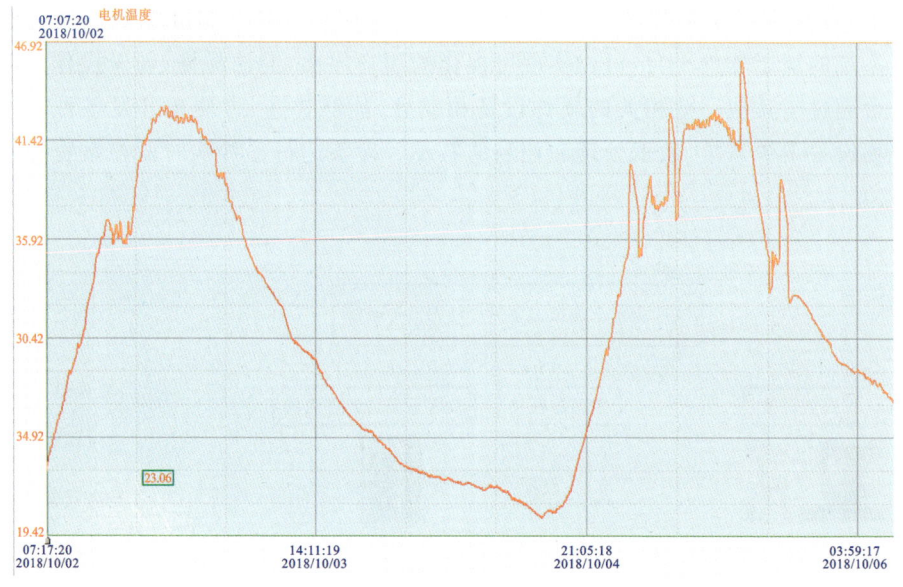

图 7-8 电机温度曲线

(3)设备控制及管理:用户可以设定设备的控制参数,通过监控系统远程控制设备。监控界面上显示了设备的运行状态,以及设备运行的异常信息,以便及时提醒管理人员根据建立的档案进行设备维护。管理人员也可以根据实际情况手动控制设备的运行状态。

(4)报警事件管理:该模块可以记录生产现场的事故和故障信息,在监控画面上显示报警信息;还可以记录现场的生产事件和动作信息,最后以图表形式将现场情况导出系统,方便进行存档。

随着设备运行状态监控与故障诊断技术的广泛应用与发展,设备维修方式正在发生着深刻的变化。本章介绍的基于组态的设备运行状态监控系统,利用参数测量模块采集工厂化水产养殖设备的运行参数,利用数据分析模块分析设备的运行状态,对设备进行实时监控,显示设备当前的运行状态和参数,还可以实现异常信息报警。因此,该系统可以全面地监测水质参数调控设备,减少设备故障带来的危害,尽量避免水产养殖过程中生产事故的发生,从而减少设备故障所带来的不必要的经济损失。

本章参考文献

[1] ALI S A. Design and evaluate a drum screen filter driven by undershot waterwheel for aquaculture recirculating systems[J]. Aquacultural Engineering,2013,54：38-44.

[2] APILANEZ I, DIAZ M, GUTIERREZ A. Effect of surface materials on initial biofilm development[J]. Bioresource Technology，1998,66（3）：225-230.

[3] ARBIV R，RIJN J V. Performance of a treatment system for inorganic nitrogen removal in intensive aquaculture systems[J]. Aquacultural Engineering,1995,14：189-203.

[4] ATTRAMADAL K J K，ØIE G，STØRSETH T R，et al. The effects of moderate ozonation or high intensity UV-irradiation on the microbial environment in RAS for marine larvae［J］. Aquaculture, 2012, 330-333：121-129.

[5] 周文全,陈文彬,周威,等.自流式河蟹池塘循环水养殖模式总结[J].科学养鱼,2022(2):38.

[6] AURELIO A，LAWSON T B. Combination of a bead filter and rotating biological contactor in a recirculating fish culture system[J]. Aquacultural Engineering,1996,15：27-39.

[7] BADIOLA M，MENDIOLA D，BOSTOCK J. Recirculating aquaculture systems (RAS) analysis：main issues on management and future challenges[J]. Aquacultural Engineering,2012,51：26-35.

[8] 陈震雷. 循环水养殖中水流速度对大口黑鲈幼鱼的影响研究[D]. 杭州：浙

江大学,2021.

[9] BOMO A M, HUSBY A, STEVIK T K, et al. Removal of fish patho-genic bacteria in biological sand filters[J]. Water Research, 2003, 37: 2618-2626.

[10] BRANDLI J R. The triple bottom line impacts of O_2 supplementation in recirculating aquaculture systems for food fish production[J]. Reviews in Aquaculture, 2015, 11: 863-895.

[11] 李国林,滕谦,沈佳庆,等.陆基圆池循环水养殖技术[J].渔业致富指南, 2021(23):35-36.

[12] CHEN J P, CAO D D. Research of filtering ability and blocking prob-lems of water treatment micro-filter[J]. Journal of Tianjin Polytechnic University, 2013, 32: 57-60.

[13] CHEN S, LING J, BLANCHETON J P. Nitrification kinetics of biofilm as affected by water quality factors[J]. Aquacultural Engineering: an International Journal, 2006, 34(3): 179-197.

[14] 段六运.工厂化循环水养殖大口黑鲈[J].畜牧兽医科技信息,2021 (10):194.

[15] CHEN Q Y, NI Q, GUAN C W, et al. Experimental study of carbon dioxide removal technology in aquaculture waters[J]. Fishery Moderni-zation, 2009, 36: 6-11.

[16] CHEN Y G, DUAN D X, CHEN X L, et al. Study on the oxygen increasing law of oxygen cone in industrialized fish farming system[J]. Fishery Modernization, 2009, 36: 26-30.

[17] CHEN S, ZHANG C L, ZHANG Y L, et al. Solid particle removal effect of parabolic screen filter for aquaculture water[J]. Chinese Agri-cultural Science Bulletin, 2015, 31: 43-48.

[18] CHOI H J, LEE A H, LEE S M. Comparison between a moving bed bioreactor and a fixed bed bioreactor for biological phosphate removal and denitrification[J]. Water Science & Technology, 2012, 65(10): 1834.

[19] FAO. Fishery and aquaculture statistics 2019 [M]. Rome: FAO, 2021.

[20] 于泽,姜忠爱,张靖铎,等.水产养殖自动投饵机发展现状[J].河北渔业, 2020(1):57-60.

[21] 左渠,田云臣,马国强.水产养殖智能投饲系统研究进展和存在问题[J].天津农学院学报,2020,27(4):73-77.

[22] LI D L, WANG Z H, WU S Y, et al. Automatic recognition methods of fish feeding behavior in aquaculture:a review[J]. Aquaculture, 2020, 528:735508.

[23] 姜伟.循环水养殖中基于鱼类行为的精准投喂方法的研究[D].杭州:浙江大学,2021.

[24] ZHOU C, XU D M, LIN K, at al. Intelligent feeding control methods in aquaculture with an emphasis on fish:a review[J]. Reviews in Aquaculture, 2017,10(4): 975-993.

[25] DAVIS D A. Feed and feeding practices in aquaculture[M]. Cambridge: Woodhead Publishing, 2015.

[26] 陈英才.水产养殖用精准投饵系统关键技术研究[D].上海:上海海洋大学,2018.

[27] 关艳如.工厂化养殖监控系统的研究与设计[D].湛江:广东海洋大学,2013.

[28] 卓严报.基于支持向量机的城市给水管网故障诊断研究[D].重庆:重庆大学,2013.

[29] MEHRA R K, PESCHON J. An innovations approach to fault detection and diagnosis in dynamic systems[J]. Automatica,1971,7 (5):637-640.

[30] CHEN H L, YANG B, WANG G, et al. Support vector machine based diagnostic system for breast cancer using swarm intelligence[J]. Journal of Medical Systems, 2012, 36 (4):2505-2519.

[31] 李晓东,曾光明,蒋茹,等.改进支持向量机对污水处理厂运行状况的故障诊断[J].湖南大学学报:自然科学版,2007,34(12):68-71.

[32] 邓乃扬,田英杰.数据挖掘中的新方法:支持向量机[M].北京:科学出版社,2004.

[33] 杨世凤,高相铭,胡瑜.给水管网故障智能诊断方法[J].振动、测试与诊断,2011,31(1):11-14,124-125.

[34] LI N N, QIE Z H, GU T J. PSO-SVM model for pipe bursting diagnosis of water supply network[J]. System Engineering Theory and Practice, 2012, 32 (9):2104-2110.

［35］郭汉桥，王林,陈勇军,等.电子设备检测技术现状及发展趋势[J].电气技术,2007(9):9-11.

［36］潘彩霞,李翠丽,孙敏,等.基于神经网络的水产养殖物联网故障诊断系统研究[J].湖北农业科学,2015,54(17):4312-4316.

［37］刘小龙.基于粗糙集的旋转设备故障诊断研究[D].绵阳:西南科技大学,2013.

［38］曾强.电力电缆电力传送实验平台测试系统设计[D].成都:西华大学,2016.

［39］羊梅,杨婉,罗娅虹.基于MCGS的中央空调实时监控系统设计[J].制冷与空调,2011,25(3):273-276.

第8章
鱼菜共生系统与智能装备

　　当前农业生产资源日渐匮乏,土地资源、淡水资源、可利用无污染的农业资源越来越少,农业生产面临着生态与资源的危机,如水的污染让很多水体的鱼虾资源面临危害,更不能进行生产性的规模化养殖,而种菜也因化肥的过度使用导致土壤严重退化,可持续性成为当前农业生产的主要问题。那能否将污废生态化,甚至资源再利用化,实现渔业、种植业协同可持续共生和发展?

　　一方面,传统的水产养殖中,随着鱼的排泄物积累,水体的氨氮量增加,毒性逐步增大,需要大量换水或者水处理才可以使水质条件适合水生物的生长。氨氮代谢形成的硝酸盐却是植物生长需要的氮肥。另一方面,种植业需要大量的灌溉用水,并且蔬菜类作物生长又额外需要大量的营养元素,依靠天然条件或者经验来灌溉和施肥,无法做到精准化,又带来一系列环境污染问题。水产养殖和无土栽培的结合,恰好实现了需求互补,生态互补。养殖废水是资源化的种植用水,种植用水净化后又可以补充水产养殖用水。如此循环,鱼、菜、微生物形成了和谐的生态平衡关系,这就是鱼菜共生系统。鱼菜共生是未来可持续循环型零排放的低碳生产模式,更是有效解决农业生态危机和发展危机的最有效方法。

8.1　鱼菜共生系统概述

　　鱼菜共生是一种新型的复合耕作体系,它通过巧妙的生态设计,使水产养殖与水耕栽培达到科学的协同共生,从而实现养鱼不换水而无水质忧患,种菜不施肥而正常生长的生态共生效应。系统中动物、植物、微生物三者之间达到一种和谐互补的生态平衡关系,是一种高效利用资源能源空间、循环可持续、环境友好的低碳生产模式。

　　鱼菜共生技术听似一项全新的技术,但如果从它的特点和源头进行分析,我国1500年前的古代农耕技术中就可以找到它的痕迹。查阅近代的鱼菜共生技术发展史,也可以从中追寻到该技术的发展踪迹,比如桑基鱼塘、稻鱼共生、稻虾共生等形式。

而现代鱼菜共生模式是一种资源节省型的可循环有机耕作模式,结合了工厂化养殖与无土栽培蔬菜技术,是高科技的有机结合,比单独的养殖与种菜更省空间与资源,更省设备与成本投入。更为重要的是,鱼菜共生模式生产的蔬菜与鱼为有机鱼与有机蔬菜,在市场上极具竞争力,是符合现代食品消费趋势的一种最好的生产模式。

现代鱼菜共生需要通过工程化的方法把水产养殖和作物种植互联互通起来,实现鱼、菜生长环境的互作组合,建立植物-微生物-鱼三者共生循环系统。为了实现鱼、菜的合理搭配和大规模种养,国际上的主流做法是将鱼池和种植区域分离,鱼池和种植区域通过水处理系统实现水循环和共生。图8-1是鱼菜共生系统示意图。

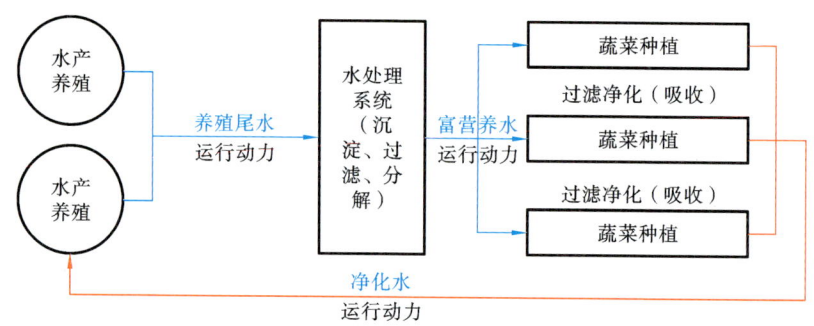

图8-1　鱼菜共生系统示意图

鱼菜共生系统中存在水产养殖、蔬菜种植、水处理系统、运行动力等几个功能模块(图8-1)。水产养殖是指养殖池和配套装置,是养殖发生的场所,有必要的造流集污和增氧投饵装置。蔬菜种植是指植物生长的栽培槽和营养液调节单元,包括基质栽培、薄层营养液膜技术循环栽培、深液流栽培、气雾栽培等。蔬菜种植单元可以吸收水体中硝酸盐等营养物质,实现水质净化,经净化的水体循环回养殖区继续养鱼。水处理系统包含沉淀、过滤、分解等工艺,目的是沉淀过滤掉鱼粪等大颗粒物质,并将水体中有害的氨氮转化为无害的硝酸盐,同时去除水体中其他溶解性的气体,提高溶解氧含量,并做消毒杀菌处理。运行动力模块主要包含重力动力和人工动力,贯穿了鱼菜共生技术的各个环节,从水产养殖的水质调节、植物灌溉延伸到水循环过程。运行动力供应是人工生态系统区别于自然生态系统的特殊需求,也是现代鱼菜共生系统与传统鱼菜共生系统的区别。

鱼菜共生系统必须包括循环水养殖单元、水处理单元、蔬菜种植单元、辅助支撑单元等。由于每个地域气候、生产方式、生产需求等都存在差异,且每个单元实现和组合方式不同,因此可以延伸出很多类型的鱼菜共生系统,比如开环模式和循环模式,其中开环模式实现较为容易,但资源利用率较低;循环模式可以实现较好的经济和生态效益,但实现成本偏高,技术依赖度高。

开环模式的鱼菜共生系统是指养殖池与种植槽(或床)之间不形成闭路循环,由养殖池排放的废水作为一次性灌溉用水直接供应蔬菜种植系统而不形成返还回流,每次只对养殖池补充新水。在水源充足的地方可以采用该模式。

循环模式是指养殖池排放的水经由滤液床微生物处理后,以循环的方式进入蔬菜种植槽,水体经由蔬菜根系的生物吸收过滤后,又返回至养殖池,水在养殖池、滤液床、种植槽之间形成一个闭路循环。

8.2　温室系统与装备

在气候寒冷和不稳定的区域,鱼菜共生系统的环境要实现相对封闭,同时,环境封闭可以实现鱼菜共生环境的最佳实时调控,实现高效、精准、集约化的生产。温室和设施园艺技术是一种较好的实现方式。

智能温室系统是环境工程技术、信息通信技术、自动化技术以及生物工程技术等综合交叉形成的智能农作物生产系统,主要由供电单元、供气单元、供暖单元、种植单元、水肥一体化单元、通风降温单元、遮光补光单元、保温保暖单元、信息采集和控制单元、中央控制室等组成。

鱼菜生长环境对环境和具体的水质条件较为敏感,所以温室的所有单元都是高度自动化系统;精准传感器单元可以实时采集养殖水体的溶解氧浓度、水温、pH 值、电导率等水质参数,温室内光照、温度、湿度、空气和肥料等环境因子以及作物生长状况等参数,系统对采集的数据进行统计、分析、处理后形成一套专家信息系统,通过研究水生动物和作物生长所需最适宜的环境情况,使相关系统及设备根据智能系统发出的指令有规律地动作,综合调节养殖水体水质和温室内温度、湿度、光照、水分、肥分和空气等所有因素,使水生动物和作物达到最佳生长状态。远程控制模块中,技术人员可以在控制室内检测以及控制多个大棚的环境,从而达到调节生长周期、改善品质、增加产量、提高农作物的经济效益的目的。

随着鱼菜共生系统朝着规模化、产业化和精准化方向发展,农业机器人将走进鱼菜共生的生产领域,例如智能植保机器人、收获机器人等。

8.3　循环水处理系统与装备

循环水系统是鱼菜共生系统的重要组成部分,其中,水产养殖池的富营养水经过滤分解之后通往植物种植区,由植物过滤净化后的纯净水又循环到水产养殖池,鱼菜共生系统的水就实现了循环利用。

循环水系统的核心部分是水处理的装备模块和链接技术,其技术的成熟度取决于整个系统的先进性、稳定性和经济性。在循环水处理的主要技术环节上,国内研发单位都做了大量工作,目前该装备的种类基本齐全,技术在总体上也已达到较高水平。

鱼池集排污方面,鱼池的集排污工艺在整个养殖系统中似乎不太复杂,但作为水处理系统的第一道工艺就显得十分重要,因为它是实现系统净化的前提。目前国内主要采用两种集排污(水)方式:一是传统的单通道底排模式,其结构相对简单,但无法去除鱼池水体表面的泡沫和油污;另一种是底排与表层溢流相结合的模式,即通过大流量的底排来有效排出沉淀性颗粒物,并在鱼池上方水体表面设置多槽或多孔的水平溢流管,以有效去除漂浮于水表面的油污和泡沫,同时还起到保持水位的作用,现已成为传统单通道底排模式的替代技术。

物理过滤方面,物理过滤是控制水体固体悬浮物浓度的主要手段。用于海水养殖系统的物理过滤设备主要有转鼓式微滤机、弧形筛和泡沫分离器,这三种装备和过滤技术在国内都已较为成熟。转鼓式微滤机用于去除粒径在 60 μm 以上的总悬浮颗粒物(TSS)。微滤机最大的特点是拥有自动清洗筛面的功能,可满足系统连续运行要求,不足之处在于运行过程中易使颗粒物质二次破碎,且过滤筛网因受反冲洗水流的冲击而容易损耗,同时设备造价也较高。弧形筛是一种源于矿砂筛分技术的固液分离装置,由于圆弧形固定筛面的筛缝垂直于进水水流方向,故可实现对水体中固体颗粒的有效分离。泡沫分离器(又称蛋白质分离器)是海水处理中去除微小颗粒物质和可溶性有机物的有效装备。

生物净化方面,生物过滤是循环水处理的核心技术环节,在控制养殖水体中氨氮、亚硝酸盐等有毒有害物质浓度方面起着十分重要的作用。目前国内海水系统中采用的生物滤器一般为浸没式生物滤器,它通常采用立体弹性填料、立体网状填料(俗称净水板或"方便面")、生物球、生物陶粒等作为过滤芯。

气体交换方面,系统主要分为两大功能,一是向水中增氧,二是脱除水体中的二氧化碳。增氧一般分为鼓风曝气增氧和工业氧增氧两种。传统的鼓风曝气增氧因增氧效果差等原因,在鲆鲽养殖系统中已逐步被工业氧增氧取代,纯氧、液态氧和分子筛富氧装置逐渐得到推广应用。低压溶氧器曾在 21 世纪初期作为一种纯氧混合装置被广泛应用于国外市场,其氧利用率虽然低于鼓风曝气增氧和工业氧增氧,约为 70%,但其结构简单,造价低,无须机械动力,所需能量仅为 0.6 m 高的水体势能,耗能不到氧气锥的 6%,性价比在当时的几种纯氧混合器中是极高的。如今,这项技术已被我国掌握,并在适当应用场景中发挥良好作用。二氧化碳去除(脱气)是保证养殖水体 pH 值稳定的关键工艺。国外采用的主流工艺是滴淋结合吹脱法,也有如挪威 AKVA 公司那样与泡沫分离结合的工艺。目前,我国在这方面的研发已经取得了一定进展,许多企业在水处理工艺中已经成功应用了这些技术,虽然仍面临一些技术参数的优化挑战,但整体技术水平逐渐接近成熟,解决了原有系统在 pH 值稳定上的部分问题,进一步提高了水处理效率。

杀菌方面,目前主要有臭氧杀菌和紫外线(UV)杀菌两种。臭氧对水中细菌、病毒、寄生虫卵等具有良好的杀灭作用,同时对水体脱色也有良好效果,但易产生对鱼类和生物膜有害的臭氧残留和溴酸盐,臭氧浓度和残留量的控制有一定难度。紫外线(UV)杀菌是目前广泛使用的水体杀菌技术,具有杀菌效果好、无残留、易控制等优点。水产养殖上主要选用有最佳杀灭细菌效果的 253.7 nm 波长的紫外线装置。鉴于紫外线杀菌器市场价格较高,部分养殖企业选择自行拼装封闭式或开放式消毒装置。

调温方面,为保证养殖鱼类始终处于适宜的水温环境下,加温主要有四种方式:一是采用传统的锅炉加温;二是利用地下热水资源通过换热器进行加温;三是热电厂附近的养殖场可利用电厂余热进行加温;四是采用以太阳能为主体的清洁能源加温。降温主要采用低温源水调温的方式。

8.4 智能投饵系统与装备

饲料成本在水产养殖中所占的比例超过一半,合理的饵料投放方法不仅可以有效降低水产养殖成本,而且可以有效提高产出,提高劳动效率,降低水体污染风险。尤其对于鱼菜共生生产模式来说,整个系统的氮素源头以养殖饲料为主,饲料投放方式、数量、频率直接影响整个系统中的氮素流动,需要对饲料进行精准投放才能同时满足鱼类生长与作物生长的需求,因此智能化、精量化投饵装备成为鱼菜共生生产设施中的重要组成部分。

鱼菜共生系统中作物可直接吸收的氮素来源主要是鱼类排泄物与经过好氧细菌分解的鱼类饲料残留。整个系统氮素输入的源头为人工投入的饲料,投饵频率会对整个系统的氮素流动产生重要的影响,投饵的频率、重量都应按照鱼类与作物的生长规律或整个系统的环境参数设计。

因此,鱼菜共生系统对投饵装备的需求主要有以下几点:一是相比传统的集约化养殖技术,鱼菜共生系统中的投饵装备以中小型设备为主,以满足中小型生产规模的需求;二是投饵设备应具有精量投料的功能,相比鱼类排泄物,残余饲料的分解时间长,饲料残留过多一方面浪费饲料,另一方面增加了共生系统中过滤沉淀装置的压力,因此应尽量提高饲料的利用率,减少饲料成本,降低水体污染风险;三是投饵装置应满足智能投饵的需求,投饵装备与系统的智能控制装置对接,投饵频率、次数、重量都可按照鱼类与作物的生长规律、系统中各项参数实时数据确定。

智能投饵装备是指使用计算机技术和传感器技术智能决策饲料需求量的投饵装备。智能投饵装备配置了各种监测和反馈设备,能根据鱼种类、鱼体体长、生长阶段以及行为判断鱼类对饲料的需求,制定投饵方案并执行投喂动作。对于鱼菜共生系统,其还应具备对作物生产环境要素监控的功能。

智能投饵设备通过将传感器系统收集到的数据直接作为自动控制程序中的变量来控制投饵。目前常用的传感器主要是红外传感器和水底声波传感器。红外传感器系统的基本原理是用设置在养殖容器下方的传感器检测沉降到残饵收集装置中的残余饲料颗粒数量,当散落到收集装置中的饲料量占总投饵量的比值达到内置决策程序设定的边界值时,说明鱼已经吃饱,可以停止投饵。同时,决策程序也可对每次投饵进行分析,对投饵的数量、频率与时间进行优化。

声波传感系统的基本原理为传感器朝水面安装在养殖容器下方,生成鱼和饲料颗粒的影像图片,通过影像图片监视残饵量或者养殖对象的行为来决定是否投饵,当容器中残饵量达到临界值时,装置自动停止投饵;使用鱼群行为作为监测指标时,软件根据鱼群在容器中的位置与密度自动分析当前鱼群对饲料的需求,从而决定是否投喂。

使用图像进行智能监控主要有两种途径，一种是通过水下摄像机对残饵量以及鱼群行为进行分析，另一种就是通过水面摄像机监控鱼群行为，两种方式均通过机器视觉识别技术来实现。通过对水下或水面采集到的图像进行分析处理，提取可以反映残饵量或鱼群行为与密度的特征值，进而实现通过图像检测分析投饵状况或鱼群对饵料的需求，完成投饵频率与投饵量的分析决策。

8.5 物联网测控系统与云平台

鱼菜共生系统是一项超学科的综合性技术，其技术体系涵盖计算机技术、控制和管理技术、生物学、设施园艺学、环境科学等多个领域。基于物联网的鱼菜共生设备监控系统，采用 RFID（无线射频识别）、智能化自动控制、无线传感器等现代化先进信息技术，对鱼菜共生系统中的水中和空气环境中的三氮、氧气、温度、pH 值，以及水培植物体内叶绿素、水培植物生长情况和鱼类生长情况等进行全程管理和检测。

基于鱼菜共生系统的发展现状，本章首先明确了系统的基本操作环节，并对其关键部分进行了深入分析。在系统水产养殖环节，重点研究了鱼类养殖环境，系统分析了影响鱼类生长的外部环境因子，包括水体光照、温度、溶解氧含量、pH 值、投喂量、细菌含量、三氮浓度及换水周期等参数，以优化养殖密度和产量。在系统水培蔬菜环节，详细探讨了蔬菜种植环境，着重考察了光照强度、温度、光照时长、溶解氧含量、pH 值、细菌含量、三氮浓度及其他营养元素等环境因子对蔬菜生长的影响。同时，研究还关注了水培植物叶绿素含量和鱼类生长状态等生物指标，以早期预警病虫害，并着重探讨了系统营养供给与植物生长间的平衡关系。

鱼菜共生智能管理平台主要有环境监测、水质监测、视频监测、现场控制、远程控制等功能。该系统将传感器技术、计算机技术、网络通信技术、电子技术等结合起来，实现对鱼菜共生系统生产过程中 pH 值、水温、溶解氧含量、光照强度、盐度、水位等各项参数的监控，实现现场控制和远程控制。该系统通过一些控制措施来调节鱼菜共生系统中的各项参数，同时根据鱼类和水培蔬菜不同生长阶段的不同需求制定测控标准，通过对各参数的实时监测，对比系统设定的标准参数与实测参数，从而自动调整鱼菜共生系统生产过程中的各个环境控制设备的状态，确保生产环境的最优化配置。

如图 8-2 所示，系统采用分布式监控架构，实行分级管理与集中操作，主要

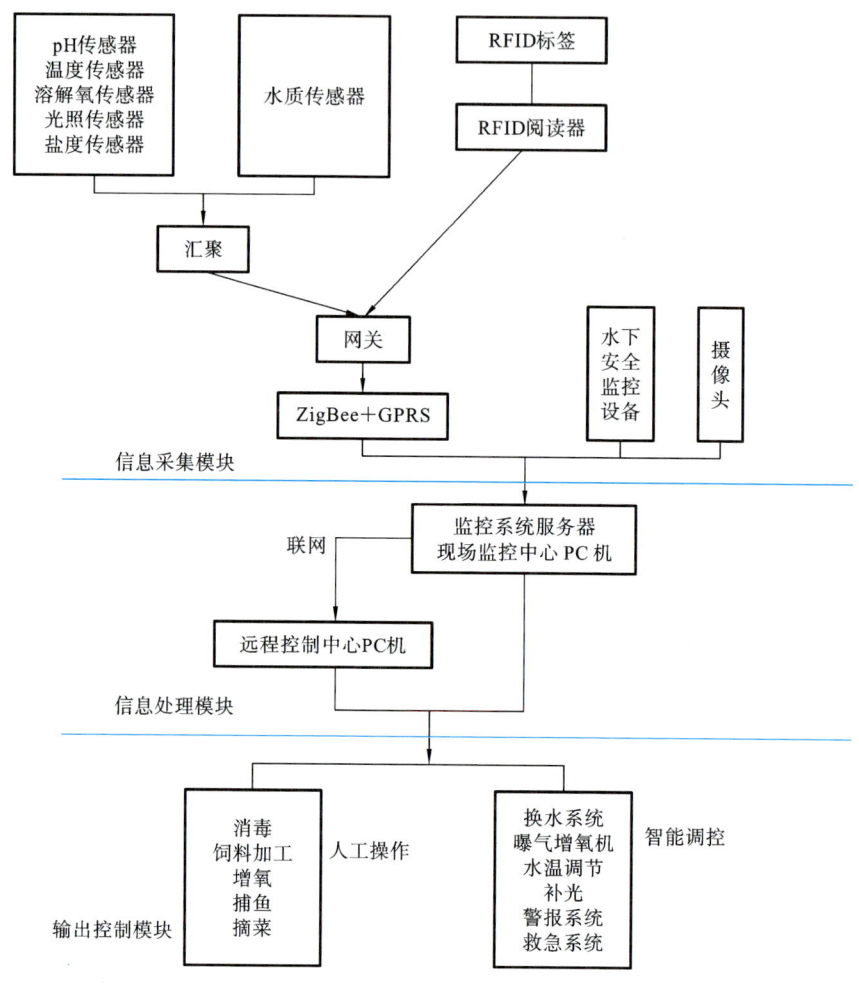

图 8-2　系统组成示意图

由信息采集、信息处理及输出控制三大模块构成。平台整合了智能处理技术、物联网传感技术和智能控制技术，具备图像数据实时采集、无线传输、数据处理、预警预测和辅助决策等功能，支持远程调控水温、自动补氧等操作。基于无线网络技术的数据传输系统，将采集数据传送至中央处理系统进行分析，并将处理结果反馈至控制中心执行相应控制指令，实现了鱼菜共生系统的全面感知、信息化管理和智能化控制，有效提升了生产效率和经济效益。

1. 信息采集与智能监测

在鱼类和水培蔬菜生长过程中的各个环境因子数据，如温度、溶解氧含量、

pH 值等,由信息采集模块进行采集,数据经信息处理模块处理后,通过网络传送到控制中心,现场控制中心或者远程控制中心启动智能控制,或向现场工作人员下达命令采取人工控制措施。

在鱼菜共生系统中,通过分布式部署无线传感器网络,利用 RFID 无线传感器模块实现数据采集与转换,并通过网关进行数据传输。系统采用 RFID 技术,由天线将标签信息传输至阅读器,经分析处理后上传至网关。

网关通过 ZigBee 无线通信网络将数据传输至 PC 终端,PC 端对数据进行处理并与预设阈值进行比对分析,当检测到异常时,系统将同时向现场控制中心和远程控制中心发送警报,实现系统的实时监控与预警。控制中心可执行智能控制指令,同时为用户提供人工决策支持。

鱼菜共生监控系统的软件设计遵循安全性与可靠性原则,采用模块化架构,具有良好的可扩展性。系统主要包括 PC 端监控软件和汇聚节点软件两部分。根据系统功能需求,PC 端监控系统包含数据查询、设备控制、节点管理、实时显示、用户管理、报警处理及数据库管理等核心功能模块。

数据查询模块可以实现历史采集数据、历史警报数据、设备分布数据等数据的查询。设备控制模块实现对系统内设备的控制,力求环境达到最适宜状态。智能控制与人工控制是设备控制的两种不同方式,两种方式相辅相成,实现最优控制。节点管理模块实现节点获取数据的管理与传输、预警值的设定。实时显示模块实现鱼菜共生系统的实时数据显示。用户管理模块实现用户信息的记录以及用户权限管理。报警处理模块在数据超过预设阈值时发出警报。

2. 智能调控

智能调控模块主要包含水质管理、投喂管理和疾病预防三大功能。在水质预警方面,鱼菜共生系统具有其独特性,其预警标准需根据特定养殖鱼种的生物学特性及不同生长阶段的生理需求而制定,因此建立了针对性的水质预警指标体系。

基于鱼菜共生系统的运行特征,对关键水质参数采取差异化预警策略:盐度、pH 值和水温等参数在 24 小时内变化幅度较小且趋势平缓,系统直接依据实时监测数据触发报警机制;而溶解氧含量因变化速率较快且对鱼类影响显著,系统采用预测模型进行动态预警。水质预警子系统的具体架构如图 8-3 所示。

精细喂养决策方面,精细喂养决策子系统如图 8-4 所示。精细喂养决策分

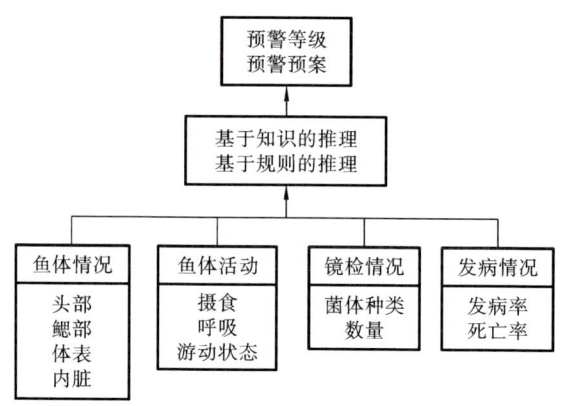

图 8-3　水质预警子系统

为两个步骤:第一步,基于线性优化模型,在满足不同鱼种不同生长阶段的营养需求的前提下,进行价格最优的决策。第二步,根据使用的饲料及配比,结合养殖品种、生长阶段、水温、尾数、体重等信息,利用基于知识的推理,为管理者提供最优投喂时间、最优投喂量的决策支持。

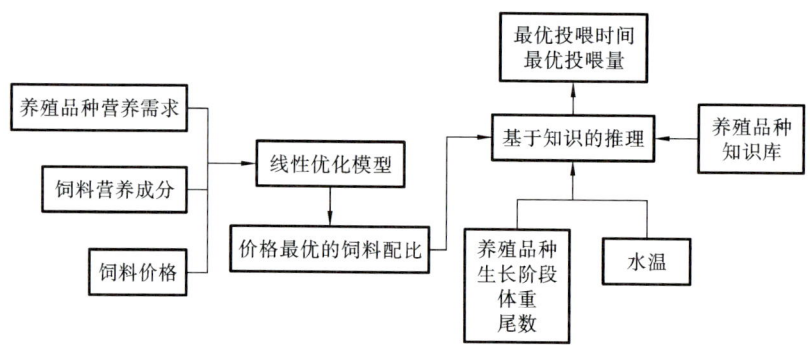

图 8-4　精细喂养决策子系统

　　疾病预警方面,利用专家调查法确定各种疾病各预警等级的区间,并形成预警知识规则。由用户输入鱼体情况、鱼体活动、镜检情况、发病情况等信息,系统经过基于知识的推理和基于规则的推理,就可以给出预警等级和预警预案,帮助技术人员及时对出现的情况做出正确的反应。疾病预警子系统的具体架构如图 8-5 所示。

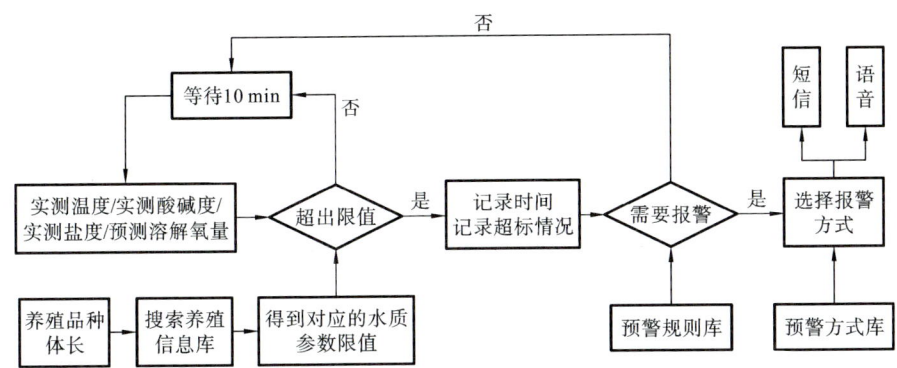

图 8-5　疾病预警子系统

本章参考文献

[1] 张明华,丁永良,杨菁,等. 鱼菜共生技术及系统工程研究[J]. 现代渔业信息,2004(4):7-12.

[2] 王焕,高文峰,侯同玉,等. 鱼菜共生浮排种类及制作工艺[J]. 现代农业科技,2016(8):183-185.

[3] 黄小林,梁浩亮. 一种环保型池塘鱼菜共生浮排介绍[J]. 当代水产,2013,38(3):79-80.

[4] 吴小伟,史志中,钟志堂,等. 国内温室环境在线控制系统的研究进展[J]. 农机化研究,2013,35(4):1-7,8.

[5] 梁友,王印庚,倪琦. 弧形筛在工厂化水产养殖系统中的应用及其净化效果[J]. 渔业科学进展, 2011,32(3):116-120.

[6] 朱建新,曲克明,杜守恩,等. 海水鱼类工厂化养殖循环水处理系统研究现状与展望[J]. 科学养鱼, 2009(5):3-4.

[7] 张正,王印庚,曹磊,等. 海水循环水养殖系统生物膜快速挂膜试验[J]. 农业工程学报, 2012, 28(15): 157-162.

[8] 秦继辉,孙建明,班同,等. 抽屉式生物滤器在漠斑牙鲆循环水养殖中的效果研究[J]. 渔业现代化, 2012,39(2): 6-9.

[9] 王雅敏. 鱼菜共生系统的研究及其开发(上)[J]. 渔业机械仪器,1991(5): 2-4.

[10] 张宇雷,倪琦,徐皓,等.低压纯氧混合装置增氧性能的研究[J].渔业现代化,2008(3):1-5.

[11] 萧蕾,洪彦.都市农业新技术鱼菜共生系统及其立体化案例研究[J].风景园林,2014(4):117-120.

[12] 丁永良,张明华,张建华,等.鱼菜共生系统的研究[J].中国水产科学,1997(S1):71-76.

[13] MATTOS B O D, BARRETO K A, BRAGA L G T, et al. Self-feeder systems and infrared sensors to evaluate the daily feeding and locomotor rhythms of Pirarucu (*Arapaima gigas*) cultivated in outdoor tanks[J]. Aquaculture, 2016,457:118-123.

[14] LIANG J Y, CHIEN Y H. Effects of feeding frequency and photoperiod on water quality and crop production in a tilapia-water spinach raft aquaponics system[J]. International Biodeterioration & Biodegradation, 2013,85:693-700.

[15] 胡利永,魏玉艳,郑堤,等.基于机器视觉技术的智能投饵方法研究[J].热带海洋学报,2015,34(4):90-95.

[16] 胡小平.基于物联网的监控系统的应用研究[D].上海:东华大学,2016.

[17] 于承先,徐丽英,邢斌,等.集约化水产养殖信息系统的设计与实现[J].农业工程学报,2008,24(S2):235-239.

第 9 章
网箱养殖智能装备

在远离近海的深远海水域发展大型网箱养殖,已成为缓解我国近海养殖环境压力、突破资源限制和空间制约问题的重要举措。深远海网箱养殖业的蓬勃发展,促进了养殖方式的转型升级,以及海洋养殖空间的大幅拓展,形成了海洋设施养殖的新发展格局。深海域具有远离海岸线、浪大流急的特点,这对深远海网箱规模化养殖安全性和可控性提出了更高的要求和挑战,同时也对网箱设施与装备提出了新的需求,这些需求主要来源于三个方面:(1)网箱结构的稳定性及抗风浪性能,深远海网箱必须足够安全可靠才能抵御大风浪和强流的冲击;(2)环境立体监测系统,通过获取网箱养殖环境信息和鱼群行为信息的实时情况,来应对突发的环境变化,降低养殖风险;(3)智能投饵系统与装备,合理的投喂策略及适量的投喂量可以最大限度地提高产量,并减少饵料的浪费与水质的污染。由此可见,深远海网箱养殖配套装备技术水平的提升能够加快推进水产养殖业的绿色健康发展,提高养殖产量并提高用户对整个养殖环境的可控性。

本章基于网箱养殖产业的实际发展需求,系统阐述了国内外主流深远海网箱结构类型及其配套智能装备的研究进展与应用现状,重点分析了环境立体监测系统和智能投饵系统的技术特点。研究表明,通过集成应用水质环境监测与鱼类行为分析等智能化技术,可实现网箱投喂等关键环节的精准控制,其中环境立体监测系统与智能投饵系统的协同应用是提升网箱养殖生产效率、保障安全生产的重要技术支撑。

9.1 网箱智能装备系统概述

网箱养殖系统包括传统网箱养殖系统和深水网箱养殖系统两种,传统网箱养殖系统在 20 世纪 80 年代得到迅猛发展,一般分布在水流速度小、水体交换差的半封闭内湾和近岸浅海处,具有结构简单、造价低、管理简单等优势,适合小规模养殖。传统网箱尺寸较小,一般以 3 m×3 m×3 m 和 3 m×6 m×3 m 的正方形或长方形网箱为主,鱼类活动范围小,生产效率低下。由于传统网箱结构简单,抗风浪能力差,台风、龙卷风等自然灾害会对海水网箱养殖系统造成不可挽回的损坏。每年强台风经过的地方,传统网箱的年经济损失以亿元计。传统网箱通常根据人工经验采用手动抛撒的方式进行投饲,难以准确地掌握最适宜的满足养殖对象需求的投饲技术,从而导致饵料浪费。同时,人工投喂存在着劳动强度大、经济成本高,喂料不均匀、不准确、不准时、不易控制等诸多缺点。传统网箱在有限的海域内高密度养殖,极易导致水质恶化、自身污染加剧、病害增多等各种问题,造成养殖鱼类大量死亡的现象。由于传统网箱养殖风险大,劳动强度高,对生态环境污染严重,近几年已经被逐步淘汰。

我国是一个海洋大国,海域面积高达 300 万平方公里,广阔的开放式深水海域有待开发。这就为深水网箱的发展提供了广阔的空间。深水网箱水体多为 1300 m³ 以上,一般设在 −40～−15 m 深度的海域,多用于规模化养殖。根据工作时网箱所处的水层、抗风浪状态及沉降方式等,网箱可分为两类:浮式网箱和升降式网箱。浮式网箱(floatingnet cage)主要在开放海域的水面上进行养殖生产,日常操作和维护方便,结构简单,造价较低。但该类网箱直接暴露在海面,风浪直接作用于网箱框架,对网箱及框架材料的强度要求高,图 9-1 给出了浮式网箱的示意图。升降式网箱(semi-submersible cage)主要在开放海域的水面进行养殖生产,当有大风或风暴时,可采用人工注水或充气等方法调节网箱所处的水层,使网箱沉到水下一定深度,以躲避台风急浪的袭击,大风激流过后,网箱可浮至水面,图 9-2 给出了升降式网箱的示意图。升降式网箱相比浮式网箱有躲避风浪作用的优点,但该类网箱的上下浮沉操作增加了网箱操作复杂性和设计加工难度,所需配套设备也较多。世界上规模最大、自动化程度最高

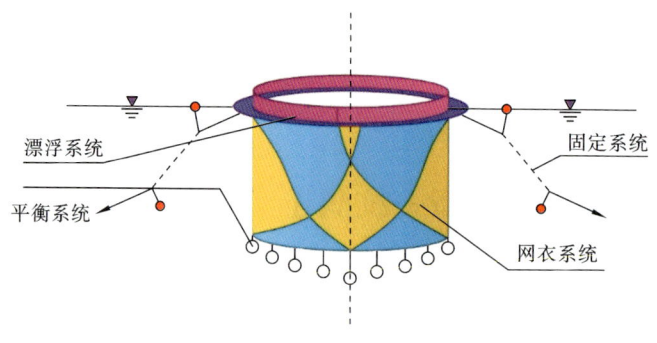

图 9-1 浮式网箱示意图

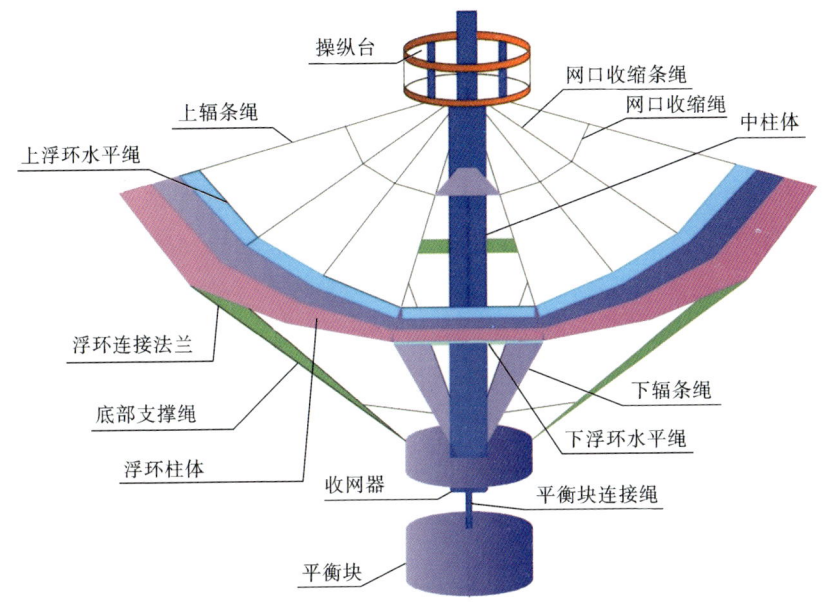

操纵台

网口收缩条绳

上辐条绳

网口收缩绳

中柱体

上浮环水平绳

浮环连接法兰

下辐条绳

底部支撑绳

下浮环水平绳

浮环柱体

收网器

平衡块连接绳

平衡块

图 9-2　升降式网箱示意图

的深海养殖装备——"海洋渔场 1 号",直径 110 m,可抗 12 级台风,配备了全球最先进的三文鱼养殖系统、自动化保障系统、高端深海运营管理系统,且融入了生物学、工学等多种技术,安装了各类传感器及水上、水下监控设备等,使复杂的养殖过程控制变得更加简单和准确。"海洋渔场 1 号"只需 3～7 人即可操控整个平台,每年养鱼可达 150 万条,且死亡率低于 2%。

　　深水网箱处在离岸较远的开放式海域,风浪、水流以及海下的环境难以控制,这给深远海网箱养殖增加了一定的风险。面对这些未知环境的危险,单靠人工无法实现对深水网箱的监测、控制和管理。这就需要与之配套的智能化、自动化设备辅助人工对其进行管理,给养殖对象提供适宜、安全的生存环境,给养殖管理人员提供精确的网箱环境监测数据来保障养殖安全。深远海网箱养殖智能装备系统是一种将环境监测设备与智能投饵设备集于一体的智能养殖系统,有效解决了传统网箱养殖依赖人工操作、技术粗糙、环境监测与饲喂决策主观性强等问题,克服了传统养殖模式中存在的随意性与盲目性缺陷。

　　深远海网箱智能装备系统利用无人机、水下机器人、高光谱成像仪等新型设备和技术组成深水网箱养殖环境立体监测系统,实现对养殖环境空天地一体化的信息采集与分析;通过先进的深水网箱养殖智能装备,实现深水网箱养殖的精准投喂;通过环境立体监测系统与智能投饵系统的集成,结合远程通信技术,实现对深水网箱养殖系统的智能化、无人化管理。

　　深远海网箱智能装备系统中涉及的关键技术框图如图 9-3 所示。具体来说,对环境的监测主要包括两部分:水质监测和鱼类行为监测。水质环境是影响水产养殖业健康发展的关键因素,环境中溶解氧含量、pH 值、氨氮含量等的变化都可能为水产养殖带来不良的影响,因此水质监测是水产养殖中非常重要的一项任务。在深海网箱中,常常采用的水质监测技术包括在线监测技术、浮标潜标技术、无人机技术和携带多传感器的水下机器人监测技术。鱼类行为一方面是对养殖环境的间接反映,比如当养殖环境中溶解氧含量降低时,鱼类可能出现浮头的现象;另一方面,鱼类行为监测可以为智能投饵装置提供决策依据,鱼类在开始摄食、摄食中期和摄食末期往往表现出不同的运动状态,借助鱼类摄食行为的变化,有助于构建更加智能的投喂系统及装置。

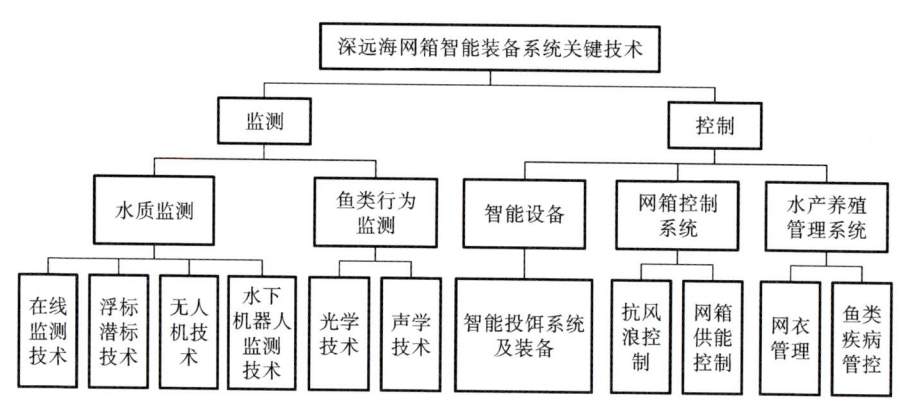

图 9-3　深远海网箱智能装备系统关键技术

　　深远海网箱智能装备系统的关键技术中除了监测相关的技术外,另一类非常重要的技术是控制技术,比如智能设备、网箱控制系统和水产养殖管理系统。对于智能设备来说,智能投饵系统及装置具有非常重要的地位,投喂是保证鱼类生长的重要工作之一,智能投饵对于保证鱼类健康生长、产业绿色发展具有重要意义,国内外研究机构也针对智能投饵系统与装置做出了较多的研究,并研发了多种适合于网箱养殖的智能投饵设备。比如,中国水产科学研究院南海水产研究所研制出国内第一套深水网箱养殖远程自动投饵系统,可在手动、自动、远程投饵 3 种模式下对深水网箱自动投喂饲料。刘志强开发出基于气力输送的自动投饵设备,可以选择性地投放不同尺寸颗粒饵料及鲜杂鱼饵料。王俊会研制出一种适用于大规模网箱养殖的船载式投饵系统,可通过触摸屏界面实现设备的启停、投料速度调控、运行状态监控及网箱饵料投喂数据记录。目前,在国内深远海网箱养殖领域推广较好的投饵装备为船载移动式自动投饵装备,该装备一般采用气力输送饵料,作业方式灵活,投喂效率高,后期维护成本低,性价比较高。关于网箱智能投饵系统与装备更多的介绍可参考 9.3 节。

深远海网箱智能装备系统是一个综合系统,所配备的养殖设备设施多,要达到各设备间协调、安全的运作,需要一套完整的网箱控制系统。网箱控制系统可以统一控制环境监测系统、智能饲喂系统、抗风浪设施设备、供能系统,协调网箱智能装备间的工作,实现深水网箱应有的经济效益。深水网箱在养殖过程中,受到周围海水流动的影响,网衣会发生变形,实际可用的养殖空间会发生变化。当流速过大时,这种变形严重压缩养殖生物体的活动范围,恶化生存环境,对生物的活动产生不利影响,破坏正常的养殖过程。另外,海水流动还会加剧网衣的磨损程度,可能造成网衣损坏和生物逃逸等后果,从而给养殖户带来比较严重的损失。因而,有必要对网箱执行一些包括网衣管理和鱼类疾病管控的控制工作,主要目的是避免网衣破损造成的鱼类逃逸,以及疾病导致的养殖损失。

本小节主要介绍了深远海网箱智能装备系统的主要架构及优势,并简要介绍了该系统用到的关键技术及智能装备,接下来的章节将对深远海网箱养殖中的智能装备与系统进行详细的介绍。

9.2　环境立体监测系统

深水网箱养殖具有水体交换好、养殖容量大、集约化程度高等优势,可以获得较高的产出,同时也带来一系列新的挑战:恶劣的天气条件和多变的海洋环境会威胁网箱养殖系统的安全及运行。由于海洋环境的多变性,养殖管理人员需要获取网箱养殖环境信息和鱼群行为信息的实时情况,以应对突发的环境变化,降低养殖风险。为了获取全面的海洋环境信息,给养殖鱼类营造一个安全适宜的生存环境,单靠传统人工现场进行安全监测操作,不仅成本高、难度大,而且异常情况反馈往往不够及时,现代化网箱的环境立体监测系统采用自动化、智能化的监测技术,能够实现对养殖区域和养殖对象的全方位、立体监测,解决了以上痛点。

网箱智能装备的环境立体监测系统通过空间信息处理的自动化、智能化和实时化技术,借助物联网、边缘计算、云计算、人工智能等技术,使用各类水质传感器进行水体环境信息的采集,使用深水浮标进行水质水文数据的在线监测,使用水下相机或声呐进行网箱鱼类行为的图像获取,使用水下机器人搭载传感器设备进行网箱巡检和全方位自动立体化的水质检测,使用无人机搭载高光谱相机进行远程监测,使用网络传输技术进行数据传输,从而实现对网箱养殖水域环境、水质的全方位、立体化、智能化的监测,为网箱养殖中的后续智能决策和控制提供数据流和信息流的支撑。深远海网箱环境立体监测系统示意图如图 9-4 所示,包括养殖水体环境监测系统、网箱鱼类行为监测系统、水下机器人巡检系统等。

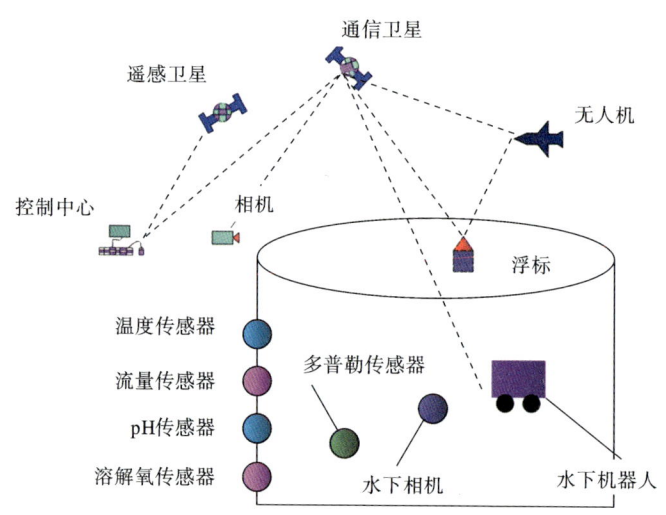

图 9-4　深远海网箱环境立体监测系统示意图

9.2.1　养殖水体环境监测系统

水质是决定水产养殖系统生产力的决定性因素。它在鱼类福利中起着重要的作用,任何的水质恶化都会给鱼类带来生存压力。水温、pH 值、溶解氧含量、亚硝酸盐含量、氨氮含量等水质参数在深水网箱养殖中起着至关重要的作用。在深水网箱养殖系统中,需要持续不断的养分(氮和磷)输入,一旦这些养分超过一定的规模,就有可能导致水质的恶化。适合的水体环境参数和适宜的水质条件可以影响饵料利用率,减少大规模疾病的发生。同时,水文参数如洋流流速、风向、浪高等对投饵操作影响也很大,需要对其进行实时在线监测,以保障网箱养殖的安全。养殖水体环境监测系统可以通过各类水质和水文传感器实现如水温、pH 值、溶解氧含量、亚硝酸盐浓度、氨氮浓度等水质参数以及洋流流速、风向、浪高等水文数据的实时监测和采集。

传统的网箱养殖中，水体环境监测通常依靠人工经验，只有在发现水质有明显的异常变化或环境因素发生剧烈改变时，养殖人员才会对这些水质参数进行测量。由此可见，通过饲养者的个人经验或后续多点采样方式，都无法实现数据的实时跟踪监测，不但无法满足对养殖水域水质的多点立体实时监测需求，还会消耗大量的人力资源等成本，给企业带来很大潜在危险的同时增加了养殖成本。表 9-1 中列出了水产养殖中关键水质、水文参数及范围。这些水质参数对鱼类生长影响极大：水温对养殖生物的生理活动（如行为、摄食、生长和繁殖等）影响极大，适当的水温将有效控制鱼类食欲和鱼类的新陈代谢，有利于找到饲料投喂成本和鱼类体重增速的最佳经济点，提高经济效益，降低养殖成本；有效控制网箱内的溶解氧含量可降低鱼类的发病率；实时监测水文流速信息，为网箱破损等可能造成重大损失的状况提供预警，以便及时加固修补。其他的水质因素，如 pH 值、亚硝酸盐浓度、氨氮浓度等对鱼类的健康生长同样有着重要影响。

表 9-1　水产养殖中的水质、水文参数及范围

参数	范围	备注
温度	9～32 ℃	水温对养殖生物的生理活动（如行为、摄食、生长和繁殖等）影响很大，如水温每升高 10 ℃，鱼的新陈代谢将加快 1 倍
溶解氧含量	5～8 mg/L	溶解氧含量过低，会导致养殖对象轻度缺氧，生长速度变慢；溶解氧含量过高，鱼虾易得气泡病
pH 值	6.5～8.5	对水质、生物繁殖等有影响
亚硝酸盐含量	≤0.1 mg/L	鱼长期处于高浓度的亚硝酸盐水体中，易引起黄血病
氨氮含量	≤0.1 mg/L	氨氮含量超过此范围，可能导致养殖鱼类中毒甚至死亡
流速	≤0.75 m/s	深水网箱在波高 4～6 m，流速 0.75 m/s 时，网箱容积损失率达 47%～56%，网箱变形严重

养殖水体环境监测系统可以细分为基于固定位置传感器的水体环境监测系统、基于海洋浮标的水体环境监测系统、基于水下机器人的水体环境监测系统等，如表 9-2 所示。

表 9-2 养殖水体环境监测系统比较

系统	优点	缺点
基于固定位置传感器的水体环境监测系统	实时获取数据,操作灵活、方便,精确度高,可扩展性强,由太阳能等清洁能源供能	水质采样位置固定,缺乏对特定区域的空间覆盖能力,维护成本高,传感器需经常清洗、校准
基于海洋浮标的水体环境监测系统	隐蔽性好,可应对恶劣海况,成本低,可长期监控	水质采样位置固定,数据提取困难
基于水下机器人的水体环境监测系统	可以根据需要监测水质的立体信息	成本高、需相关的设备辅助其工作、续航能力差、不能对水质进行长期监控

　　为了解决人工监测水质风险大、成本高、难以满足实时性要求的问题,在网箱养殖中研究人员设计了很多基于固定位置传感器的水体环境实时在线监测系统,以期通过对水质参数的实时在线监测来提高效率,降低养殖风险。例如,用于水质监测的多传感器集成系统,可通过无线传感网络支持"即插即用"功能,并可根据需要集成不同传感器;通过物联网分布式监测系统实现对养殖水体溶解氧含量、pH 值和温度进行远程实时监测的分布式养殖水质监测系统,采用模块化设计,具有可移植、低成本、多用途的优点,并允许通过云服务器共享信息;可以监测水温、盐度、溶解氧含量、流速等参数的远程深水网箱养殖环境监测系统,可实现对深水网箱养殖环境的准确监测,解决现场布线和效率低下的问题。

　　目前大多数的水体环境实时在线监测系统都是由监测节点、ZigBee 网络、无线网桥网络、监控中心等组成,其中,监测节点包括温度、浊度、电导率、压力、pH 值、溶解氧等传感器,以及信号调理电路和 ZigBee 终端节点。固定在网箱设备上的水下监测节点,依据程序实时采集水质数据,并将采集到的水质数据通过 ZigBee 发送到数据中心协调器节点,协调器将接收到的数据按照预定的协议打包,通过网口与交换机经无线网桥将数据传输到陆地监控中心。监控中心对接收到的温度、浊度、盐度、pH 值、溶解氧含量等水质信息进行显示、保存,同时养殖人员或人工智能算法会对水质信息数据进行分析计算和推理,对相关信息进行预判,以减少损失,增加收益。监控中心也可发送指令给监测节点,调节水质信息的采集频率并控制监测节点的开启,监控终端还能在线查看前端设备或仪器的运行状况和进度,在设备出现故障或数据上传中断时及时通知相关人员。水体环境监测系统的监测节点基本组成示意图如图 9-5 所示。

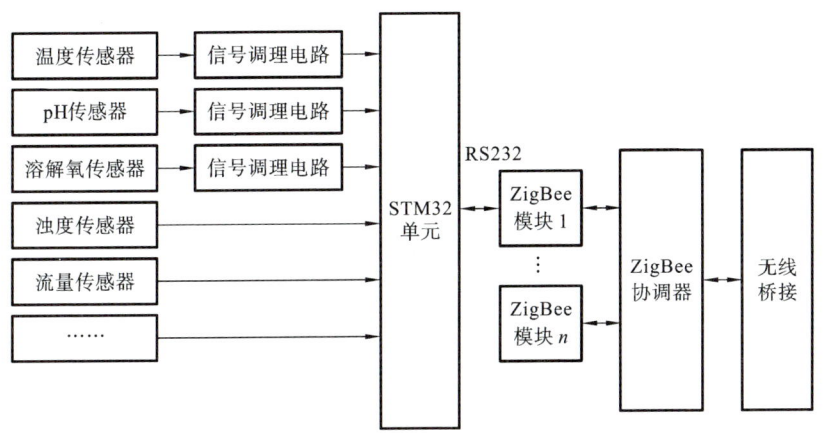

图 9-5 水体环境监测系统的监测节点基本组成

海洋浮标作为一种新兴的现代海洋监测技术,逐步受到各海洋国家的重视,相比其他监测手段,海洋浮标可在恶劣的海洋环境条件下和浮标工作寿命周期内,对海洋环境进行自动、连续、长期的同步监测。当前美国、日本等发达国家逐步建立了其关键海域的浮标监测网,为海洋气象预报、海洋灾害预警、各类海洋研究等提供服务。基于海洋浮标的水体环境监测系统可以将海洋浮标作为载体,集成各类水质传感器用于养殖水体环境监测。例如,江苏南通洋口港投入使用的海洋水文气象监测浮标,承担着包含 26 个海洋要素的水文、水质和气象的实时监测任务,为洋口港的海洋工程、海水养殖等重点工程项目的可行性论证提供气象水文预警预报服务。

由于传感器网络固有的采样位置固定的局限性,缺乏对特定区域空间的覆盖能力,因此除了采用无线监控网络和浮标进行定点监测外,还需要对网箱养殖水体进行全方位、立体化的水质监测,以了解其立体变化特性。水下机器人搭载各类水质监测传感器后可以实现对水质的全方位、立体监测,逐渐被用于水体环境监测中。基于水下机器人的水体环境监测系统具有很大的灵活性,可以对网箱内的水质环境进行全方位、立体化的实时监测,但是水下机器人的成本问题仍然是制约基于水下机器人的水体环境监测系统发展的主要因素。研究人员设计了很多基于水下机器人的水体环境监测系统,例如,Karimanzira 等设计了一种用于大海域水质监测导航的水下机器人导航系统,通过对水质进行测量与分析,达到监测水质的目的;Eichhorn 等介绍了一种集成有微型传感器的水下机器人,可用于渔场水质参数的实时采集。水下机器人如图 9-6 所示。

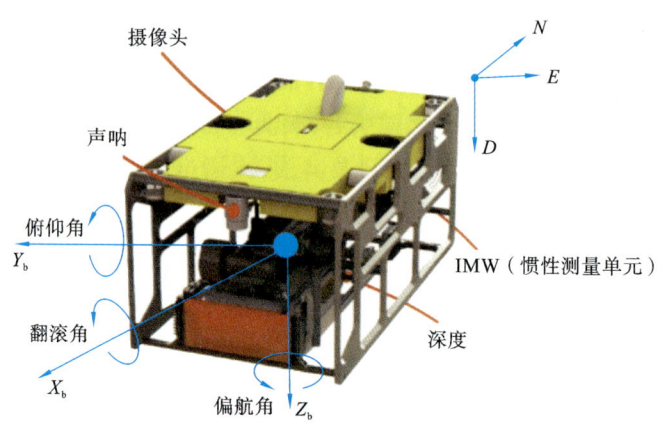

图 9-6　水下机器人示意图

目前的深水网箱水体环境监测系统已经取得了一定的进展,现有的基于固定位置传感器的水体环境监测系统,虽解决了水质实时监测的问题,但由于其固有的特性,缺乏对网箱养殖水体的立体监测;基于海洋浮标的水体环境监测系统,能应对海洋的恶劣环境,为网箱养殖水体的监测提供保障,但该系统的监测数据提取比较困难;基于水下机器人的水体环境监测系统实现了对深远海网箱养殖水体立体化的监测,但能量供应、通信是制约其长期在线监测的技术。

9.2.2　网箱鱼类行为监测系统

鱼类行为变化反映了环境干扰对鱼类的影响或压力的累计效应。行为监测是研究水生生态系统和评估水质长期有效的基本工具,是实现网箱精准投喂的基础,具有生态相关性和经济性。因鱼类对环境参数的变化较敏感,鱼类行为已作为生物指示计被广泛用于环境研究的生物监测系统。网箱鱼类行为监测系统通过水下相机和声呐采集图像,通过有线或无线方式将图像信号传递给边缘计算处理器或者上位机,使用机器视觉和深度学习技术对鱼类行为进行监测和分析,以鱼类的行为为参考,为水质监测与预警提供信息,为实现动态的精准投饵提供决策依据。网箱鱼类行为监测系统图像采集示意图如图 9-7 所示。

机器视觉具有价格便宜、易于实现且对鱼类无害的特点,常被用来实现对鱼类的行为监测,但视觉监测对环境(光照、海水浊度等)要求较高,适合在海水

相机

图 9-7 网箱鱼类行为监测系统图像采集示意图

浊度低的环境中使用。声呐技术由于抗干扰能力强，探测距离远，且不受光照和海水浊度的影响，被应用于鱼类行为监测。声呐监测克服了视觉监测的缺点，可在复杂的水体环境中显示高清的鱼类影像，但海洋环境噪声大，会造成声呐图像的噪声污染，且由于声呐成像的特性，所获取的目标物体声呐图像的边界信息可能模糊不清。利用计算机视觉和声呐技术的鱼群行为监测系统，需要根据网箱海域的实际情况，选择更为高效的信息采集手段，从而实现对养殖水域立体水质信息的监测与预警，并为深海网箱养殖中的精准智能投饵提供控制决策。

9.2.3 水下机器人巡检系统

海上环境复杂多变，许多因素不可控制，可能导致网箱的破坏。损坏的网箱则会导致大量生物的逃逸，如果不及时发现会造成巨大的财产损失。网箱网衣破损的原因主要包括网箱磨损、网衣撕裂和生物咬伤。深海养殖网箱的检查工作一直以来主要依靠潜水员完成，网箱面积大、水下环境复杂等因素导致人工的网衣巡检工作耗时长、效率低，同时长时间的水下作业对于潜水员而言也存在着很多安全威胁。

水下机器人巡检系统基于水下机器人平台，通过惯性导航、声学、视觉和多传感器信息融合技术完成定位导航功能，然后进行路径跟踪和路径规划。同时水下机器人搭载水下相机和边缘计算处理器,通过机器视觉和深度学习模型实时检测网衣破损状况,并将破损情况实时传送给上位机系统;水下机器人也可通过离线方式,记录保存网衣破损位置的空间坐标信息。水下机器人巡检系统的开发和应用将极大地降低网衣巡检潜水员的工作强度,降低工作人员的作业安全风险。水下机器人巡检系统也可以实现网衣附着物的检测,提示网箱管理人员及时清理网衣附着物,净化网箱内水质环境。

9.2.4 应用实例

图 9-8 所示的架构提供了一个关于无人机如何与水下摄像机和水质传感器设备协同工作的框架。这些被安装在网箱中的传感器通过 Wi-Fi 通信收集数据,并将数据传输到云系统。云服务器作为一个存储库,配备了基于人工智能技术(如计算机视觉、深度学习)的数据处理和分析的能力。传感器提供了一种非侵入性采集水下环境海量数据的方法,可以使水产养殖经营者实现对网箱环境和图像的实时分析。利用这些传感器可以从水产养殖现场收集不同的数据,以监测鱼类的行为和深海网箱的水质信息。收集到的数据会实时提供给水产养殖经营者,以便他们及时对网箱采取干预措施,以确保鱼类养殖的高质量,从而提高生产率。收集到的海量数据将被分析和转换成有意义的决策信息,例如通过数据判断鱼的饥饿程度,对网箱中的鱼进行科学投喂。水产养殖经营者利

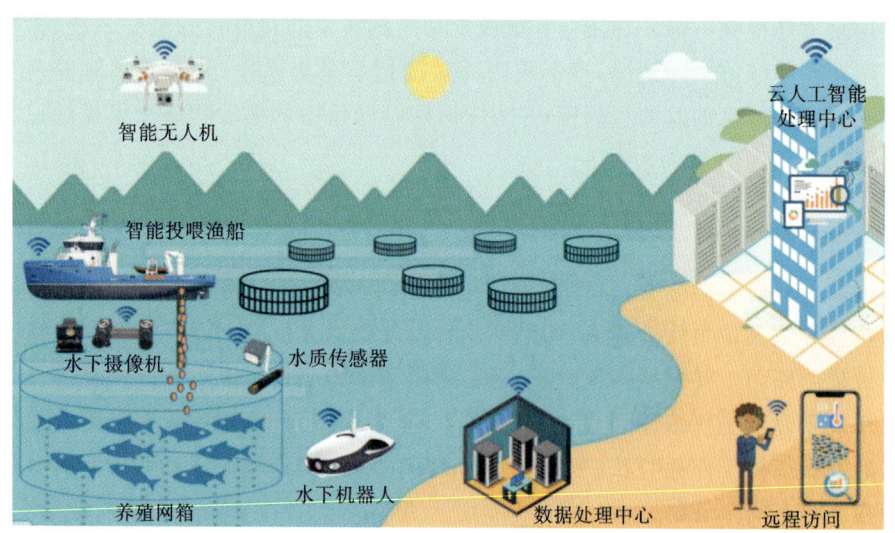

图 9-8　使用无人机进行水产养殖监测和管理的架构

用这些实时采集数据和决策信息实现最优的水产养殖策略。

无人机可以在网箱现场采集和传输数据。凭借其灵活的机动性,无人机能够作为通信通道和 Wi-Fi 网关,将水下摄像机和传感器连接至云端,从而为精准养殖提供更完善的服务。由于安装在无人机上的摄像机有局限性,不能捕捉到水下图像,因此网箱需配备水下摄像机(如声呐、水下摄像机系统)和其他传感器来执行特定的任务。无人机适用于制图、现场监视、现场检查和摄影测量等场景。另外,水下机器人也可以实现很多水下监测任务,如水质监测和鱼类行为检测,这是无人机无法完全实现的。水下机器人可以在更广泛的领域和范围实现监测功能,但是会增加额外的成本,其技术要求也更高。

为了真正实现对渔业生产信息进行天、海、地一体化的信息采集,未来网箱智能装备中的环境立体监测系统,需要集中利用物联网、边缘计算、云计算和人工智能的优势,同时研发和应用性能更为优秀的无人机、水下机器人等新型设备,全面攻克海洋和陆地养殖水域空间信息获取的一体化、智能化技术,深入研究养殖环境空间信息处理的自动化、智能化、实时化技术,在渔业资源环境生态监测、预警、决策信息发布与应用的网络化技术等方面开展研究,实现对网箱养殖水域环境、水质的全方位、立体化、智能化的监测,为网箱养殖中的精准投饵提供数据支持。

9.3 网箱智能投饵系统与装备

饲料是水产养殖中最主要的可变成本,超过养殖总成本的一半。养殖管理的重要内容之一就是将饲料成本控制到最低,减少饲料浪费,节省成本。但投饵量过低,又会降低养殖对象的生长速度,延长养殖周期,导致单位渔获其他可变成本以及养殖风险的增加。投饵不足或过多,都将导致养殖效益的非最大化和整套养殖系统效率的降低。

传统的投喂方式以人工为主,在深远海养殖场景中存在劳动强度大、效率低、成本高、人工控制准确性和可靠性低的问题。随着信息技术、养殖装备技术的快速发展,海水养殖逐步向深海拓展,在大规模的深水网箱养殖中,利用自动投饵设备优化饲料投放方式,可以有效提高饲料利用率,因此,智能化投饵技术对提升深海网箱养殖效益具有重要意义。本节主要介绍深水网箱智能化投饵系统与装备所涉及的关键技术,包含智能化鱼类行为监控设备和智能化投饵设备与系统两大部分。

9.3.1　智能化鱼类行为监控装备

鱼类对环境参数的变化较敏感,其行为能够直接反映环境干扰对自身的影响或压力的累积效应。目前,鱼类行为已作为生物指示剂被广泛用于环境研究的生物监测系统中。在投饵过程中,往往会出现鱼群聚集等行为,这也成为智能投饵决策中长期有效的依据,也是实现网箱精准投喂的基础。用于监测鱼类行为的技术通常有机器视觉和声学技术两种,本节主要对这两种技术进行详细的介绍。

1. 基于机器视觉的行为分析方法

机器视觉具有价格便宜、易于实现且对鱼类无害的特点,常被用来实现对鱼类行为的监测。在机器视觉中,常见的处理流程包括图像预处理、特征提取以及行为量化等。其中,图像预处理方法主要包括图像增强、图像下采样、图像去噪、图像二值化等图像处理技术;特征提取方法主要包括统计分析、卡尔曼滤波、图论模型、光流法、深度学习等;而行为量化方面,常见的指标包括运动轨迹、游速、加速度、游动角度、聚集度等,如图 9-9 所示。

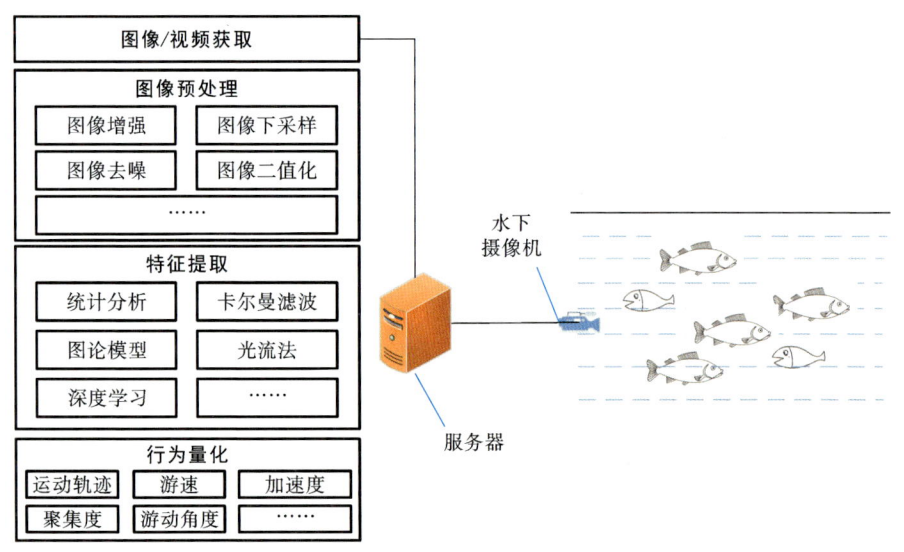

图 9-9　基于机器视觉的鱼类行为量化流程图

在此基础上,研究人员进行了大量的研究。Kresimir Williams 等提出了一种在大型拖网中使用立体摄像系统自动测量鱼的图像的方法,通过多次对鱼类个体的长度进行估计,保证平均变异系数的大小在 3% 左右,实现了鱼类大小的估计。Vassilis M. Papadakis 等开发了一种基于计算机视觉技术的新系统,以量化各种压力因素下鱼类的行为变化,该系统能够在很短的响应时间内检测到行为变化。Dorith Israeli 等人利用计算机视觉技术获取在低氧压力下的鱼群坐标、游速、鱼群波动性和运动周期性,并利用这四种特征来实现水质缺氧预警。Delcour 等学者验证了机器视觉技术能够有效地对鱼群中某些个体行为进行多目标跟踪。卢焕达等设计出一类基于机器视觉技术的监控系统,可以自动连续地对鱼群行为进行监测。Papadakis 开发了一种基于计算机视觉技术的系统,可以量化鱼类在各种压力因素下的行为变化。Zhou 等将近红外计算机视觉用于鱼类定量摄食行为变化研究中,并提出了定量摄食行为指数,为智能投饵系统提供重要信息。Ma 等利用相机拍摄鱼的运动轨迹,提出了一种判断鱼的时间序列轨迹的实时水质监测方案,该方案可以有效地应用在水产养殖场的水质预防报警系统中。Xiao 等基于视频图像处理技术提出了一种鱼类行为在线监测系统,克服了理化监测系统的缺陷,提高了生物监测技术的智能化程度。郭强等以镜鲤为实验对象,提出了一种基于鱼群图像的形状及纹理特征和 BP 神经网络的鱼群摄食行为监测方法,为水产养殖中的精准投饵控制提供了指导。沈军宇等结合计算机视觉技术与深度学习方法,提出了一种基于深度学习的鱼群监测与定位方法,该方法在复杂场景和光照强度较弱的环境中依然有较好的检测和识别能力。此外,AKVA 公司研发的 Smart-eye 360 Twin 水下云摄像机,是一种双色水下摄像机,使用场景较为广泛,包括但不限于养殖水箱、投饲船、投饲机等,它由上、下两个高清摄像头组成,可以实现单色与彩色水下视频图像采集,同时,其内部还安装有深度传感器和温度传感器,能够将数据通过无线发射器发送至基地,实现鱼类设施情况的全天候不间断监察。

虽然机器视觉技术应用较为广泛,但仍存在着诸如可见度有限、照明时间和空间变化、被监测目标的运动情况和密度不可控以及缺乏物理稳定性等缺点。此外,虽然立体视觉获取信息更多,数据更为精确,但必须保证摄像机同步,以确保两个视频之间的时间同步,这需要复杂的校准才能提供精确可靠的测量数据。这些条件对机器视觉的规模化应用是一项严峻的挑战。

2. 基于声学技术的行为分析方法

王润田等通过水下机器人搭载声呐传感器,沿预设警戒带巡航监测网箱中的鱼群,避免鱼群从网箱中逃逸。汤涛林等研究了一种声学监测设备,使网箱养殖者在海水能见度较低时能实时监测鱼群的行为,进而掌握深水网箱中鱼群的生存状况。该设备能够对深水网箱中的生物量进行估计,可用于鱼类生长情况研究并监测鱼群逃逸的情况。Tao等利用分裂波束声呐成像的方法监控个体鱼的运动行为,该方法可以确定鱼的三维位置,为投饵系统的精准投饵提供数据。基于声学技术的鱼类行为监测方法,相对于机器视觉而言虽然精度较低,获取的信息较少,但是其监测范围广,因此在深海网箱养殖场景中得到了广泛的应用。

表9-3中列出了鱼类行为监测中应用较广泛的视觉监测和声学监测的技术细节及特点。从中可以看出,单目视觉监测具有价格便宜且易于实现等优点,双目视觉检测具有空间分辨率高等优点,但视觉监测对环境(光照、海水浊度等)要求较高,适合在海水浊度低的环境中使用。

表 9-3 常见成像设备对比分析

监测技术	采集设备	适用范围	优势	劣势	发展方向
声学监测	声呐相机	网箱等	在黑暗、浑浊的环境中表现良好	对气候要求苛刻,成本代价高,数据量大	将声呐相机与深度学习、图像处理相结合
视觉监测	单目光学相机	养殖水、海水等几乎所有深水、浅水环境	设备简单、成本低	需要对被测生物的空间和方位进行限定	采用双目摄像机基于3D模式进行测量,结合图像预处理算法处理图像
	双目光学相机		在良好环境下测量精度高	测量精度易受光线、水体等影响	

9.3.2 智能化投饵设备与系统

在深水网箱养殖过程中,投喂会持续不断地产生养分输入,例如氮和磷等化合物,当此类养分超过一定的浓度时,就可能导致水质的恶化。过量投喂导致的亚硝酸盐浓度、氨氮浓度等关键养殖水质参数的异常变化会给鱼类带来生存压力,甚至导致鱼类产生疾病。同时,水文参数(洋流流速、风向、浪高)等对投饵操作影响很大,需要进行实时在线监测,以保障网箱养殖安全以及投喂效率。

为了减少投饵机对饵料的损坏程度,提高饵料的利用率,我国研究人员对不同类型的投饵机展开了大量的研究。中国水产科学研究院南海水产研究所,研制出国内第一套深水网箱养殖远程自动投饵系统,此系统可在手动、自动、远程投饵 3 种模式下对深水网箱实施自动投喂饲料。赵建宝等研制的高效投喂智能装备,结合了物联网技术以及气力传送技术,很好地实现了待投喂饲料的高效传送,具有可远程控制、饵料播撒面积大、播撒量均匀以及饵料余量可查询、故障实时报警等优点,缓解了之前投饲机投喂量无法控制、投喂区域小、无法实时查看饵料余量等不足,极大程度上提高了智能投饵的效率,节约了养殖的人力物力。杨琛等利用物联网技术建立了水产养殖环境智能监控系统,该系统由互联传感器、ZigBee、GPRS 等关键技术组成,共同实现投喂过程中各类指标的监测和展示,并能够在移动端 App 上实现远程控制投饵系统以及水温、溶解氧含量等关键水质参数的调控,降低了养殖成本,提高了智能化程度。目前我国网箱养殖平台自动投饵系统的总体框架图如图 9-10 所示。

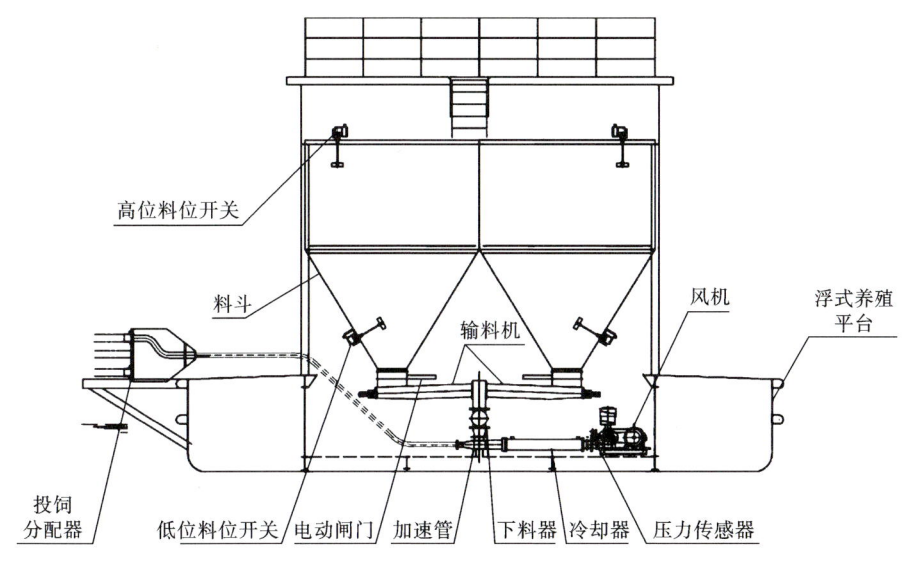

图 9-10　网箱养殖平台自动投饵系统总体框架

在这个框架的基础上,我国青岛海兴智能装备有限公司也研制了一系列智能投饲设备。该公司的智能化气力投饲机采用的是正压稀相气力输送技术,利用高速空气流将饵料输送到养殖池进行抛撒,实现定时、定量、定参数的自动投喂。系统可以选择现场或远程操作方式,完成投喂设定、参数读取、历史数据获取以及存储等工作,实现无人值守的全自动投喂,满足现代工业化水产养殖的需求,如图 9-11 所示。

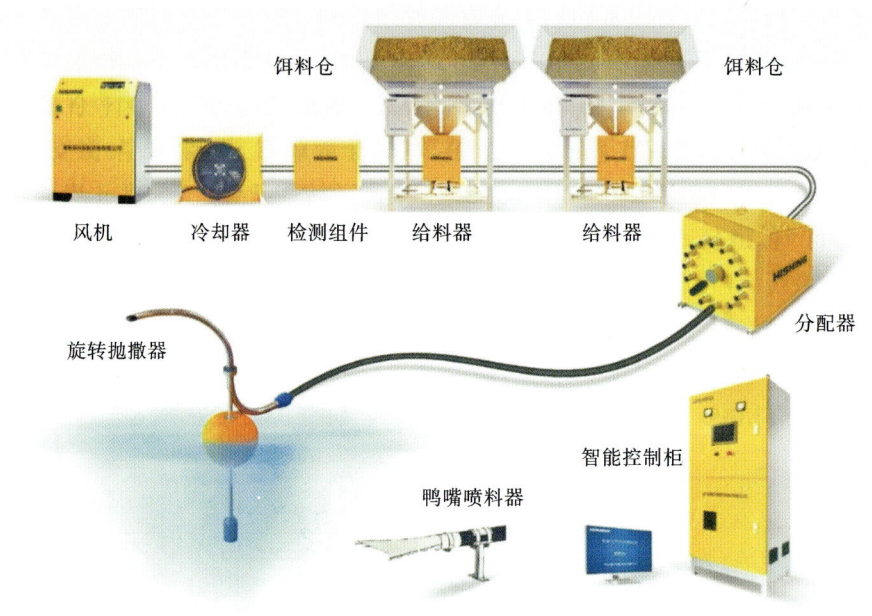

餐料仓　　　　　　　　　　　　　　　　　餐料仓

风机　　冷却器　检测组件　给料器　　给料器

分配器

旋转抛撒器

智能控制柜

鸭嘴喷料器

图 9-11　智能化气力投饲机工作流程图

　　除此之外,该公司为适应海上网箱养殖及深远海养鱼工船的使用需求,研发了工业化循环水养殖的先进集中式投喂系统。该系统的各部分功能均采用模块化设计,将风机、冷却器、饲料仓、给料器、分配器、自动化控制系统等都集成在集装箱里,全程智能自动工作,无须人工干预。面对深远海应用场景环境相对恶劣的情况,系统的所有设备均安装在集装箱内坚固底板上,当水上浮台晃动时,集装箱会整体晃动,对单个设备之间的连接部件不产生影响,极大地增强了稳定性,如图 9-12 所示。

　　虽然我国的自动投饲机装备在深远海网箱养殖生产中得到迅速推广应用,加速了深远海网箱养殖工业化进程,但在性能上,部分配套装备的适用性和耐用性有待于提升,装备体积大、耗能大、效率低、可靠性差等问题突出。在智能化上,相较于国外自动投饲系统,我国自主研发的智能投饲系统缺乏来自实际渔业过程中养殖环境的反馈信息,因此饲料浪费的问题并没有得到很好的解决。长久以往,残留的饲料可能导致水体富营养化,使水生环境恶化,破坏养殖区域的水质,不利于鱼类的健康生长。

　　发达国家研制的智能投饲系统,运用水下摄像机对网箱内鱼类生长情况和

图 9-12　集中式投饵系统

水下环境进行实时监测,并通过计算机准确控制投饲量,实现深远海网箱精准化养殖。如挪威 AKVA 公司的 Akvasmart CCS 投饲系统,该系统可以通过一台 PC 或平板或智能手机处理 40 多条并行的馈线和 1000 多个油箱/机组,一台风机经投饲分配器可实现最多 60 路的远程输送,给料器将进料输送到空气流中,速度最高可达 192 kg/min。该系统配有多普勒残饵传感器、环境传感器、喂饵摄像机等监视系统,可对水下环境进行监测,实现投饲量的精准控制。Feeding Systems 公司生产了一款用于网箱养殖的产品——The Peney,其投饲的开始与结束取决于水产品的活动信息。其基本原理是通过声波传感器对养殖物种进行定位,当水产品主要在水面上食用饵料时,说明水产品具有强烈的摄食欲望;当水产品主要在网箱的中部或底部食用饵料时,说明食欲较差。基于此,管理者在投饲的过程中可根据水产品活动轨迹影像图决定投饲量的多少以及是否停止,实现投饲量的精准化控制。基于红外光电传感器的智能反馈控制系统可获得鱼类的聚集行为,结合特定的控制算法,投饲机可以根据喂鱼中观察到的聚集行为自动停止喂食。Michel 等提出多频数字扫描声呐成像的方法,通过该方法可以在喂养期间收集鱼的信息。

养殖鱼类的生长与摄食量直接相关,在预测鱼类的日常饲料需求中,应考虑两者的关系。Lee 等设计开发了一套可持续养殖系统,该系统通过机器视觉估计鱼的食欲并自动投饲。Atoum 等开发了一种基于计算机视觉的自动喂养控制系统,该系统可以连续监测鱼类的摄食行为,检测过量的饲料,并自动控制投饲过程。Zhou 等提出了一种基于近红外线机器视觉和神经模糊模型的进食控制方法,可以根据鱼的食欲实现自动喂养。

　　在实际的水产养殖中,鱼的食欲与进食量不仅会受到天气、温度等环境因素的影响,还会受到溶解氧含量、pH 值、盐度等水质参数及生理因素的影响。养殖对象的生长速度、对饵料的需求量及饲料转化率与环境条件、养殖对象的生理因素密切相关。这些因素使养殖对象的每日必需饲料量具有不确定性,几乎不可能通过计算获得精确的数值。当前研究主要采用传感器与机器视觉融合技术作为精准投喂的核心决策方法。该方法通过传感器系统采集可直接用于自动控制程序的变量数据,并结合鱼类摄食行为特征实现精准投喂控制。目前主要采用红外传感器、水底声波传感器与水下摄像设备的集成方案。

　　西班牙瓦伦西亚理工大学设计了一套多参数采集的鱼群喂养监控系统,可以全方位地检测网箱内的温度、溶解氧含量、水流速度以及剩余饵料、鱼群分布情况等信息,从而准确掌握鱼群的摄食情况,并根据这些参数指标进行合理投料。图 9-13 为传感器网络在深远海网箱中的具体分布图。

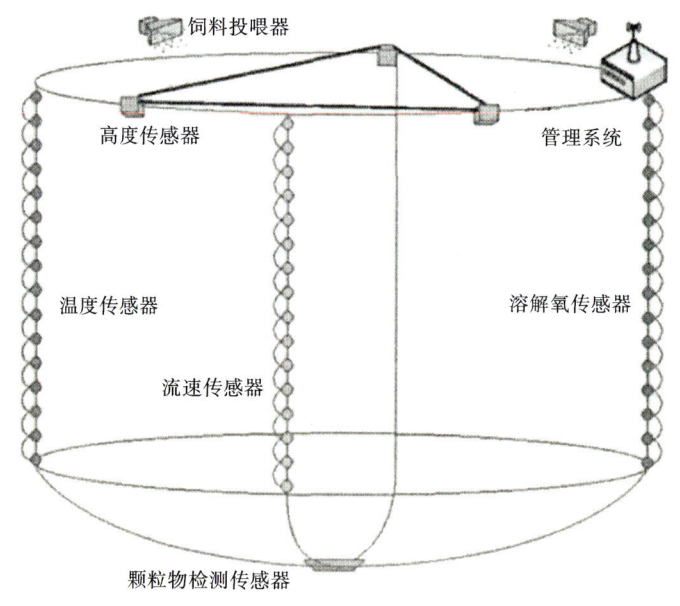

图 9-13　网箱内传感器分布图

　　综上所述,智能投饵系统可以在很大程度上降低养殖成本,节约饲料,改善水质,并给养殖鱼类提供一个最适生长环境。目前智能投饵系统主要依靠计算机视觉和声学传感器采集的数据进行决策。但二者各有优缺点,计算机视觉对光线和水质要求较高,而在实际应用中,水质往往受到波浪、气泡和海水能见度等因素的影响,这些不利因素都会在一定程度上对计算机视觉造成干扰。但计算机视觉方法的开发相对便宜,非常适合在清澈的水环境中使用。声学传感器很好地克服了计算机视觉的缺点,但声学成像系统价格昂贵,需要进一步降低成本才能满足实际生产的需要。随着人工智能技术、声学监测技术、计算机技术和传感器技术的发展,有望开发出一种基于鱼的行为、水质和水文信息以及鱼的生长状况的实时监测数据的智能投饵系统。随着研究的不断深入,一些研究机构将养殖区域内的气象数据也作为影响鱼类摄食行为的因子,并采用图像监测与传感器检测相结合的设计理念,使得整个投饵系统朝着多参数、智能化方向不断发展,也让整个系统更加完善、可靠。

图 9-14 给出了理想的投饵决策模型,通过各种监测设备建立鱼的知识信息库,根据鱼类的生理行为等信息,计算每日理论投饵量,结合水文环境和病害等其他外部信息确定影响系数,最后用影响系数乘以每日理论投饵量得到每日推荐的投饵量,最终实现自动投饵系统的按需投喂。

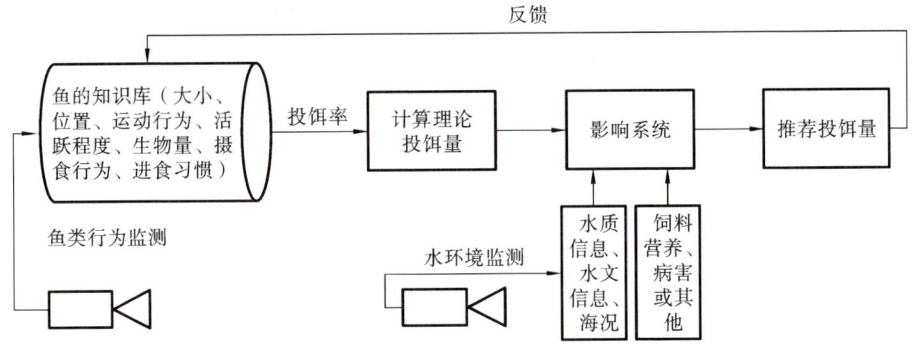

图 9-14　投饵决策模型

9.4　水下机器人

9.4.1　研究现状

水下机器人是一种工作于水下的极限作业机器人,又称无人水下潜水器,能在水下代替人完成一系列操作。按照与水面系统间的联系方式分类,水下机器人可分为有缆机器人和无缆机器人两种,其中有缆机器人包括拖拽式水下机器人(towing underwater vehicle，TUV)和遥控式水下机器人(remotely opera-ted vehicle，ROV);无缆机器人主要指自主水下机器人(autonomous underwater vehicle，AUV)。有缆机器人通过电缆与水面平台的动力电源相连,接收来自水面的遥控指令;无缆机器人自身拥有控制电源以及智能控制系统,它能够自主智能决策,高效地自主完成预定任务。水下机器人是水下作业工程装备的一支生力军,在作业范围、环境、模式等方面均有明显优势,符合新型水产养殖的需求,具有广阔的应用前景。

浅海养殖主要包含筏式养殖、底播养殖和海水网箱养殖等模式,其产量占我国海水养殖总产量的95%以上。浅海养殖涉及的水下作业任务包括:筏式养殖中鲍鱼和藻类的生长监测,底播养殖中贝类和海参的采收,以及网箱清洗、死鱼清理(不及时处理易导致病害传播和水质污染)和网衣破损检测等。目前这些作业主要依赖人工完成,但由于潜水员下潜深度受限、养殖区域广阔、体力消耗大,加之受海况、水深和海流等自然因素影响,作业人员面临较高的事故风险和潜水病威胁。近年来,从业人员数量锐减,劳动力成本急剧上升,浅海养殖水下作业正面临严重的人力资源危机,直接制约着我国水产养殖业的可持续发展。

基于以上现状,用于水产养殖的水下机器人的研究受到重视。目前还有一些关键技术问题需要解决:首先,水下机器人将向远程化、智能化发展,其活动范围在250~5000 km的半径内,这就要求水下机器人有能保证长时间工作的动力源;其次,在控制和信息处理方面,知识库系统需要提高信息处理能力和导航定位的随感能力。如果这些问题都解决了,那么水下机器人就是名副其实的海洋智能机器人。

9.4.2 应用实例

1. 网衣巡检机器人

在水产养殖管理中,网箱定期巡检是一项至关重要的基础性工作。通过将声呐传感器集成于水下机器人平台,可根据深水网箱的具体规格预先设定机器人巡检路径,形成一条有效的监测警戒带。当网衣发生破损导致鱼类逃逸时,系统能够及时检测并触发报警机制,向管理人员发出预警信号。这种基于水下机器人的监测方式具有显著的机动性优势和较高的检测准确性。中国船舶科学研究中心研发了一种深海养殖网箱巡检装置,该装置由安装基座、网箱控制中心、机库和巡检机器人组成。机库通过脐带缆与网箱控制中心连接,实现供电与通信;巡检机器人与机库间采用水下无线传输技术进行能量与信息交换。该装置可常驻网箱内,根据预设周期或远程指令自主执行巡检任务,并通过网箱控制中心将巡检数据传至岸基中心进行分析。

2. 网衣清洗机器人

网箱的网衣在海水中经长时间浸泡后,会滋生大量的藻类、贝类等附着型生物,导致网眼堵塞,海水的滤过性降低,不利于鱼体生长。常采用的清洗方法有人工清洗法、生物清洗法、机械清洗法、药物清洗法和微生物膜法等,这些方法均存在清洗效果差、效率低、对网衣损伤大等问题。履带式网衣清洗机器人将清洗设备与三角履带轮有机结合,采用高压旋转射流清洗方式,清洗效率高,对网衣破坏程度低,可高效完成网衣清洗作业。中国水产科学研究院南海水产研究所发明了一种海水网箱养殖履带式网衣清洗机器人(图 9-15),该网衣清洗机器人包括基架、螺旋桨推进器、清洗转盘、转盘驱动电机等。转盘驱动电机用于驱动清洗转盘旋转;螺旋桨推进器用于调节清洗转盘与网衣之间的距离;清洗转盘设置有多个流道,各个流道末端连接有喷嘴,用于喷射水流;基架的两侧还安装有相互对称的行走履带,行走履带各自连接驱动马达,行走履带的外表面均匀分布有与待清洗网衣网眼相匹配的抓力牙,各个抓力牙对应地伸入待清洗网衣的网眼中。

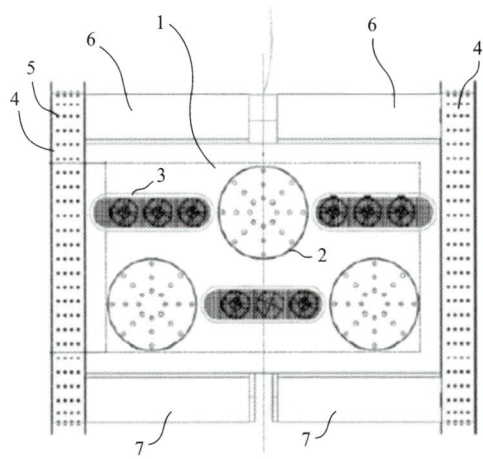

图 9-15 网衣清洗机器人的结构示意图

1—清洗机器人;2—清洗转盘;3—螺旋桨推进器;4—行走履带;
5—抓力牙;6—带轮;7—传动滚筒

3. 水质监测

水产养殖水质易受生物、物理、化学、水文气象和人类生产活动等因素的交叉影响,作用机制复杂,具有多变量、非线性、模糊不确定等特点,直接影响着水产品的产量与品质,因此,开展水质监测意义重大。传统的人工观察或采样监测等方式时效性差、可靠性低、监测范围有限,不能及时反馈水质的问题,严重影响水产品的成活率,可能造成不可挽回的损失。利用水下机器人开展水质监测作业,能够大大提升水质监测的机动灵活性和效率,扩大监测范围。

多传感器系统的配备可以帮助水下机器人监测水的温度、氧气浓度、光照强度等。水下定位系统、计算机视觉系统的配备可以帮助机器人监测鱼类本身的状况,观察鱼类行为。人工智能算法可以完成水产品生产状态的评估,以便生产管理人员合理管理养殖水域,提高水产养殖的效率。

4. 水产捡拾

相对于其他水下作业任务,水下机器人应用于水产养殖作业任务(如海参收获、死鱼捡拾等)将更具挑战性。近年来,水下机器人载体与机械手构成一种新型的水下机器人-机械手系统(underwater vehicle-manipulator system,UVMS),与该系统相关的水下自主作业技术已经成为水下机器人的重要研究方向之一。UVMS 的机器人本体与其操作机械手之间存在耦合关系,其耦合控制不仅受动量守恒的影响,而且受水动力的影响,因此 UVMS 是一个多体动力学系统,该系统在漂浮情况下的建模与控制非常复杂。水产养殖存在水下作业环境复杂、光线昏暗、洋流时变、目标动物(海参、死鱼)规格形状不一等现状,同时捡拾作业的精度和速度要求高,如何快速识别目标动物并进行精准作业控制是困扰水产界的公认难题。在水产养殖中,水下捕捞作业属于水下机器人功能应用之一,水下机器人依靠多功能机械手或吸管等实现对水产品的捕捞,可以替代人工在危险环境中作业。

海洋环境的弱光照、多扰动、强耦合等特点在极大程度上限制了 UVMS 的精准捕捞作业。当前,UVMS 需要解决水下目标识别、导航与定位、机器人-机械手系统动力学建模、作业优化控制等方面的关键技术问题。中国科学院自动化研究所发明了一种面向海产品打捞的水下机器人,该水下机器人装备了螺旋桨推进器、仿生波动鳍推进器、机械臂等,其控制器能够控制螺旋桨推进器、仿生波动鳍推进器,可以驱动和调整水下机器人的姿态,以及控制机械臂执行相应的抓取操作,如图 9-16 所示。

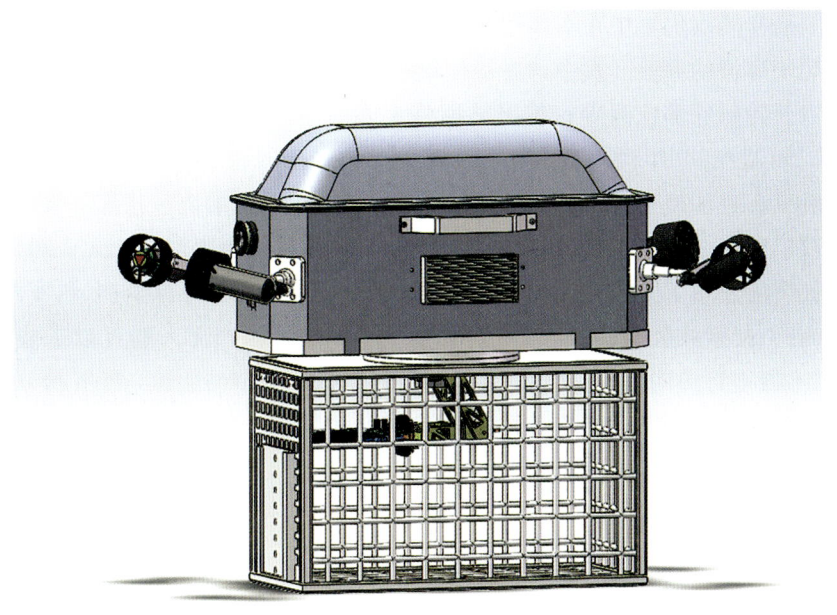

图 9-16　面向海产品打捞的水下机器人

9.5　无人船

无人船是一种没有船员操作的船舶,它利用先进的自动化技术和智能系统来导航、监控和管理船舶的各项任务。无人船系统由船体、任务模块、动力推进模块、数据传输模块、控制模块及电源模块组成;岸基系统主要由 RTK(real-time kinematic positioning,实时动态定位)基站、岸基数据接收系统、岸基控制系统组成。无人船技术及其产品具有广阔的市场前景,如在海面污染状况检测、清污作业、水面远程医疗服务和特殊海洋环境作业等领域具有不可替代的作用。无人船根据质量可分为小型(<1 t)、中型(<100 t)、大型(<1000 t)、超大型(>1000 t)四种。目前小型或者中型无人船,长度为 2~15 m,质量为 1.5~10 t,静水航速最大可达 35 节(1 节=1.852 km/h)。

我国第一艘无人海洋监测船是由中国航天科工集团有限公司和中国气象局气象探测中心共同研发的“天象一号”,该船最大长度为 6.7 m,最大宽度为 2.45 m,最大高度为 3.5 m,重 2.3 t,具有人工遥控和自主航行两种模式,可以实现对海面气象条件的监测和海表面水文数据的测量,如图 9-17 所示。当前无人船的研究热点仍集中在军事用途,随着人类对海洋的不断探索,无人船也逐渐被用于海洋的商业开发中,主要有海底探测、海域测绘、水中目标搜索、水下拍照以及轮船底部检测等。美国早期将无人船用于海域排雷和特定区域水样采集。20 世纪 90 年代,美国海军研制了更为复杂的远程控制海域安全系统,该系统具有自动搜索和自动监测功能,无人船在该系统的统一指挥下被用于侦察、监视、通信、导航以及武力攻击。目前,我国已研发出海洋高速无人船平台,如云洲智能发布了"领航者"号无人船,该无人船可应用于环保监测、科研勘探、水下测绘、搜索救援、安防巡逻乃至军事应用领域。国产无人船可以搭载无人机、潜水器进行协同作业,其动力系统可提供最高 30 节的航速,可负载 100 kg 仪器设备,在 1000 km 范围内通过 GPS 或北斗导航卫星系统实现高精度定位、自主航行、自主作业。现今,全球无人船市场滞后于无人机市场 10～15 年,相较于无人机市场的激烈竞争,无人船领域还处于初期开发阶段,但是无人船前景广阔,应用价值不可小觑。

图 9-17　天象一号

近几十年来,世界水产养殖业发展迅猛,无人船在养殖业逐渐普及。目前养殖业养殖设备比较落后,养殖环节的事项比较烦琐,撑着小船或者坐着泡沫板拉着绳子喂料或洒药,已成为水产养殖人每天的固定流程,但这费时费力,且在实际养殖过程中盲目投放饵料,会造成饵料沉积、水质富营养化等问题,既污染水体,又存在较高的养殖风险。此外,实际养殖中还有人力成本高、水产疾病处理不科学、水产品质量管理效果差等问题。为解决这些问题,养殖用水面智能无人船应运而生,水面智能无人船是除无人机之外的又一项新型水上安全监测和系统维护的设备。

目前在无人船研究方面,吕扬民等提出了水质监测无人船路径规划方法;何金研发了无人船,实现了巡航、投饵、喷药、检测水质和预警等功能。养殖专用无人船采用模块化设计,可替代大部分人工劳动,具备遥控巡航、视频监控、水质监测、饵料投喂和施药等功能。其中遥控巡航功能由遥控器和接收机实现,遥控距离约 500 m;投饵料功能通过投饲机实现,投饲机被固定在船体上,采用直流减速电机驱动。在水面巡检方面,无人船也表现出色,日常工作中,工作人员要根据巡检计划遥控水面智能无人船到达指定的海域,对设备、船载摄像机以及传输设备进行定位,摄像设备将所在海域内的浮标颜色、浮标结构、灯光和实时位置等信息画面进行集成,传输设备将集成的图像信息传输到操作控制中心,接受工作人员的检查。无人船在实际运行中仅需要 2～3 名工作人员进行操作管理,这一运行模式有效地节约了人力和物力。南海航海保障中心的工作人员使用水面智能无人船对航标状态进行了日常巡检,他们评估了 surf 冲浪者型号无人船设备的巡检具体效果,对无人船代替传统人工驾驶船只进行巡检工作的可能性进行了探索。

我国现阶段研究的水面智能无人船设备的最高航速已经达到了 30 节,续航能力较之前有了大幅度提升,最高可以达到上百公里,可以满足辖区内绝大部分航标的巡检工作。无人船的体积一般不大,运行较灵活,在实际应用中不会产生通航限制问题。目前我国投入使用的大多数无人船船身长度不超过 10 m,但也有一些大型无人船船身长度超过 80 m。

未来很多危险或者重复的工作都会向无人化、智能化、标准化的方向发展,随着技术的成熟,未来无人船可以实现更多实际的功能,操作将更加简单,尤其在水产养殖方面会发挥越来越重要的作用。

9.6 水面视觉监控系统

随着人们对江海、湖泊和河流的开发,水下工程的规模也逐渐扩大。对于水面或水下的监测,其发展同样趋于无人化和智能化。在发展的初期阶段,主要是靠人工对水面或水下的目标进行观察和打捞,在面积较为广阔的水面,常常采用打捞船打捞观测到的目标,并且需要人眼不断观察目标是否是自己所需的以及是否需要采集或记录目标信息。这种传统方法的优势在于对目标有着精准的判断,但费时费力,若投入的人工不足,其效率将非常低下。在当前万物智能化的进程中,遥控机器人是最早被广泛认知的技术之一,随后机器视觉技术也逐渐受到关注。水面视觉监控系统采用智能摄像头对水面进行实时监控,从而捕获水面图像,并利用计算机算法从中提取关键信息,分析并判断监控目标是否出现异常。一旦发现异常,系统便会自动进行目标的跟踪和打捞等后续操作,从而显著降低了人工成本。随着相关研究的深入,水面视觉监控系统变得更容易实现,使得水下设备和水下作业更加智能化,因此有着巨大的发展前景。

以搭载视觉监控系统的水下机器人为例,它不仅在光线较暗、压力较大的深水区域有着良好的运动性能,并且附有水下机械手臂等可操作设备,使得研究人员无须下水就可以进行一系列的水下操作。国外对于水下机器人的研究起步较早,在20世纪60年代前后,美国研制出第一台水下机器人,该技术一经公布,便受到了全球各国的广泛关注,随着研究者对这项技术的不断革新应用,不同种类、不同功能的水下机器人不断涌现在各种水下作业中。

国内对于水下机器人的研究较晚,大约是从20世纪70年代开始的,但经过不懈的努力和技术的创新,中国在水下机器人先进技术的研究领域已取得重大进展,研究水平已经处于世界领先地位。我国研发的"海人一号"能够在不同的水下环境开展连续性作业,并且能够对各类生物进行采集取样,完成切割等操作。

对于水下机器人的控制,要想提高系统的稳定性和可靠性,就需要一套优质的水面视觉监控系统。一套好的系统可以将监控到的实时画面以准确且低延时的特性反映给操作人员,使得操作人员可以根据监控画面操作水下机器人运动。一个合理的水面监视系统布局,配合一套具有出色人机交互性能的监视系统,将极大提高操作人员对水下机器人的控制效率和便捷性。

水面视觉监控系统的主要组成设备包括水面控制台和电源柜。水面控制台中装有信号接发装置,用于与水下机器人进行双向通信,同时监控水下机器人的运行情况和采集各种声光信号,并且能够将操作面板的各种控制指令发送给机器人本体,使其做出相应动作。电源柜主要负责给水下机器人本体和水面控制台供电。该监控系统希望通过声呐技术对水下无人作业区域实现精准定位,实时监控作业信息,实现以下功能:① 低可见度水下作业位置的确定;② 作业过程和工作环境的实时监控;③ 作业设备工作状态的实时监控。为配合特定的作业系统,除了上述的水面控制台和电源柜外,水面视觉监控系统还需要配置至少一台高分辨率彩色摄像机和水下照明灯,用于视频监控,同时配置一台多波束前视声呐,用于低可见度环境下的成像探测。

深圳鳍源科技有限公司成功研发了一款多功能水下机器人,该设备集成了养殖水体监测和水下摄影功能。研发团队攻克了水下俯仰角控制技术难题,将俯仰角范围从传统的正负 45°扩展至正负 180°,显著提升了水下观测能力。此外,通过自主研发的水下智能运动算法,实现了设备姿态的精确校正与运动稳定性控制,支持任意角度精准悬停、平移及环绕拍摄等功能。

水下无人作业监控系统性能的发挥一方面依赖设备本身的特性与功能,另一方面也依赖设备良好的布局,所以寻求水下摄像机、照明系统与多波束前视声呐的最优布局是本系统的关键所在,照明系统的位置对于成像质量具有关键的影响,要求照明灯尽可能向目标靠近。同时,照明灯的布局也要考虑拍摄视场范围内照明灯光的均匀性和光照强度。

本章参考文献

[1] 黄小华,庞国良,袁太平,等. 我国深远海网箱养殖工程与装备技术研究综述[J]. 渔业科学进展,2022,43(6):121-131.

[2] 何丰,朱威. 我国海水鱼类网箱养殖现状及其发展前景[J]. 现代渔业信息,2002,17(8):19-22.

[3] 李文蕾,李淑翠,李达,等. 我国海水网箱养殖业的现状与前景分析[J]. 科技资讯,2018,16(12):237,239.

[4] 贾晓平,郭根喜. 深水抗风浪网箱养殖技术与设施开发及集约化养殖技术研究与产业化示范[J]. 中国科技成果,2006(24):57.

[5] 宋瑞银,周敏珑,李越,等. 深海网箱养殖装备关键技术研究进展[J]. 机械工程师,2015(10):134-138.

[6] 袁军亭,周应祺. 深水网箱的分类及性能[J]. 上海水产大学学报,2006,15(3):350-358.

[7] 郭根喜,陶启友. 我国深水网箱养殖技术及发展展望(上)[J]. 科学养鱼,2004(7):10-11.

[8] 郭建平,吴常文. 美国式钢质升降式大型深水网箱结构原理的研究探讨[J]. 渔业现代化,2004(1):28-31.

［9］WEI Y G，WEI Q，AN D. Intelligent monitoring and control technologies of open sea cage culture：a review［J］. Computers and Electronics in Agriculture，2020，169：105119.

［10］付晓月，黄大志，徐慧丽，等. 深远海网箱水产养殖发展概述［J］. 水产养殖，2021，42(10)：23-26.

［11］胡昱，郭根喜，黄小华，等. 基于 PLC 的深水网箱自动投饵系统［J］. 南方水产科学，2011，7(4)：61-68.

［12］刘志强. 海上网箱养殖自动投饵器的研制［D］. 泰安：山东农业大学，2016.

［13］汪昌固. 网箱智能投喂系统开发及关键技术研究［D］. 太原：太原科技大学，2014.

［14］王俊会. 深水网箱精准投饵策略设计与实现［D］. 湛江：广东海洋大学，2019.

［15］左渠，田云臣，马国强. 水产养殖智能投饲系统研究进展和存在问题［J］. 天津农学院学报，2020，27(4)：73-77.

［16］ADNAN K N，YUSUF N，MAAMOR H N，et al. Water quality classification and monitoring using e-nose and e-tongue in aquaculture farming［C］//2014 2nd International Conference on Electronic Design（ICED 2014）. Penang，Malaysia：IEEE，2014：343-346.

［17］ARULAMPALAM P，YUSOFF F M，SHARIFF N，et al. Water quality and bacterial populations in a tropical marine cage culture farm［J］. Aquaculture Research，1998，29(9)：617-624.

［18］DEVI P A，PADMAVATHY P. Review on water quality parameters in freshwater cage fish culture［J］. International Journal of Applied Research，2017，3(5)：114-120.

［19］TACON A G J，FORSTER I P. Aquafeeds and the environment：policy implications［J］. Aquaculture，2003，226(1/4)：181-189.

［20］SIMÕES F D S，MOREIRA A B，BISINOTI C M，et al. Water quality index as a simple indicator of aquaculture effects on aquatic bodies［J］. Ecological Indicators，2008，8(5)：476-484.

［21］ENCINAS C，RUIZ E，CORTEZ J，et al. Design and implementation of a distributed IoT system for the monitoring of water quality in aquaculture［C］//2017 Wireless Telecommunications Symposium（WTS 2017）.

Chicago，USA：IEEE，2017：1-7.

[22] LI D，LIU S. Remote monitoring of water quality for intensive fish culture[J]. Smart Sensors for Real-Time Water Quality Monitoring，2013，4：217-238.

[23] 刘敬彪，陈德文，杨玉杰. 基于无线网桥与 ZigBee 技术的深海网箱养殖环境监测系统[J]. 渔业现代化，2019，46(2)：42-47.

[24] DUARTE M，GOMES J，COSTA V，et al. Application of swarm robotics systems to marine environmental monitoring[C]//OCEANS 2016-Shanghai. Shanghai：IEEE，2016.

[25] KARIMANZIRA D，JACOBI M，PFUETZENREUTER T，et al. First testing of an AUV mission planning and guidance system for water quality monitoring and fish behavior observation in net cage fish farming[J]. Information Processing in Agriculture，2014，1(2)：131-140.

[26] EICHHORN M，AMENT C，JACOBI M，et al. Modular AUV system with integrated real-time water quality analysis[J]. Sensors，2018,18(6)：1837.

[27] WU Y H，LIU J C，WEI Y G，et al. Intelligent control method of underwater inspection robot in netcage[J]. Aquaculture Research，2021,53(5)：1928-1938.

[28] UBINA N A，CHENG S C. A review of unmanned system technologies with its application to aquaculture farm monitoring and management[J]. Drones，2022,6(1)：12.

[29] 庄保陆，郭根喜. 水产养殖自动投饵装备研究进展与应用[J]. 南方水产，2008(4)：67-72.

[30] 刘志强，刘双喜，李伟，等. 海上网箱养殖投饲炮的设计与试验[J]. 渔业现代化，2015,42(3)：38-42.

[31] 张旭泽，周敏珑，穆晓伟，等. 深海网箱全自动投饲机械结构设计[J]. 机械工程师，2015(9)：120-124.

[32] 何志强. 水产饲料对水产养殖的影响[J]. 北京水产，2006(3)：48-50.

[33] REN Z M，WANG Z J. Differences in the behavior characteristics between *Daphnia magna* and Japanese madaka in an on-line biomonitoring system[J]. Journal of Environmental Sciences，2010,22(5)：703-708.

[34] BAE M J，PARK Y S. Biological early warning system based on the re-

sponses of aquatic organisms to disturbances：a review[J]. Science of the Total Environment，2014,466-467:635-649.

[35] WILLIAMS K，LAUFFENBURGER N，CHUANG M C，et al. Automated measurements of fish within a trawl using stereo images from a Camera-Trawl device (CamTrawl)[J]. Methods in Oceanography，2016，17:138-152.

[36] PAPADAKIS V M，PAPADAKIS I E，LAMPRIANIDOU F，et. al. A computer-vision system and methodology for the analysis of fish behavior [J]. Aquacultural Engineering，2012,46:53-59.

[37] ISRAELI D，KIMMEL E. Monitoring the behavior of hypoxia-stressed *Carassius auratus* using computer vision[J]. Aquacultural Engineering，1996,15(6):423-440.

[38] DELCOURT J，BECCO C，VANDEWALLE N，et al. A video multi-tracking system for quantification of individual behavior in a large fish shoal：advantages and limits[J]. Behavior Research Methods，2009,41 (1):228-235.

[39] 卢焕达，刘鹰，范良忠. 基于计算机视觉的鱼类行为自动监测系统设计与实现[J]. 渔业现代化，2011(1):19-23.

[40] ZHOU C，ZHANG B H，LIN K，et al. Near-infrared imaging to quantify the feeding behavior of fish in aquaculture[J]. Computers and Electronics in Agriculture，2017,135:233-241.

[41] MA H，TSAI T F，LIU C C. Real-time monitoring of water quality using temporal trajectory of live fish[J]. Expert Systems with Applications，2010,37(7):5158-5171.

[42] XIAO G，ZHANG W，ZHANG Y L，et al. Online monitoring system of fish behavior[C]//2011 11th International Conference on Control，Automation and Systems(ICCAS 2011). Gyeonggi-do，South Korea：IEEE，2011：1309-1312.

[43] 郭强，杨信廷，周超，等. 基于形状与纹理特征的鱼类摄食状态检测方法 [J]. 上海海洋大学学报，2018,27(2):181-189.

[44] 沈军宇，李林燕，夏振平，等. 一种基于 YOLO 算法的鱼群检测方法[J]. 中国体视学与图像分析，2018,23(2):174-180.

[45] 纠手才，张效莉. 海水养殖智能投饵装备研究进展[J]. 海洋开发与管理，2018,35(1):21-27.

[46] MUNOZ-BENAVENT P，ANDREU-GARCIA G，VALIENTE-GONZALEZ J M, et al. Enhanced fish bending model for automatic tuna sizing using computer vision[J]. Computers and Electronics in Agriculture，2018，150:52-61.

[47] 王润田，陈晶晶，龚剑彬. 深水网箱养殖中的声学监测问题探讨[J]. 渔业现代化，2012,39(3):19-22.

[48] 汤涛林，李娇，倪汉华,等. 多波束深水网箱声学监测仪的研究[J]. 海洋渔业，2009,31(3):330-334.

[49] RAKOWITZ G，HEROLD W，FESL C，et. al. Two methods to improve the accuracy of target-strength estimates for horizontal beaming[J]. Fisheries Research，2008,93(3):324-331.

[50] TAO J P，GAO Y，QIAO Y，et al. Hydroacoustic observation of fish spatial patterns and behavior in the ship lock and adjacent areas of Gezhouba Dam，Yangtze River[J]. Acta Ecologica Sinica，2010,30(4):233-239.

[51] 黄小华，郭根喜，胡昱，等. 波流作用下深水网箱受力及运动变形的数值模拟[J]. 中国水产科学，2011,18(2):443-450.

[52] 赵建宝，张晓青. 基于物联网技术的高效投饵技术与装备的应用开发[J]. 江苏农机化，2014(4):21-23.

[53] 杨琛，白波，匡兴红. 基于物联网的水产养殖环境智能监控系统[J]. 渔业现代化，2014,41(1):35-39.

[54] LI D W，XU L H，LIU H Y. Detection of uneaten fish food pellets in underwater images for aquaculture[J]. Aquacultural Engineering，2017，78:85-94.

[55] 闫国琦，倪小辉，莫嘉嗣. 深远海养殖装备技术研究现状与发展趋势[J]. 大连海洋大学学报，2018,33(1):123-129.

[56] CHANG C M，FANG W，JAO R C，et al. Development of an intelligent feeding controller for indoor intensive culturing of eel[J]. Aquacultural Engineering，2005,32(2):343-353.

[57] MICHEL A P M，CROFF K L，MCLETCHIE K W，et al. A remote

monitoring system for Open Ocean Aquaculture[C]//OCEANS' 02 MTS/IEEE. IEEE, 2002: 2488-2496.

[58] SOTO-ZARAZÚA G M, RICO-GARCÍA E, OCAMPO R, et al. Fuzzy-logic-based feeder system for intensive tilapia production (*Oreochromis niloticus*)[J]. Aquaculture International, 2010, 18(3): 379-391.

[59] PAPANDROULAKIS N, MARKAKIS G, DIVANACH P, et al. Feeding requirements of sea bream (*Sparus aurata*) larvae under intensive rearing conditions: development of a fuzzy logic controller for feeding [J]. Aquacultural Engineering, 2000, 21(4): 285-299.

[60] LEE J V, LOO J L, CHUAH Y D, et al. The use of vision in a sustainable aquaculture feeding system[J]. Research Journal of Applied Sciences, Engineering and Technology, 2013, 6(19): 3658-3669.

[61] ATOUM Y, SRIVASTAVA S, LIU X M. Automatic feeding control for dense aquaculture fish tanks[J]. IEEE Signal Processing Letters, 2015, 22(8): 1089-1093.

[62] IMSLAND K A, FOSS A, GUNNARSSON S, et al. The interaction of temperature and salinity on growth and food conversion in juvenile turbot (*Scophthalmus maximus*)[J]. Aquaculture, 2001, 198(3): 353-367.

[63] PECK A M, BUCKLEY J L, CALDARONE M E, et al. Effects of food consumption and temperature on growth rate and biochemical-based indicators of growth in early juvenile Atlantic cod *Gadus morhua* and haddock *Melanogrammus aeglefinus*[J]. Marine Ecology Progress Series, 2003, 251: 233-243.

[64] JONASSEN M T, IMSLAND A K, KADOWAKI S, et al. Interaction of temperature and photoperiod on growth of Atlantic halibut *Hippoglossus hippoglossus* L.[J]. Aquaculture Research, 2000, 31(2): 219-227.

[65] BISWAS A K, TAKEUCHI T. Effects of photoperiod and feeding interval on food intake and growth rate of Nile tilapia *Oreochromis niloticus* L.[J]. Fisheries Science, 2003, 69(5): 1010-1016.

[66] PETIT G, BEAUCHAUD M, ATTIA J, et al. Food intake and growth of largemouth bass (*Micropterus salmoides*) held under alternated light/

dark cycle (12L:12D) or exposed to continuous light[J]. Aquaculture，2003,228(1-4):397-401.

[67] ALANÄRÄ A. The use of self-feeders in rainbow trout (*Oncorhynchus mykiss*) production[J]. Aquaculture，1996,145(1-4)：1-20.

[68] WYATT T. Some effects of food density on the growth and behaviour of plaice larvae[J]. Marine Biology，1972，14(3):210-216.

[69] PINKIEWICZ T H，PURSER G J，WILLIAMS R N. A computer vision system to analyse the swimming behaviour of farmed fish in commercial aquaculture facilities：a case study using cage-held Atlantic salmon[J]. Aquacultural Engineering，2011,45(1):20-27.

[70] MARTINS C I M，GALHARDO L，NOBLE C. Behavioural indicators of welfare in farmed fish[J]. Fish Physiology and Biochemistry，2012,38 (1):17-41.

[71] 杨玉杰. 深海网箱养殖区域环境监控系统研制[D]. 杭州:杭州电子科技大学，2021.

[72] 李道亮，包建华. 水产养殖水下作业机器人关键技术研究进展[J]. 农业工程学报，2018，34(16):1-9.

[73] 夏英凯，朱明，曾鑫,等. 水产养殖水下机器人研究进展[J]. 华中农业大学学报，2021,40(3):85-97.

[74] 胡中惠，张家锐，王磊,等. 一种深海养殖网箱巡检装置及巡检方法：CN202110196467.8[P]. 2021-06-18.

[75] 黄小华，袁太平，刘成平,等. 一种海水网箱养殖履带式网衣清洗机器人及网衣清洗方法：CN202110479733.8[P]. 2021-08-20.

[76] 王宇，王睿，蔡明学，等. 面向海产品打捞的水下作业机器人：CN201910997741.4[P]. 2020-03-12.

[77] 田振凯,勾昆,王刚,等. 基于无人船技术的水下探测应用研究[J]. 测绘与空间地理信息，2021,44(Z1):275-276,278.

[78] 李欧雪,周宇生. 欠驱动无人船的运动控制设计[J]. 重庆工商大学学报(自然科学版),2021,38(4):23-29.

[79] 梁冠辉. 基于 ARM 的无人船控制系统[D]. 青岛:国家海洋局第一海洋研究所,2011.

[80] 王红超,魏茂春. 一种多功能水产养殖用无人船的研究与实现[J]. 科学养

鱼,2020(10):73-74.

[81] 钟兴富,李超华.水面智能无人船在灯浮标维护中的应用研究[J].珠江水运,2019(17):104-105.

[82] 高建丰.浅谈无人设备在航标巡检中的应用和展望[J].航海,2017(6):34-36.

[83] 魏莉莉.基于双目视觉的水面漂浮物监测研究[D].大连:大连海事大学,2019.

[84] 刘健奕,徐晓丽,赵俊杰.水下作业利器 未来前景可期——ROV国内外现状及发展趋势研究[J].船舶物资与市场,2015(2):35-37.

[85] 史志晨.水下作业机器人声呐图像目标跟踪研究及水面监控系统设计[D].镇江:江苏科技大学,2020.

[86] 梁克.水下无人作业监控系统构架[J].中国水运,2015(6):42-43.

[87] 廖静.智能机器人将成水产养殖"黑科技"[J].海洋与渔业,2019(6):18.

第 10 章
养鱼工船系统与智能装备

10.1 养鱼工船系统概述

10.1.1 养鱼工船特点

养鱼工船是一种新型养殖设施,由中国水产科学研究院渔业机械仪器研究所(简称渔机所)最早提出,现已发展出多种方案并广泛应用。养鱼工船旨在通过机动性和技术集成的方法来克服传统海洋养殖设施的限制,提高养殖效率和可控性,同时降低对岸基配套设施的依赖。养鱼工船的主要特点如下:

(1)自带动力,机动性强:养鱼工船具备船式外形,自带动力,能够自行游弋,原则上可以到达全球任何海域。在遭遇台风或赤潮时,工船可以机动躲避,避免对舱内养殖鱼类造成影响。

(2)环境适宜性强:工船内部的水体与外界可实现交换,利用深层取水装置获取适宜温度和盐度的海水,以便于水产品的养殖。这样能够保证养殖鱼类一直处于最佳生长状态,养殖周期大大缩短。

(3)功能集成:养鱼工船集成了繁育、加工、海洋科学考察和补给等多种功能。它可以实现养殖鱼苗的自我供给和渔获物的初级加工;可搭载海洋科学考察仪器,在工船游弋过程中收集海上气象、环境、水文、地貌等数据;可为周边作业渔船提供油、水、食品等补给,还可对其捕捞而来的鱼货进行收鲜,渔船不需要经常性往返海域与码头之间,拓展了渔船作业范围。

(4)能适应深远海域:养鱼工船具备机动性,适用于更深更远的海域,尤其适合我国平缓而漫长的大陆架地形,为我国渔业走向深蓝提供支持。

(5)环境影响小:工船在大洋深海中游弋,可实现水流交换,对养殖水域环境影响较小。在必要的时候还可加装养殖水处理装置,净化养殖排放水。

(6)疾病风险小:由于养殖水体和环境的可控性,养殖鱼类面临疾病、寄生虫等灾害的风险较小。

（7）成本高、收益高、风险高：养鱼工船的平台造价较高，产量及产值较高，技术难度也较高，同时风险也相应增加。

10.1.2 养鱼工船功能

（1）养殖功能：养鱼工船利用深远海优越的气候和水质条件，在养殖水舱内开展经济性海洋鱼类生产养殖。

（2）繁育功能：养鱼工船以野生（或养殖）的海洋鱼为亲本，采用人工催产技术获得受精卵，从而开展繁育功能研究。

（3）加工功能：通过布置在平台主甲板上的加工车间，对经济性鱼类进行初加工和速冻冷藏。

（4）收储和物流补给功能：养鱼工船能够对远洋捕捞渔船的渔获物进行收储，并为附近渔船提供燃油、淡水及生活物资的补给，延长渔船作业时间，节省燃油消耗。

（5）科学研究与信息采集：养鱼工船通过搭建海洋科学考察仪器可以进行养殖相关的科学研究和海洋环境调查；通过搭载海洋观测系统可以收集远海数据，提供海上数据支持。

（6）休闲旅游功能：养鱼工船上设有高级客房和垂钓船等配套设施，可提供海上休闲旅游服务。

（7）数字管理功能：养鱼工船配备了基于环境信息和生长模型的智能化投喂系统、基于仓储平台的机械化远程管道定量投送装备以及基于养殖对象摄食行为的数字化监控系统。这些系统能够确保养殖过程的精确控制和高效管理。

（8）信息通信服务：养鱼工船建设了海洋信息感知与通信平台，搭载了卫星通信转 4G/5G 通信基站，这能够实现船载平台本体与搭载设备的运行状态监测管理、安全管控及自动控制。此外，它具备强大的计算、存储和外部通信能力，能够对船体资源进行优化管理及海上通信覆盖。

（9）应急救援功能：船上可设医疗站为远海渔民提供医疗救护，设直升机平台为远海渔民提供救援服务，也可以为我国海上维权执法公务船提供相关服务，建立渔业维权海上移动工作站。

10.1.3 国内外发展状况

1. 国外养鱼工船发展状况

早在 20 世纪 80—90 年代，发达国家就提出了发展大型养鱼工船的理念并进行了积极的探索,包括浮体平台、船载养殖车间、船舱养殖以及半潜式网箱工船等多种形式,为产业化发展储备了相当的技术基础。

西班牙设计的半潜式金枪鱼养鱼工船,船长 189 m,宽 56 m,航速 8 节,共有 120000 m³ 水体,可至各渔场接运活捕金枪鱼 400 t。美国 Seasteading 研究所提出的移动式养殖平台,采用电力推进,生产功能齐全。法国在布雷斯特北部的布列塔尼海岸与挪威合作改建了一艘长 270 m,总排水量 $1×10^5$ t 的养鱼工船,计划年产鲑鱼 3000 t。挪威研制了一艘长 430 m、宽 54 m 的巨型"船",可容纳 10000 m³ 水体,相当于 200 万条鲑鱼(图 10-1)。此外,日本等国也先后提出了大型的养鱼工船方案。

图 10-1　挪威深海养鱼工船

大型养鱼工船在欧美等发达国家虽有诸多实践,但一直以来未见形成主体产业,生产规模有限,最主要的原因是高成本和高风险。首先,养鱼工船的建造和运营成本非常高,包括先进设备、自动化系统的构建和维护费用,导致投资回报率较低。此外,技术挑战依然存在,如应对恶劣海洋环境、保持养殖稳定、预防疾病等,需要持续的研发投入。

其次,环境保护法规也严格限制了养鱼工船的发展。欧美国家对海洋环境保护要求高,对养鱼工船的环境影响进行了严格监管,这些因素也增加了项目的复杂性和不确定性。市场需求方面,高成本水产品在价格上缺乏竞争力,消费者对价格较为敏感。

再者,产业链不完善也是一个因素。养鱼工船的各个环节,如苗种供应、饲料生产、养殖管理等,协同效率有待提高,缺乏完善的配套设施和服务,限制了规模化生产。同时,养鱼工船在开放海域中运行,面临自然灾害和意外事故的风险高。这些风险增加了企业的谨慎态度。

2. 国内养鱼工船发展状况

我国养鱼工船的发展大致可以分为以下几个关键阶段：

① 初期探索阶段（2000 年代初期至 2010 年代初期）：在这一阶段，国内科研机构如渔机所等首先提出了养鱼工船的概念，并进行了初步的技术研究和试验。早期的研究工作主要包括养鱼工船的设计开发、海洋环境适应性测试以及养殖系统的原型验证。早期的工作主要在近海进行，探索养鱼工船在不同水域条件下的适用性和经济效益。

② 技术积累与应用拓展阶段（2010 年代中期至 2020 年）：从 2010 年代中期开始，随着技术的进步和经验的积累，国内养鱼工船逐渐走向应用拓展阶段，重点在深海养殖技术的突破和自动化控制系统的开发上。科研机构、大型海产企业以及政府部门联合推动，加速了养鱼工船技术的商业化进程。这一阶段的重要进展包括养鱼工船的智能化管理系统的开发、环境监测与控制技术的成熟，以及在深远海域进行大规模养殖的实际应用。

③ 政策支持与行业标准建立阶段（2020 年至今）：近年来，国内政府出台了一系列支持海洋渔业发展的政策措施，特别是针对养鱼工船的政策支持力度逐步加大。政府部门通过财政补贴、税收优惠和技术支持等方式，鼓励企业投入养鱼工船项目。同时，国家标准和行业规范也在逐步完善，为养鱼工船的规范化运营和可持续发展奠定了基础。

10.2 水质调控系统与装备

水质调控系统与装备是养鱼工船中至关重要的组成部分，目的是保障养殖水体的稳定性和鱼类生长的健康性。这些系统和装备包括先进的水质监测设备、智能化水质调节系统，以及适应不同海域环境的深层取水装置。系统通过精确监测和调控水体的温度、盐度、溶解氧含量等关键指标，确保养殖环境达到鱼类生长的最佳条件，同时减少疾病传播风险和环境影响，从而提高养殖效率和产出质量。

10.2.1 常流水交换系统

常流水交换系统是养鱼工船的核心技术之一，旨在通过不断交换舱内外的水体，维持养殖环境的稳定性和健康性。这种系统通过引入外界新鲜海水，排出舱内使用后的水体，确保养殖水体始终处于最佳状态，促进鱼类健康生长。

1. 常流水交换系统的组成

常流水交换系统主要由进水口、出水口、泵站、管道系统以及控制系统组成。进水口通常配备过滤装置,以防止大型杂质和有害生物进入养殖舱。出水口则通过合理布置,确保排出的水体不影响周围环境。泵站负责提供动力,确保水体顺畅流动,而管道系统负责引入新水排出旧水。控制系统则对整个过程进行监控和调节,确保水交换的效率和效果。

2. 常流水交换系统的运行原理

常流水交换系统通过持续的水体更新来保持养殖环境的稳定和健康。首先,系统从外部海域引入新鲜海水,通过管道系统将其输送到养殖舱内。其次,系统配备的水质监测设备可以实时监控水温、盐度、溶解氧含量、pH 值等水体关键参数,这些传感器安装在养殖舱的不同位置,为系统提供准确和全面的水质数据。系统控制单元根据这些数据实现水交换频率和速度的自动调节。当检测到水质不佳时,系统会加快水交换速度,引入更多新鲜海水并排出旧水,确保水质始终处于最佳状态。旧水通过设计合理的出水口排出,一些高级的系统还对排水进行处理和再利用,以减少资源浪费和环境污染。

10.2.2 循环水处理系统与装备

养鱼工船循环水处理系统是一种通过循环和处理水体来维持工船养殖环境稳定的水处理技术。该系统从养殖舱内抽取水体,通过一系列处理设备进行净化和再利用。首先,水体经过物理过滤,去除悬浮颗粒和大型杂质。接下来,水体进入生物过滤器,通过微生物降解有机物质,降低氨氮和其他有害物质的浓度。随后,水体还会经过紫外线消毒或臭氧消毒处理,进一步消灭病原菌和寄生虫,确保水体的安全性。处理后的水体通过管道系统重新输送回养殖舱内,形成一个封闭的循环系统。整个过程由先进的监测设备和控制系统实时监控,确保水质参数,如温度、pH 值、溶解氧含量等始终处于最佳范围内。控制系统根据监测数据自动调节各处理环节的运行状态,以应对不同的水质状况和养殖需求。

循环水处理系统的优点在于能够节约用水、减少环境污染和提高养殖效率。通过循环使用水资源,系统显著降低了对外部水源的依赖,同时降低了废水排放对环境的影响。由于水质稳定且可控,养殖生物的生长环境更加健康,疾病发生率大幅降低,养殖产量和质量得以提高。该系统在高密度养殖和水资源紧缺地区尤为重要,为水产养殖提供了可持续发展的解决方案。

养鱼工船中的循环水处理系统设计与本书第 7 章相关内容相同,此处不再赘述。

10.2.3　水体增氧系统与装备

水体增氧系统与装备是养殖系统中的关键组成部分,旨在确保养殖水体中的溶解氧含量充足,以满足养殖生物的生长需求。该系统主要包括空气泵、氧气发生器、微孔曝气器和氧气注入设备等。空气泵通过压缩机将空气输送到水中,增加水体的氧含量。氧气发生器则通过分离空气,将纯氧注入水体中,进一步提高溶解氧含量。

水体增氧系统中主要有如下装备:

① 微孔曝气器。微孔曝气器是增氧系统中常用的设备,通过微小的孔洞将空气或氧气分散成细小的气泡,这些气泡在水中缓慢上升,充分溶解,提高水体的溶解氧含量。氧气注入设备则直接将纯氧注入水体,通常用于高密度养殖环境,能够快速有效地提高水中的溶解氧含量。

② 氧气传感器和监测设备。增氧系统还配备有氧气传感器和监测设备,用于实时监测水体中的溶解氧含量。当溶解氧含量低于设定值时,控制系统会自动启动增氧设备,确保水体中的氧气含量始终维持在适宜范围内。这一系统的高效运行不仅能提高养殖生物的生长速度和健康状况,还能减少疾病的发生,提高养殖效益。

③ 制氧机。制氧机单元包括空压机、空气瓶、空气干燥过滤器、分子筛组、氧气瓶和氧气控制单元,空气瓶的输入端通过管道与空压机连接,空气瓶的输出端通过管道与空气干燥过滤器连接,空气干燥过滤器的输出端通过分子筛组与氧气瓶的输入端连接,氧气瓶的输出端通过管道与氧气控制单元连接,如图 10-2 所示。

④ 氧气锥。氧气锥是一种特殊的压力容器,其主要功能是在气液充分混合的条件下,增加压力来迫使气体克服水的表面张力而被动溶解。它需要与增压水泵、射流器等设备配套使用(见图 10-3),采用制氧机或氧气瓶(氧气纯度大于90%)作为气源。氧气锥与纯氧组合使用,再利用射流原理将氧气和水充分混合,在气液接触面积呈现指数级增加时,增加水体的压强能使出水的溶解氧含量进一步提高。

在氧气锥运行过程中,循环水流从上向下流动,形成圆锥形状。这种设计使得圆锥顶部流速大,对气泡的压强小,而圆锥中下部流速小,对气泡的压强大。气泡由下向上浮起,根据流体力学原理,流体的压力随着流速的增加而降低,故气泡悬浮在锥体上方。气泡在锥体上方波动,直至完全溶解,延长了水气交换的时间,溶氧效率可达到 90% 以上,达到强制增氧的目的。

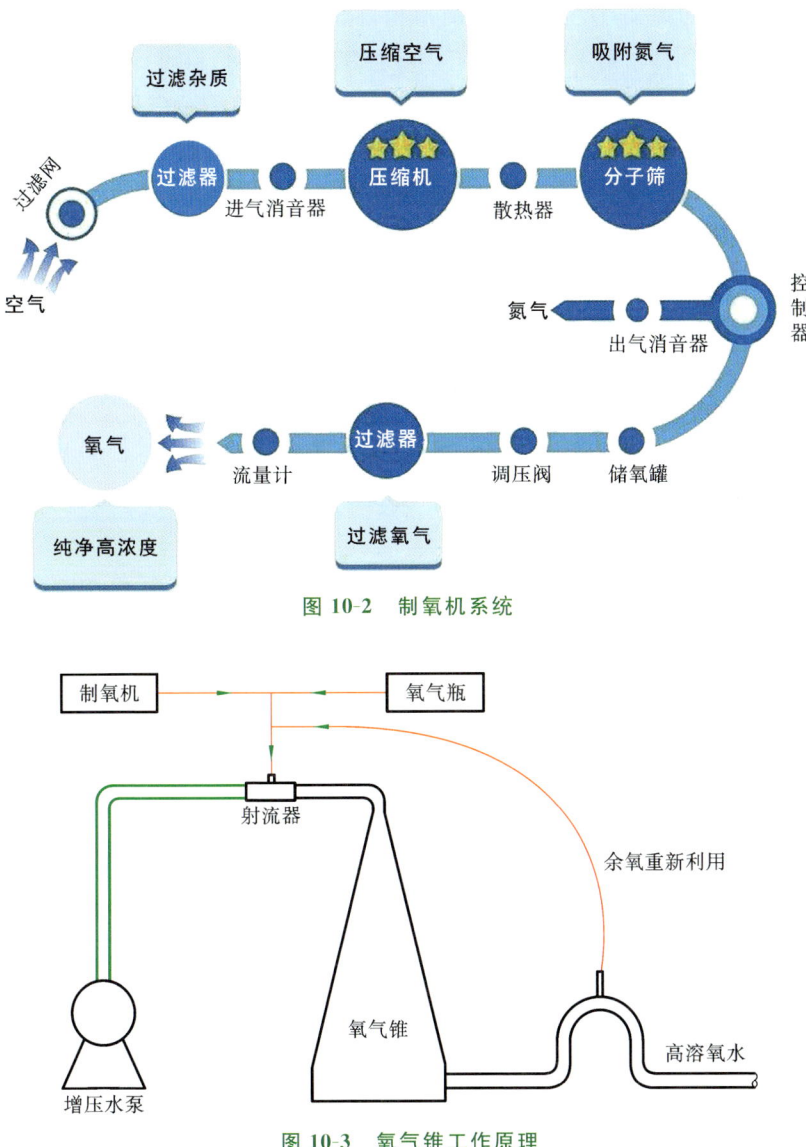

图 10-2 制氧机系统

图 10-3 氧气锥工作原理

10.3 生境营造与收获系统

10.3.1 养殖舱结构

养鱼工船的船体结构设计依据中国船级社《海上渔业养殖设施检验指南》

(简称"指南")的定义,应具有船型结构和自航能力,因而被归类为海上渔业养殖设施。根据"指南"第 10 章的规定,养鱼工船的船体结构设计必须符合《钢制海船入级规范》中有关船体结构的要求,直接计算分析需考虑航行工况和养殖工况。养殖工况的直接计算应参照《海上移动平台入级规范》的要求进行。船体结构用钢材料应符合中国船级社《材料与焊接规范》的相关规定。

航行工况:指海上渔业养殖设施在设计航区内,从一个地区自主航行到另一个地区时的状态。

养殖工况:指海上渔业养殖设施在作业海域定位进行养殖作业时,承受与作业相适应的设计限度内的环境载荷和作业载荷的状态。

具有水密养殖舱的典型中剖面结构形式见图 10-4(a)、图 10-4(b),具有通海养殖舱的典型中剖面结构形式见图 10-4(c)、图 10-4(d)。舱底设置一定坡度用于集排污。

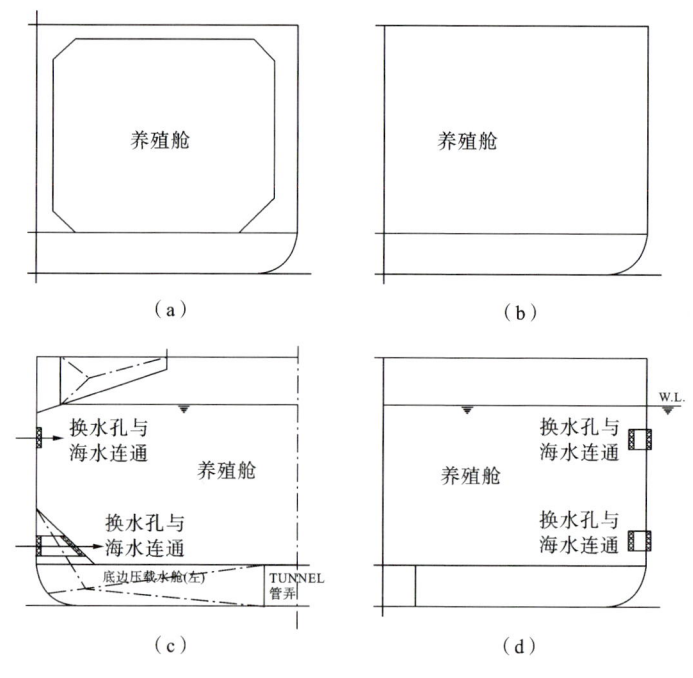

图 10-4 养鱼工船养殖舱结构示意图

10.3.2 深层取水系统

海洋取水属于深层取水,主要采用的方法有两类,如图 10-5 所示。

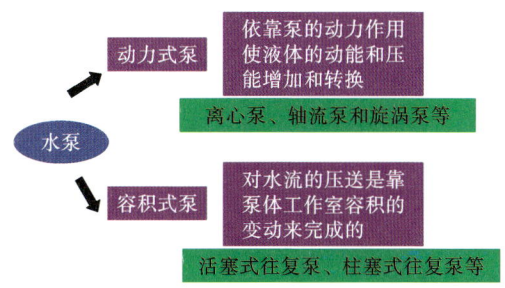

图 10-5　深层取水方式

　　深层取水系统的工作原理是：泵体中叶轮在动力机的带动下高速旋转，由于水的内聚力和叶片与水之间的摩擦力不足以提供维持水流旋转运动所需的向心力，因此泵内的水不断地被叶轮甩向水泵出口处，同时在水泵进口处造成负压。海洋中的海水在气压的作用下通过底阀进水管流向水泵进口。离心泵抽水装置示意图如图 10-6 所示。

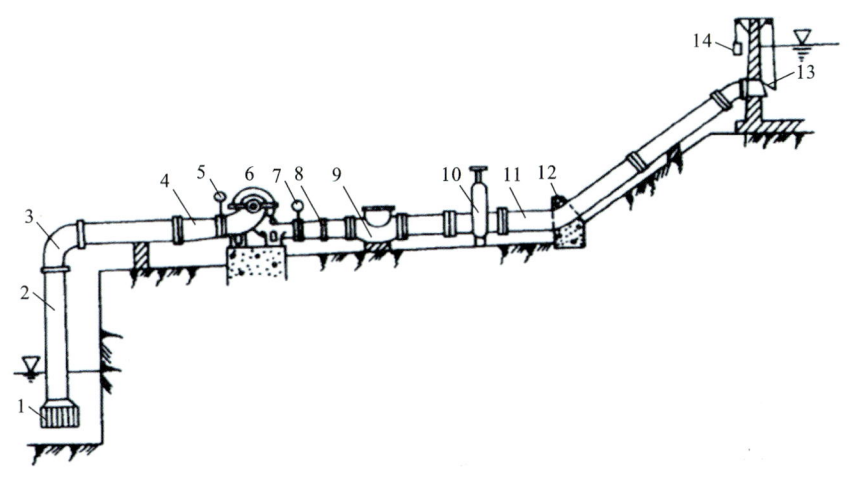

图 10-6　离心泵抽水装置示意图

1—滤网与底阀；2—进水管；3—90°弯头；4—偏心异径接头；5—真空表；6—离心泵；7—压力表；
8—渐扩接头；9—逆止阀；10—阀门；11—出水管；12—45°弯头；13—拍门；14—平衡锤

　　离心泵的技术性能由流量（输水量）、扬程（总扬程）、轴功率、效率、转速、允许吸上真空高度六个工作参数表示。

　　泵站主要由设有机组的泵房、吸水井和配电设备三部分组成。根据泵站在给水系统中的作用,泵站可以分为取水泵站、送水泵站、加压泵站和循环泵站四类。阶梯式连接的船用取水装置示意图如图 10-7 所示。

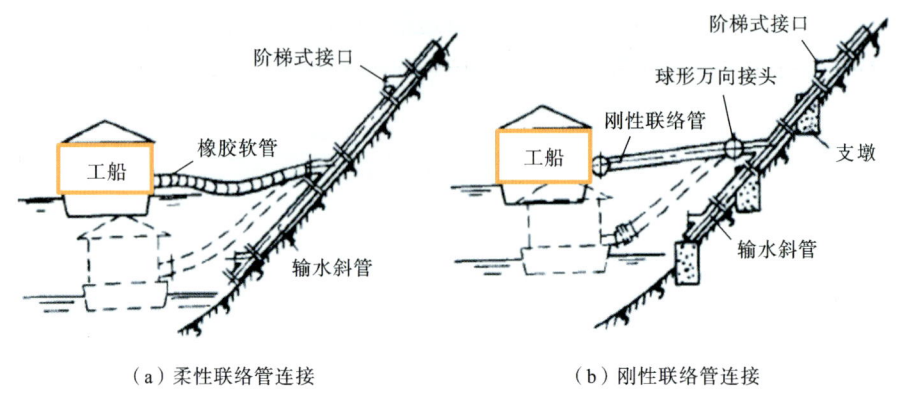

（a）柔性联络管连接　　　　　（b）刚性联络管连接

图 10-7　阶梯式连接的船用取水装置示意图

如图 10-8 所示,船载泵吸取水装置包括深层取水装置(以下简称取水管)、带补偿装置的液压吊机、循环水泵、温控阀、声呐探测装置等。养殖工况下用吊机将取水管缓慢放入海水中,由取水管底端的温度传感器探得符合养殖水产品的温度的海水,将取水管固定在该水深处,启动循环水泵对养殖水舱供水;循环水泵亦可以根据养殖舱内的液位传感器自动启停。取水管放下之前需先打开声呐探测装置,对水下障碍物持续进行探测,保证取水管及船舶的安全。当船舶在波浪的作用下产生颠簸或者取水管在洋流的作用下产生摇摆时,吊机上的补偿装置可以随着船颠簸和取水管的摇摆进行补偿,从而增强船舶稳定性。

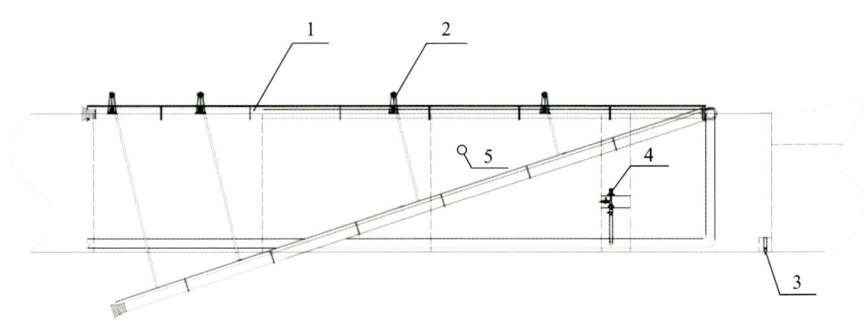

图 10-8　船载泵吸取水示意图

1—深层取水装置;2—带补偿装置的液压吊机;3—声呐探测装置;4—循环水泵;5—温控阀(溢流口)

10.3.3　颗粒饲料输送装备

工船养殖是一种新型的深远海工业化养殖模式,主要通过自动投饵系统进行饲料投放。投饵机的性能直接影响饲料利用效率和养殖效益。在颗粒饲料自动投饵系统中,常采用管道气力输送颗粒饲料。

传统气力输送技术和气固两相流理论已经相当成熟,但应用在深远海养殖饲料气力输送系统中时,不合理的输送参数可能导致管道输送效率低下或颗粒堵塞现象。这不仅增加了耗气量和能耗,还影响了系统的整体性能。因此,有必要深入研究饲料输送参数与输送效率之间的关系,以优化系统设计和提高输送效率。

投饵系统的设计基于正压气力输送原理,如图 10-9 所示,主要包括风机、冷却器、下料装置、加速器、分配器、称重系统等部分。在气力作用下,饲料通过输送管被输送到位于输送管末端的抛料口,抛料机将饲料均匀抛撒到不同养殖舱中心进行投喂,满足多个养殖舱的投喂需求。根据养殖鱼类投喂要求,投饵量不低于 1.5 t/h,投饲距离最远为 100 m,投喂频次为 4 次/天,每次投喂 1 h。

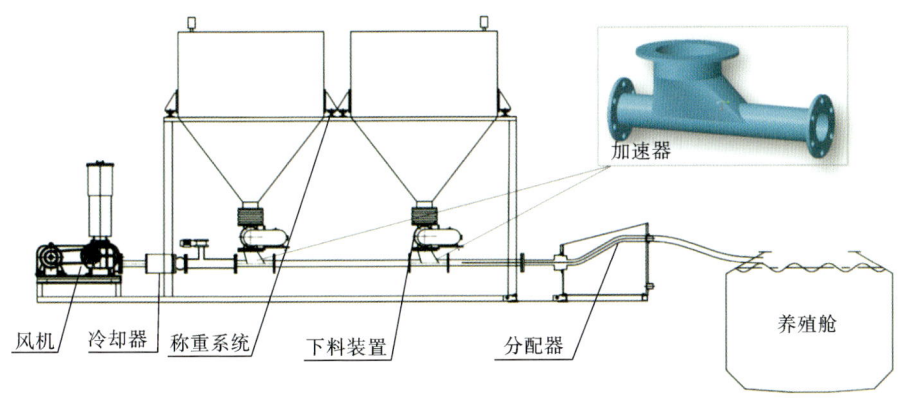

图 10-9　养鱼工船投饵系统的总体结构图

颗粒饲料气力输送结构优化计算主要涉及加速器和输送管两部分。其中,用于颗粒饲料气力输送的加速器的结构外形如图 10-9 中右上角所示,它是将饲料送入输送管路,同时与气流混合的核心部件,其性能对整个投饵气力输送系统有重要影响。

10.3.4　起捕聚拢系统

起捕聚拢系统配合吸鱼泵共同组成船载起捕方式。利用绳索赶网至距养殖舱养殖水面鱼水比例最为适合位置后,打开吸鱼泵将鱼水吸至指定位置。

在起网舱室四周布置串联式绞机,牵引网底整体上移,实现将鱼群快速汇聚的目的;使用吸鱼泵将鱼吸入指定的区域。

如图 10-10 所示,在正常养鱼时,网囊沉入养殖舱底部。网囊上沿串接一排浮子,网囊底周连接一定数量的沉子。网囊周边镶有数根网纲。在水中,网囊呈浅斗状。网囊网纲底部与起吊绳连接,起吊绳一端与多绞盘串联绞机连接,起吊绳穿过固定绳环,连接网纲底部,通过另一侧固定绳环后与绞盘固结。因此起网时,四周多个绞盘顺着同一方向转动,网囊底部逐渐被抬起,减小鱼水比,利于吸捕鱼群;反向转动时,网囊底部整体放下,利于布网养鱼,如图 10-11 所示。

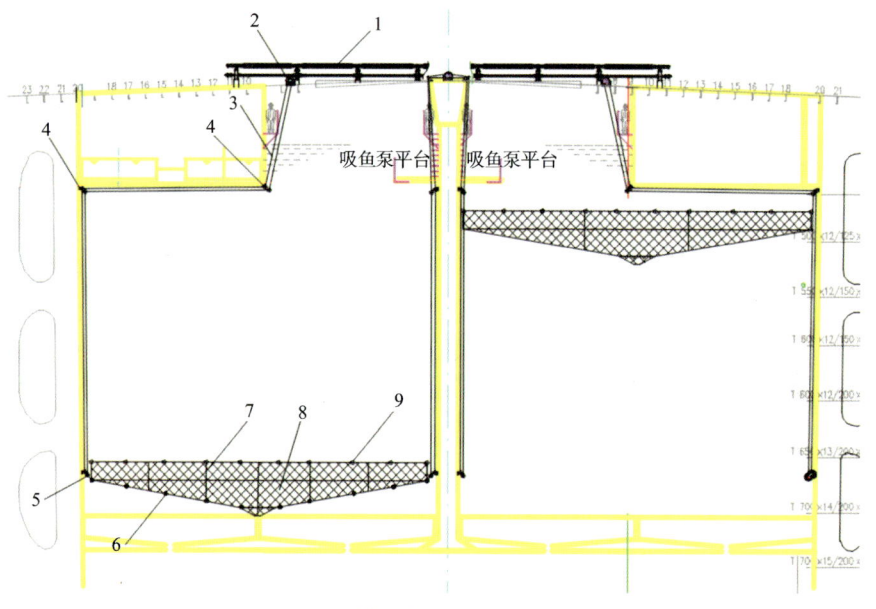

图 10-10　典型起网系统布置示意图

1—多绞盘、滚筒串联绞机;2—多绞盘串联绞机;3—起吊绳;4—固定绳环;
5—绳结;6—沉子;7—网纲;8—网囊;9—浮子

10.3.5　真空式吸鱼泵

真空式吸鱼泵具有自动化程度高、工作效率高、劳动强度低、操作人员少等

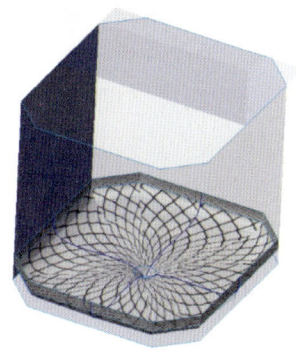
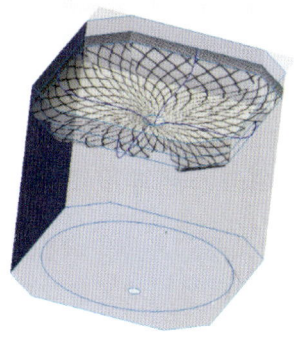

养殖状态网囊位置　　　　　　　　　起网状态网囊位置

图 10-11　典型网囊养殖状态与起网状态示意图

优点,是深远海养殖平台必备的先进起捕作业装备。真空式吸鱼泵无运动部件,结构简单,能耗较低,对鱼损伤小,适合输送较大规格的活鱼,因而是深远海养殖平台理想的活鱼输送设备。

　　图 10-12 是真空式吸鱼泵的示意图。真空式吸鱼泵由真空集鱼筒、水环真空泵、控制箱、阀门、仪表以及管道等组成。水环真空泵将真空集鱼筒内部分空气抽出,从而形成负压,鱼和水在真空集鱼筒内外压差的作用下从真空集鱼筒上部进鱼口处吸入,达到设定液位后,水环真空泵停止从真空集鱼筒内部抽气,

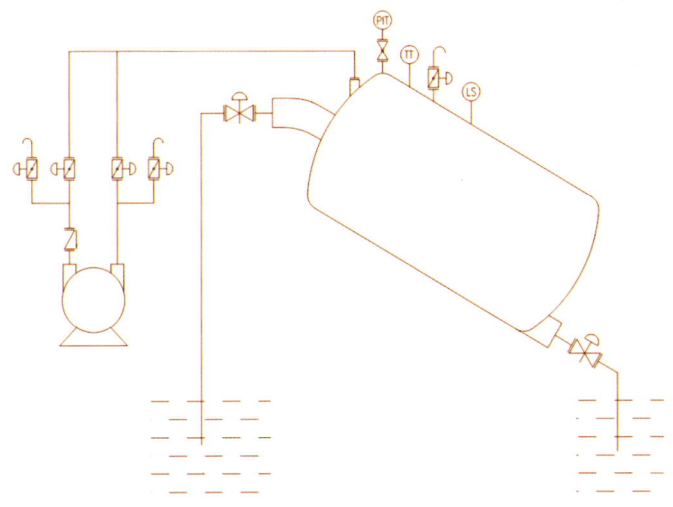

图 10-12　真空式吸鱼泵示意图

真空集鱼筒上部通气口与大气(或水环真空泵出气口)接通,在重力(或气压)的作用下,鱼和水从真空集鱼筒下部排鱼口排出,从而完成一次吸/排鱼过程。

10.4 船载智能作业软件系统

10.4.1 精准投饵自动化控制

饲料是水产养殖中最主要的成本,如何保证饵料的精准投喂,实现深远海浮式渔业平台养殖的智能化管理是研究的重要内容。船载精准投饵自动控制系统根据养殖环境主要参数,结合鱼类生长需要形成合理的投饵量和最佳的投喂时间,实现养鱼工船养殖智能化管理。控制系统构建了生长模型管理、环境监测与报警和自动投饵策划等功能模块。

1. 系统功能

生长模型管理模块:该模块是船载精准投饵自动控制系统的核心之一,鱼类的生长是合成代谢与分解代谢相互作用的复杂结果,本系统主要考虑外部因素对鱼群总体生长率的影响。在众多影响因素中,我们选择了温度、体重和溶解氧含量作为关键参数来构建模型。系统提供了模型的自动生成功能,并内置了基于矩阵分解的快速算法。一旦模型结构确定,用户只需输入养殖过程中的数据记录,系统便能自动完成模型的计算。通过在线监测养殖水体的主要参数,并随着数据的持续积累,该模型将不断得到优化和修正。该系统的生长模型管理模块界面如图 10-13 所示。

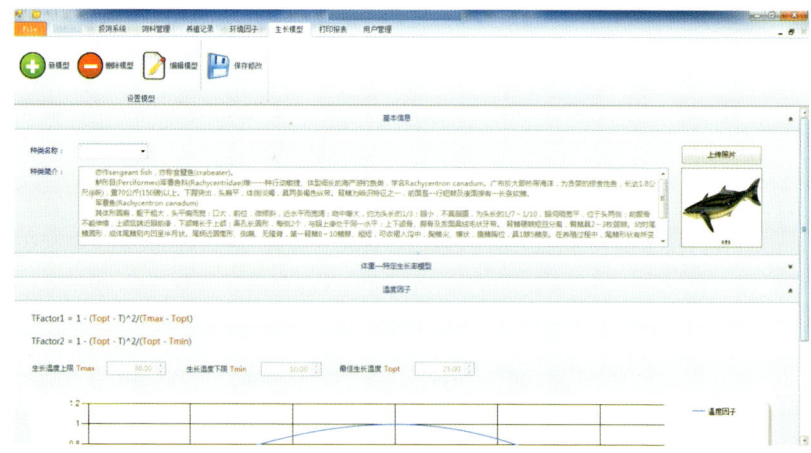

图 10-13 生长模型管理模块界面

环境监测与报警模块：该模块实现了多参数传感器的集成，养殖环境主要参数包括水温、溶解氧含量和 pH 值。当某个参数超过阈值时，系统将发出警报，告知管理人员尽快采取措施以避免养殖损失。该系统的环境监测与报警模块界面如图 10-14 所示。

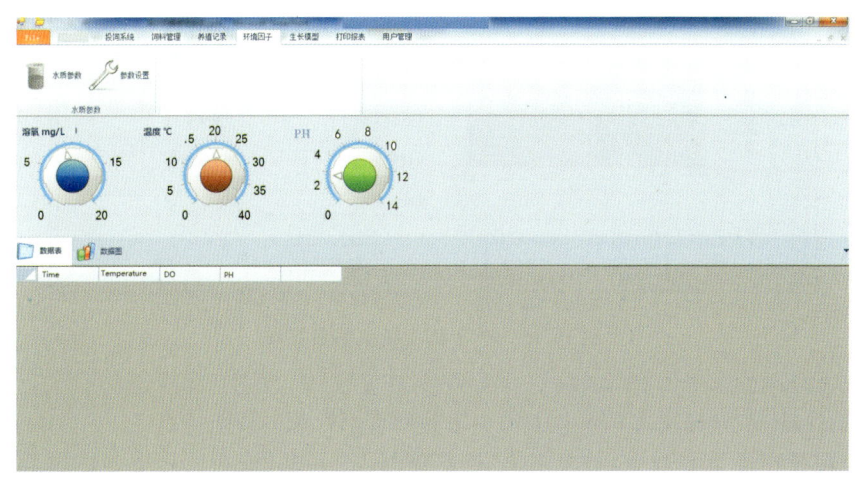

图 10-14　环境监测与报警模块界面

自动投饵策划模块：该模块实现了本系统的核心功能，融合了水质监控、生长模型和自动投饵系统的功能，为实现智能投饵和投饵集中控制构造了雏形。具体工作如下：根据环境因子、鱼的体重和该类鱼的最佳日饵率确定投饵量；当满足投饵条件时，系统将与投饵系统进行通信，以控制投饵过程。

2. 投饵决策

精准投饵决策是指利用数据驱动的技术和方法，根据鱼类的生长状态、环境条件和个体需求，实时调整饵料的投放量和方式，以最大化养殖效益、提高饲料利用效率并减少浪费。精准投饵决策主要用来完成当日投饵量辅助决策的功能。如图 10-15 所示，当日投饵量决策因子包含"鱼种类别""摄食率"和"本箱尾数"等，单体喂重决策公式为

$$F = W_t \times k \tag{10-1}$$

式中：F 表示投饵量；W_t 表示单体体重；k 表示摄食率。

"鱼种类别"信息是根据鱼类的生长公式结合饲养日龄信息自动计算出来的，鱼种的生长公式为

$$W_t = \exp(\mathrm{SGR} \times \Delta t \times \ln W) \tag{10-2}$$

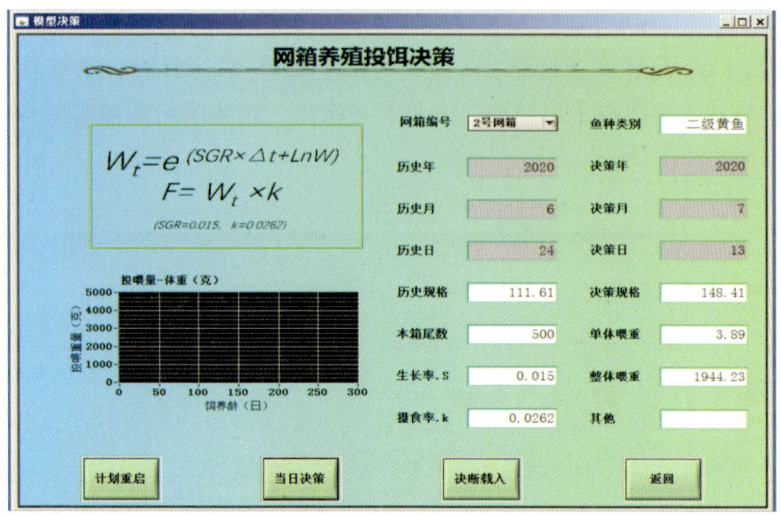

图 10-15　鱼类精准投饵决策系统

式中:SGR 表示特定生长率;Δt 表示生长时间;W 表示初始体重。

在投饵决策界面中,首先点击"网箱编号"选择框,选择所要决策的网箱,然后核对"历史年""历史月"和"历史日"等上次决策时间信息,随后核对鱼种"历史规格""本箱尾数"等信息,核对无误后点击【当日决策】,在界面右边的决策结果中应显示"决策规格""单体喂重""整体喂重"等信息,核对无误后可点击【决断载入】,将上述决策结果自动载入投饵作业页面的数据中,再进行投饵作业操作。决策模型中的生长率 s 和摄食率 k 为可调整参数,实际应用时可根据实际情况进行重新输入和调整。

3. 自动投饵集中控制

养殖自动投饵系统基于气力输送原理,结合 PLC 和触摸屏进行控制,系统可以实现多路饵料配送、自动投饵控制等,投饵过程可以进行远程控制或手动操作,方便进行投饵量、投饵速度、投饵时间的设置。投饵决策系统通过协议与控制器 PLC 进行直接通信,将投饵时间、优化后的投饵量传输给投饵机的控制系统,控制执行机构完成自动投饵动作,实现平台养殖精准投喂。

10.4.2　智能化饱食判定研究

精准投喂是建立在外界环境和鱼类生长特性上的,而养殖对象自身在当下阶段的状态也需要时刻关注,在必要的时候调整投饵时长、间隔时长、投饵量等,实现对饲料的精细化管理,降低水产养殖的运营成本。

1．观测

在养殖舱内（水面上和水面下）配备适量摄像头，时刻观测舱内养殖对象的状态，如图 10-16 和图 10-17 所示。水面摄像头主要用于观测鱼类摄食情况、水面污物和死鱼等，水下摄像头主要用于观测排污口和水下鱼类运动状态，如图 10-18 所示。

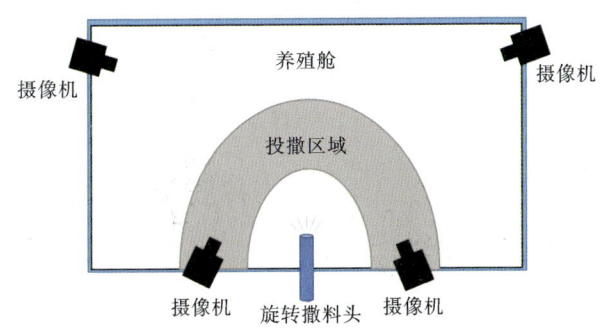

图 10-16　水上摄像头布置示意图

图 10-17　水下摄像头布置示意图

投饵时的人工巡逻观察也是一种重要手段，能更直接地观测鱼类摄食状态（见图 10-19），为下一步的行动提供依据。

2．机器学习

利用图像识别技术，从海量视频图像中获取鱼类特征值；运用神经网络模型，比较这些特征值，探索出一种根据鱼类画面判定鱼类状态的方法，让机器自

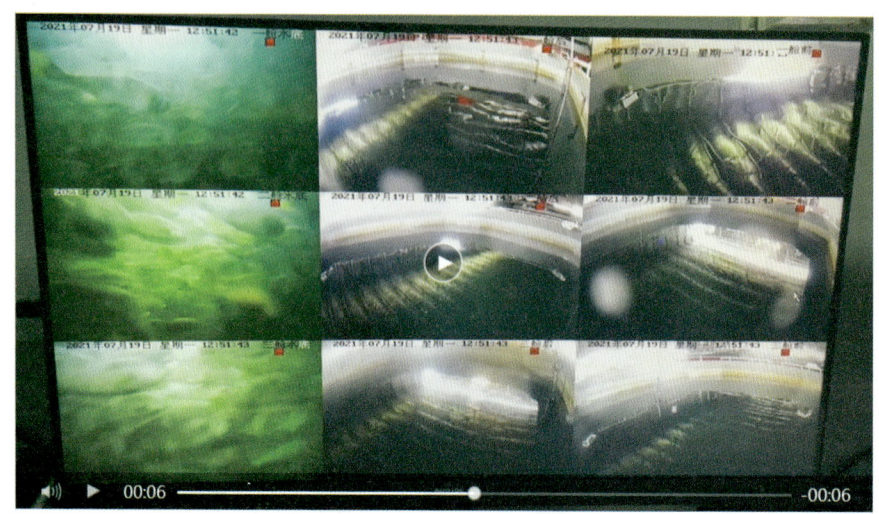

图 10-18　监控室内观测画面

图 10-19　人工观测摄食状态

学习获得鱼类摄食状态的初步判断，辅助养殖人员决策。

　　神经网络是依照大脑神经网络工作原理而建立的一种简单的数学模型，由输入层、隐藏层、输出层组成，其中，输入层输入的为鱼类特征值，输出层输出的为鱼类状态，隐藏层的作用是处理输入层数据，从而达到对输出层数据准确估算的目的。人工神经网络拓扑结构示意图如图 10-20 所示。

　　任意节点和相邻层节点间的权值系数为 $\omega_1, \omega_2, \cdots, \omega_n$，则输入 Σ 可表示为

$$\Sigma = \omega_0 x_0 + \omega_1 x_1 + \cdots + \omega_n x_n \qquad (10\text{-}3)$$

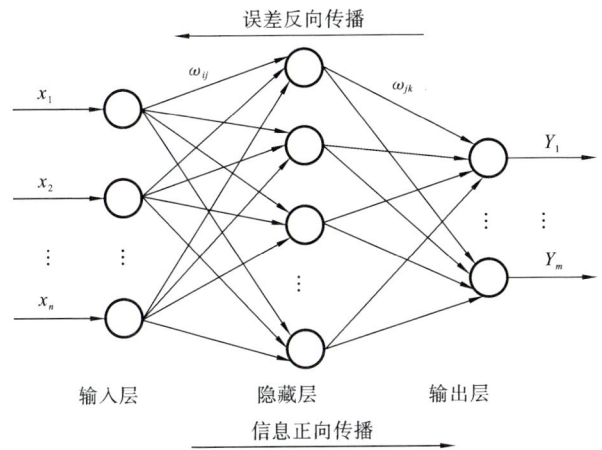

图 10-20　人工神经网络拓扑结构示意图

式中：x_0 为初始偏差。

$f(\cdot)$ 称为节点激活函数，在神经网络领域使用最多的是 tanh 函数、Sigmoid 函数、ReLU 函数等。

节点的输出值 O 可以表示为

$$O = f(\Sigma) = f(\omega_0 x_0 + \omega_1 x_1 + \cdots + \omega_n x_n) \tag{10-4}$$

神经网络模型经过一次正向传播训练得到的结果和实际结果往往相差很大。为了提高模型的估算精度，需要对模型进行不断的迭代修正，即不断的正向-反向传播训练，直到模型训练结果和实际数值的偏差在设定范围内，或者迭代步数达到要求。神经网络训练的数学原理如下：

① 初始化网络。选定网络形式，包括网络层数、每层网络节点个数等。初始化节点之间的权值系数 ω_{ij} 与 ω_{jk}，设定网格学习速率和节点激活函数的类型。

② 计算网络输出值 O_k。

$$O_k = \sum_{j=1}^{l} H_j \omega_{jk} - b_k \quad (k = 1,2,\cdots,m) \tag{10-5}$$

式中：H_j 为隐藏层的输出；b_k 表示偏置量。

③ 计算误差 e_k。

$$e_k = Y_k - O_k \quad (k = 1,2,\cdots,m) \tag{10-6}$$

④ 更新权值系数。根据 e_k，用梯度下降法得到权值系数 ω_{ij} 与 ω_{jk} 的更新值。

$$\omega_{ij} = \omega_{ij} + \eta H_j x_i (1 - H_j) \sum_{k=1}^{m} \omega_{jk} e_k \quad (i = 1,2,\cdots,n,\ j = 1,2,\cdots,l) \tag{10-7}$$

$$\omega_{jk} = \omega_{jk} + \eta H_j e_k \quad (j = 1,2,\cdots,l,\ k = 1,2,\cdots,m) \tag{10-8}$$

式中：η为网络学习速率。

⑤ 正向传播。判断网络输出结果是否满足要求。如果满足要求，则停止迭代，如果不满足要求，则重复操作该流程。

在系统初始阶段，程序需要一定量的数据积累和人为对模型进行长时间训练，需要建立大数据辅助平台。训练集的准确度直接影响结果的准确度。现阶段深远海养殖还未能获得足够的数据来训练程序。

不同的养殖对象，因形状和状态不一样，图片数据不一样，训练模型也不一样，故不可用同一程序去判定。

3. 摄食状态异常处理

如果发现养殖对象摄食状态异常，则可结合人工判断，通过图 10-21 所示流程进行处理。

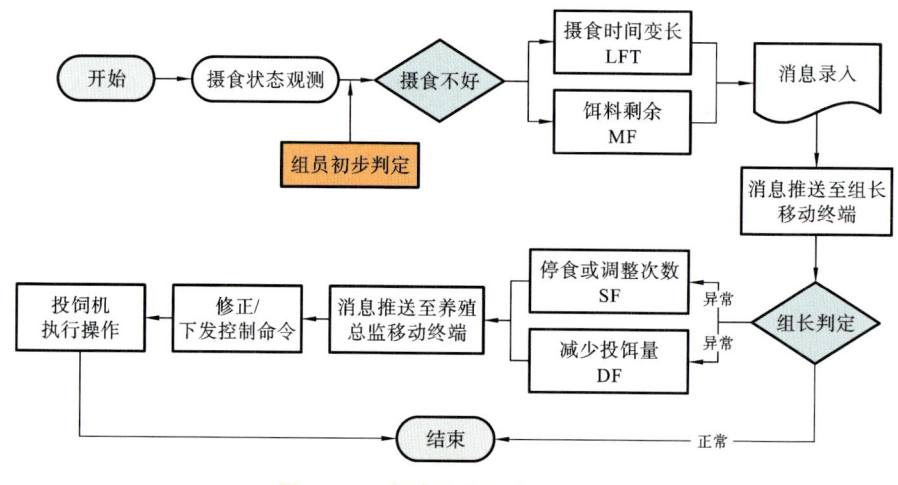

图 10-21　摄食状态异常处理流程

10.4.3　水质智能调控

养鱼工船水质智能调控系统主要有强制水体交换、增氧、氨氮调节、定期清理和鱼病防治等功能。

1. 强制水体交换

强制水体交换系统由养殖海水泵和遥控阀组成。正常状态下，一个养殖海水泵只给对应的养殖舱供水，在紧急状态下也可通过阀门的切换给其他养殖舱供水。当养殖舱内海水泵故障时，系统启动图 10-22 所示流程开展自动调节。

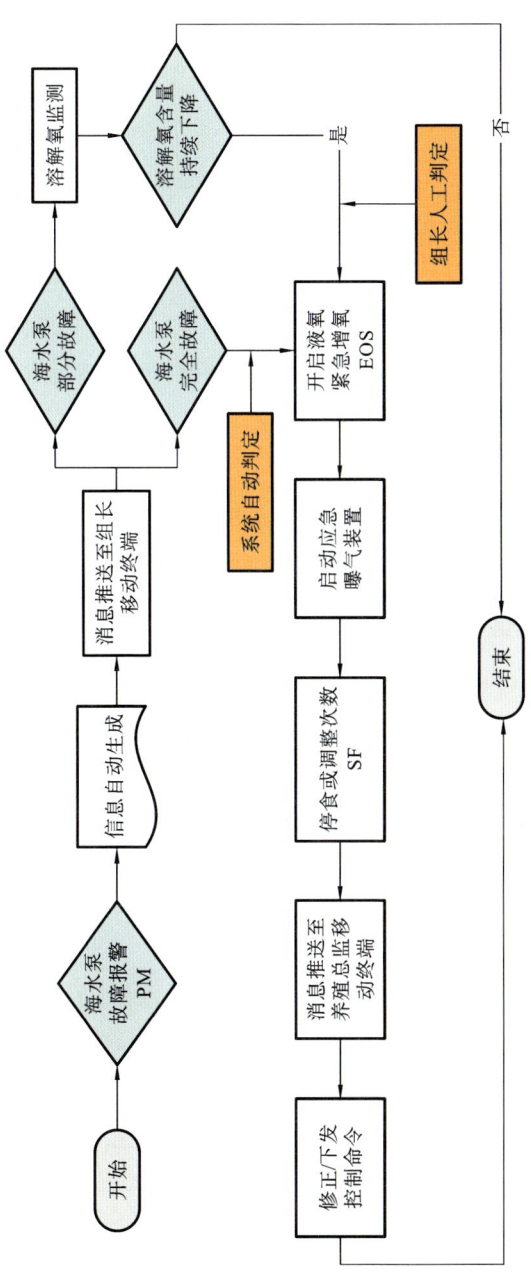

图 10-22 海水泵异常自动调节流程

2. 增氧

系统氧气由制氧机/液氧罐提供,经氧气锥溶入水体后进入养殖舱内。当水质监测系统发现水体中溶解氧含量到低位时,就触发图 10-23 所示流程开展自动调控。

3. 氨氮调节

水体中的氨氮含量与水中鱼体生存质量息息相关。当监测到水质中氨氮超标时,可通过减少投喂量或加大换水量来调整,系统将按图 10-24 所示流程进行调控。

4. 定期清理

养殖舱内舱壁上会有鱼排泄物、饲料残渣和海洋生物附着,需要定时清洗,清洗流程如图 10-25 所示。

5. 鱼病防治

当通过人工或视频发现鱼体有病害,需要进行人工干预时,系统将执行图 10-26 所示综合调控流程。

10.4.4 生产业务管理系统

生产业务管理系统有如下功能:

(1)精准记录每天的养殖情况,包括规格、投饲情况、摄食情况、死鱼情况等,为大数据分析提供数据基础。

(2)全程有效记录养殖过程中水质监测、药物检测、重金属检测、消毒日常等数据,为食品安全提供数据保障。

(3)提供养殖最优投喂模型和投喂策略建议。

(4)具有丰富的报表系统,全面掌握养殖现状。

(5)能提供安全、高效的数据服务,数据能永久存储,为其他科学研究提供可靠的数据支持。

生产业务管理系统中的通信和数据采集模块应具备以下特点:

(1)能够对水质、设备、生产数据进行分类获取、分组处理和集中存储。

(2)能够搭建数据集中平台,利用消息队列、Redis 内存数据库和缓存等技术,确保数据采集及应用服务的稳定运行。

(3)搭载内网数据推送平台,实现移动终端 App 的消息推送功能。

(4)提供数据访问接口,接入船岸通信系统,以实现数据定时发回岸基中心。

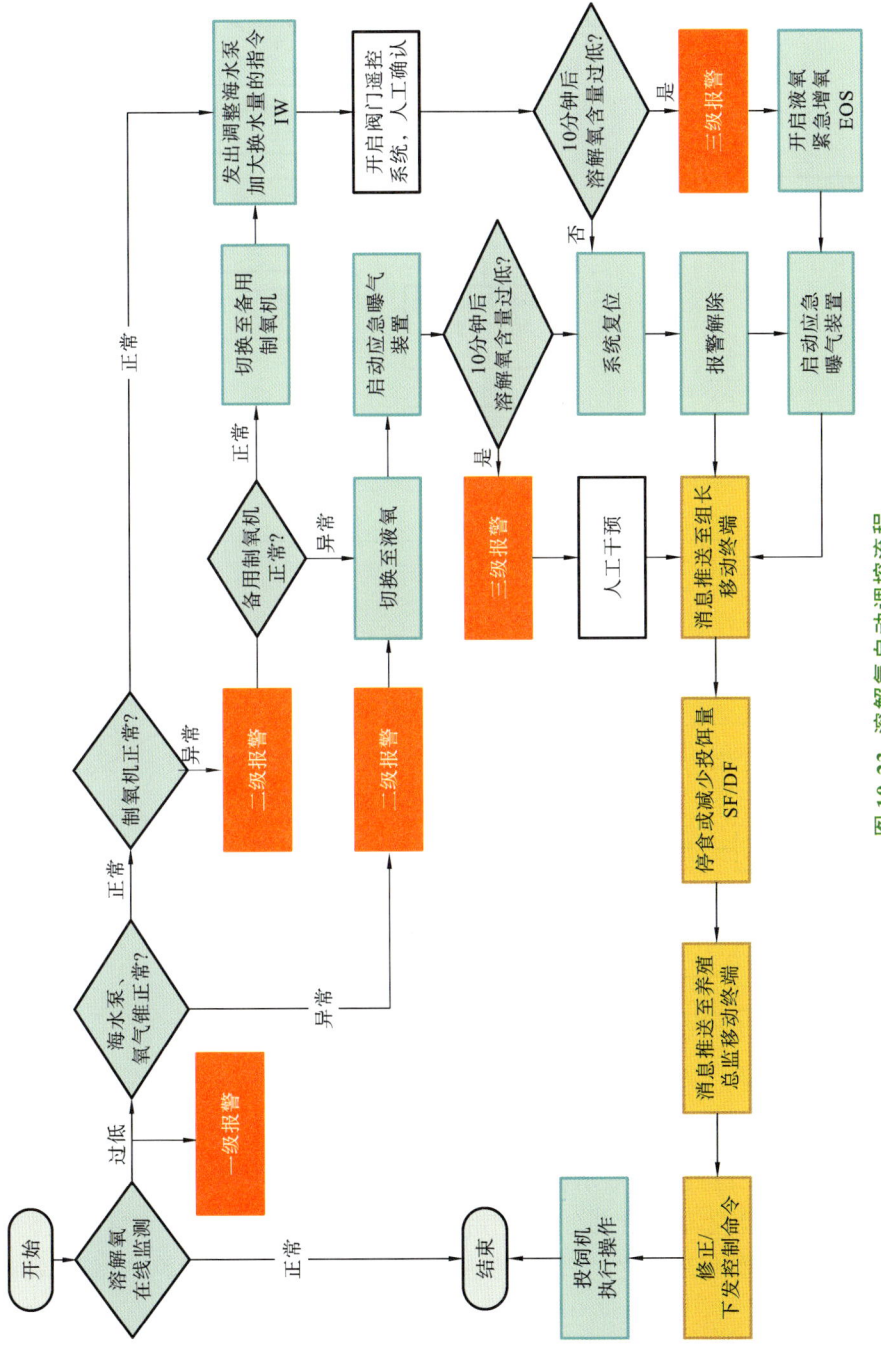

图 10-23 溶解氧自动调控流程

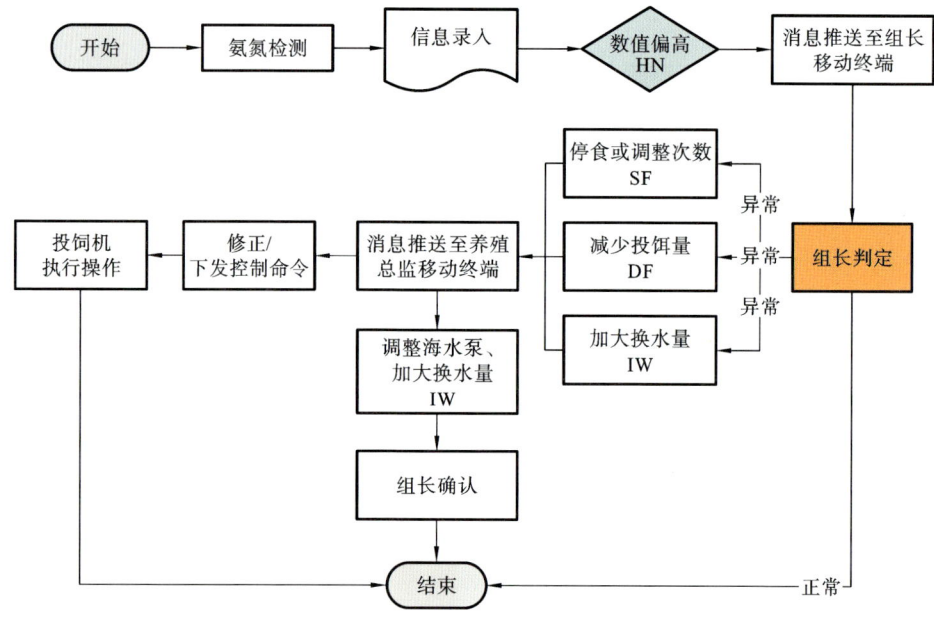

图 10-24　氨氮偏高综合调控流程

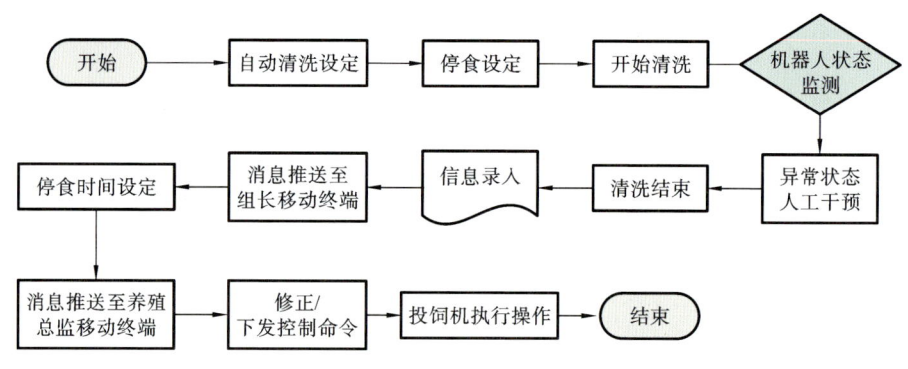

图 10-25　定期舱壁清洗流程

（5）能够对主要养殖设备监控状态进行监视，即提取设备的数据信息，利用数字化处理和分析技术，展示设备的运行曲线；查看获取设备当前和历史信息，自动进行设备状态的统计和分析；利用丰富灵活的可视化组件和多维多场景的实时数据进行数据可视化；为设备管理维护决策提供科学的数据依据，以提高运维效率。

生产业务管理系统配备有移动终端 App，可实现：① 配合便携移动平板，实

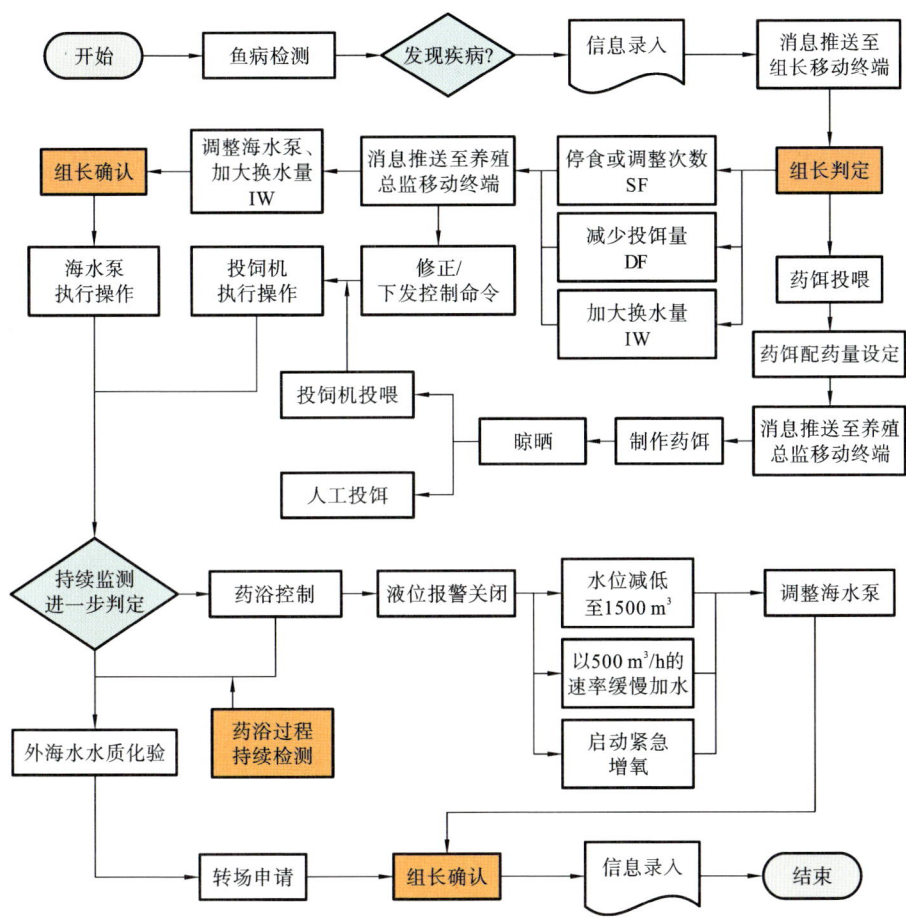

图 10-26　鱼病防治综合调控流程

现移动办公管理;② 随时随地查询、录入生产数据;③ 消息推送,任务下发,远程执行;④ 水质、设备状态实时监视;⑤ 视频监控即时查阅。

本章参考文献

[1] 崔铭超,金娇辉,黄温赟. 养殖工船系统构建与总体技术探讨[J]. 渔业现代化,2019,46(2):61-66.

[2] 张千,刘世佳,刘亮清,等. 我国深远海养殖设施装备发展现状与趋势[J]. 中国渔业经济,2023,41(3):71-77.

［3］李志雨,童波,邵武豪.采用循环水技术的大型养殖工船总体设计探讨［J］.船舶,2022,6:20-29.

［4］丁乐声,陈潇,谢庆墨,等.基于CFD-DEM的气力投饵分配器参数影响分析［J］.饲料研究,2022,45(8):118-122.

［5］雷高辉,刘峰,董小宁,等.水产养殖智能投饵技术研究进展［J］.饲料工业,2024,2:1-25.

第 11 章
渔业船联网及智能渔船

11.1　渔业船联网系统概况

随着信息技术的发展和移动终端的普及,信息时代由户户相连的"互联网时代"跨越到物物相连的"物联网时代"。近年来,物联网受到学术界和工业界的极大关注,成为新兴研究热点。物联网的研究已经覆盖到市政、交通、物流运输、医疗、教育、工农业生产等诸多领域。物联网在水面船舶领域的重要分支即为船联网(internet of vessels,IoV)。船联网按船舶的用途又可以分为海运船联网、河运船联网、军用船联网、工程船联网和渔业船联网等。目前,国内外对于前 4 种船联网的研究和应用较多,对其需求的分析、系统架构的设计、网络的实现和应用均有所开展,但针对渔业船舶的船联网研究几乎是空白。

渔业船联网(fishery internet of vessels,FIoV)以海洋渔业船舶为网络基本节点,以船舶、船载仪器和设备、航道、陆岸设施、浮标、潜标、海洋生物等为信息源,通过船载数据处理和交换设备进行信息处理、应用和交换,综合利用海上无线通信、卫星通信、沿海无线宽带通信、船舶自组网和水声通信等技术实现船-岸、船-船和船-仪等信息的交换,在岸基数据中心实现节点各类动静态信息的汇聚、提取、监管与应用,使该网络系统具有导航、通信、助渔、渔政监管和信息服务等功能。

渔业船舶作为渔业船联网的基本网络节点,因特有的灵活性、广布性和群众性,相比其他民用、军用船舶,在获取海洋信息、发展海洋经济、维护海洋权益方面具有不可替代的优势。智能渔船技术将物联网和人工智能应用于渔船,打造出集海洋信息采集、处理和传输于一体的综合海上终端。这一技术通过在渔船上设置信息采集和处理节点,实现对海洋数据的智能采集、分析和决策支持,从而提升渔船的作业效率和安全性。

渔业船联网是一个依托于海洋渔业的全新系统性工程,在系统构建之初就应充分考虑渔业相关领域的应用,也需要考虑海洋相关科研领域的应用。随着相关技术的发展,特别是以物联网为代表的信息化和智能化技术的发展,渔业船联网不断演进和完善,船联网将逐渐应用于新的领域,因此,渔业船联网对未来应用场景的考虑需要有一定的前瞻性。通过多方调研和分析,渔业船联网未来主要的应用场景包括辅助渔业生产、渔业多媒体、渔业监管、海洋科研等,如图 11-1 所示。

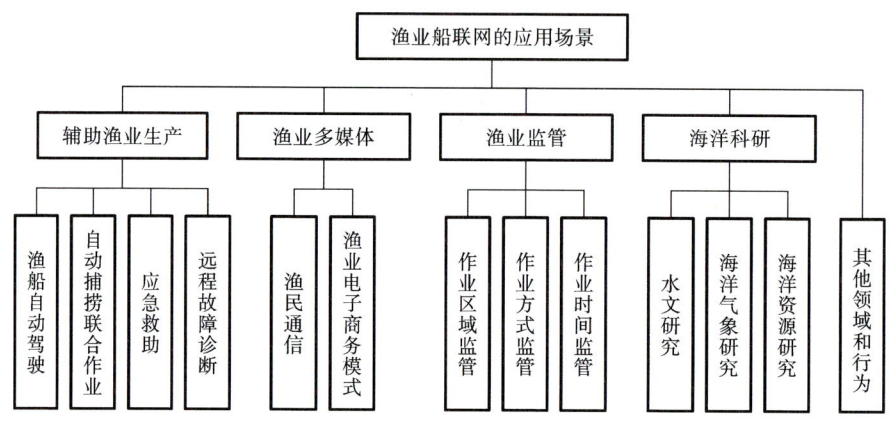

图 11-1　渔业船联网的应用场景

11.2　渔业船联网架构

11.2.1　船联网架构介绍

系统总体架构由陆基系统、天基系统和海基系统三大部分组成,如图 11-2 所示。船联网系统针对远海渔船和近海及港内渔船采用不同的通信方式,远海渔船或船队采用基于卫星通信的船-岸通信方式;近海渔船及港内渔船采用基于无线网络的船-岸通信方式。

海基系统由渔船(包括船载设备)、水面设备、水下设备等组成。海面部分渔船在靠近海岸的海域或港内作业、运输、停泊,这部分渔船所在的区域覆盖有较好的岸基无线通信基站信号,船-岸通信可以通过无线通信来完成。远海渔船在远离海岸的区域进行渔业相关活动,超过了岸基基站的信号覆盖范围,只能通过卫星通信来实现船-岸通信。远海渔船在海上作业通常结成船队进行协

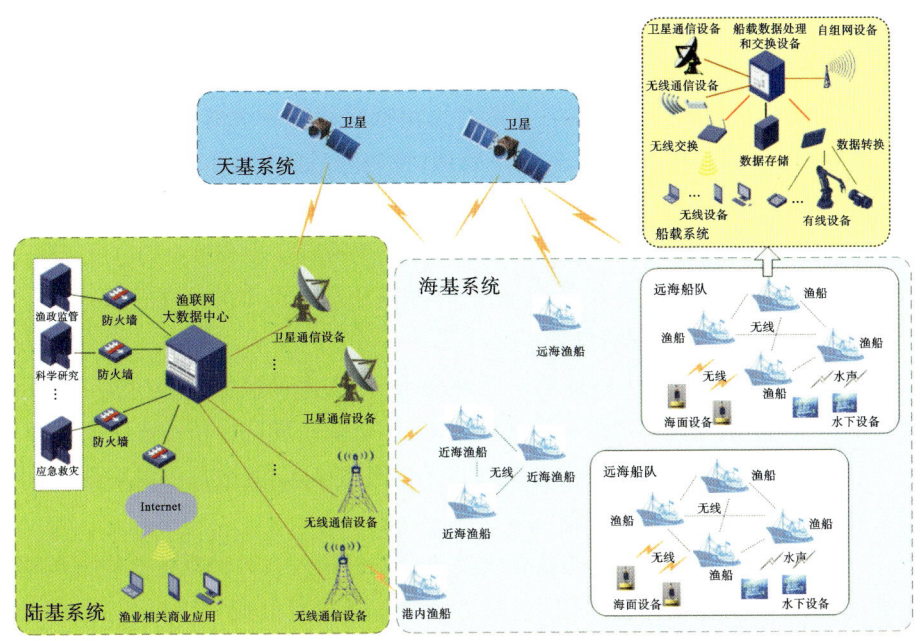

图 11-2　系统架构图

作活动,针对这一场景,船队之间一般采用自组网的方式建立船-船间的通信联系,满足船队联合作业、信息共享、减灾互助等需求。为观测渔情、水质、水文、气象等参数,往往需要在海面投放如浮标、探测传感器等海面设备,在水下投放如潜标、水下滑翔机等水下设备,这些设备的状态控制、数据传输构成了船-仪通信。在水面设备的通信中,我们采用无线通信技术来满足船只与设备之间的通信需求,并尽可能将这些设备纳入整个船队的自组网络。通过使用统一的无线系统,我们实现了船只之间以及船只与海面设备之间的通信。由于无线电信号在水中传播受到限制,船只与水下设备的通信则通过采用水声通信技术来实现。

1. 海基系统

海基系统中最主要的部分为渔船船载系统,也是渔业信息处理系统的主要部分。渔船船载系统由船载数据处理和交换设备、数据存储设备、卫星通信设备、无线通信设备、无线和数据交换设备、无线设备和有线设备等组成。各设备的主要功能如下。

(1) 船载数据处理和交换设备:作为船载系统的核心设备,负责获取无线设备和有线设备的数据,并对数据进行分类、清洗、筛选、压缩和加密等处理,将需要实时传回陆基大数据中心的数据发送给卫星通信设备,将需要传给船队其他渔船的数据发送给无线传输设备,将数据量大且不需要实时传送回陆基大数据中心的数据保存到数据存储器。负责对卫星通信设备和无线通信设备传送回的数据和指令进行分类、解密、解压等处理,将处理后的数据和指令传送给船载仪器和设备或通过自组网传送给海面浮标和水下潜标。

(2)数据存储设备:用于保存不需要实时传送回陆基大数据中心的海量数据。

(3)卫星通信设备:负责岸-船通信,采用基于数据类型的调度算法,满足不同数据实时性、可靠性、保密性的差异化需求。

(4)无线通信设备:实现船队中船-船通信及船-海面仪器通信功能,采用自组网的方式,灵活地构建网络和拆解网络,方便船队完成航行和作业任务。

(5)无线交换设备:实现船载设备的无线网络接入,其通信可以采用 Wi-Fi 的方式,便于兼用多种移动通信设备。

(6)数据交换设备:实现船载有线仪器设备的接入。各种设备的数据类型、数据格式、物理特性等往往不同,数据交换设备需要对船载常用设备的数据进行预处理,实现接入数据的标准化,为后续数据传输和数据存储创造条件。

(7)无线设备:可以是通信设备,如手机、平板、笔记本电脑等,也可以是带有无线传输功能的船载仪器和设备。

(8)有线设备:包括船载的观测仪器、捕捞设备、机电仪器和监控设备等。

2. 天基系统

天基系统是由多颗卫星组成的通信系统,实现远海渔船及船队与陆基大数据中心的通信。由于海上渔船数量庞大,天基系统需要卫星通信实时分享卫星信道,满足渔船特别是远海渔船实时通信的需求;天基系统所覆盖区域内的渔船数据经汇总后形成大的数据流,因此,卫星通信的带宽也需要满足使用需求。

3. 陆基系统

陆基系统由大数据中心、各数据使用部门数据分中心、卫星和无线通信设备及通过互联网承载的各种渔业相关应用组成。

陆基系统为满足海洋相关科研、渔业监管、应急救灾、辅助生产和渔民常规通信的需求,应当具有以下特征:

(1)全方位信息感知:即感知水质参数、水文参数、气象参数、生物信息、渔船生产全息(船位、气象、渔具、渔获物、物资、人员以及重要设备运行参数等)、渔船进出港动态信息、渔业渔政监管信息等。

（2）异构数据接入。

（3）可靠、高效的传输：实现船-岸、船-船、船-仪、船-人等通信，满足不同数据实时性、可靠性、保密性的差异化需求。

（4）多样化应用。

信息系统从网络层级上共分为五个层级，分别是应用层、汇聚层、传输层、接入层、感知层，同时还需要建立信息安全体系、标准规范体系作为这五个层次的支撑部分，如图 11-3 所示。

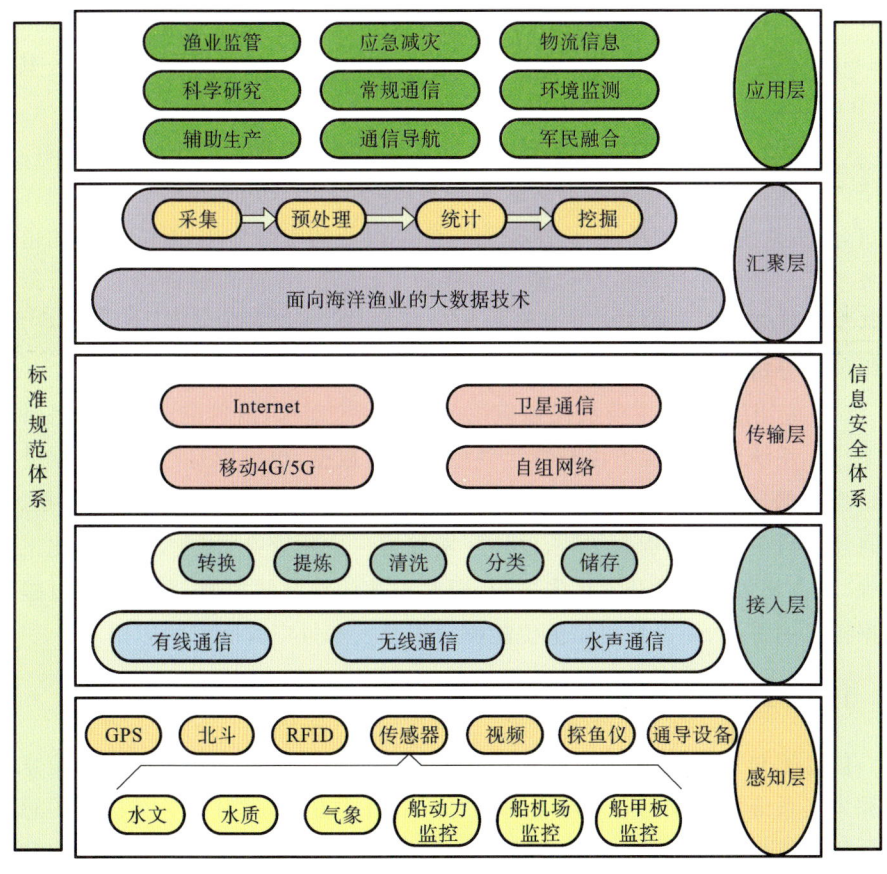

图 11-3　信息系统的网络层级

（1）感知层：该层的主要功能是通过各种类型的传感器对物质属性、环境状态、行为态势等动静态的信息进行大规模、分布式的获取。这些功能通过构建不同使用场景、不同感知对象的技术架构模型来实现。

（2）接入层：该层负责将各种传感器、通信设备、导航设备及视频监控设备获取的数据，通过有线、无线和水声等通信方式接入数据中心。相关传感器、仪器和设备产生大量结构化数据和非结构化数据，如图片、视频以及声音等，因此需要对执行数据进行转换、提炼、清洗和分类。考虑到船-岸通信条件的限制及数据用途的不同，需要对分类后的数据进行存储、转发等操作。

（3）传输层：该层是用于实现信息资源交互的基础平台。基于多网络融合的理念，传输层以信息传送高可靠性、高安全性为目标，保障各类感知数据在传输、交互过程中的顺利连接。传输层主要应用了专用网络、公共网络、自组网络、网络路由和控制、移动通信等信息网络技术，也可以借助现有的移动通信网（如 GSM 网、CDMA 网、WCDMA 网、LTE 网等）、无线局域网（Wi-Fi）、卫星网、Internet 网和自组网等基础设施，来完成接入层的信息传送任务。

（4）汇聚层：该层的主要功能是通过具有超级计算能力的中心计算机群，对网络内的海量信息进行实时的管理和控制，并为上层应用提供一个良好的用户接口，集成系统底层的功能，构建起面向各类行业的实际应用，是应用层的信息服务基础。其工作过程是在传输层的基础上，收集、存储和管理感知层所得到的各种数据和信息，进行基于大数据的数据处理，包括数据采集、数据预处理、数据统计分析和数据挖掘等，提取对各种应用有用的信息。

（5）应用层：该层主要面向各应用单位的特定需求，由单位自主开发各种应用系统。系统数据来源可以是特定领域的原始数据，也可以是经过大数据处理的结果数据。由于应用层所涉及的应用领域广，如海洋水文预报、天气预报、各种海洋科研应用和渔货商贸等，设计开发和推广应用繁杂，因此，为了简化工作流程，渔业相关应用的开发优先进行，而对于其他领域的应用，系统将通过提供数据接口的方式，使得各应用单位能够自主开发和推广其所需的应用。

11.2.2　海上信息感知技术

信息感知及采集是实现"物物相联，人物互动"的基础。基于渔船的信息感知和采集系统已经成为渔业船舶发展的一个重要方向，针对某一类信息的感知和采集系统也有所报道。根据渔业船联网的需求，渔业船联网所需要感知和采集的信息不是单一类型的，需要通过不同传感器实现对多源渔业相关信息全面、实时的采集。数据类型异构化包括数字、文字、图像、声音和视频等大量结构化数据和非结构化数据。如图 11-4 所示，多源异构渔业信息采集技术能够通过多种方式实时获取各种航运信息，也能动态采集水质参数、水文参数、气象参数、生物信息、渔船生产信息、渔船进出港动态信息、渔业渔政监管信息等。多

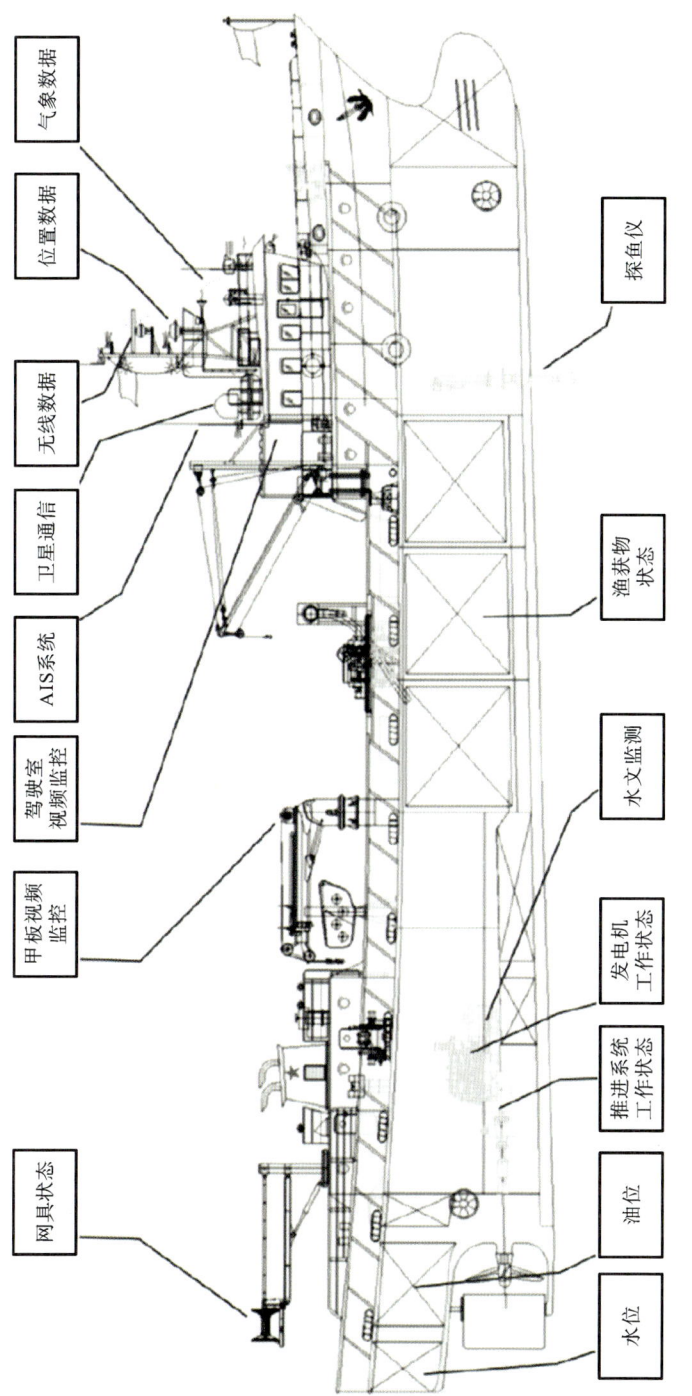

气象数据

位置数据

无线数据

卫星通信

AIS系统

驾驶室
视频监控

甲板视频
监控

网具状态

探鱼仪

渔获物
状态

水文监测

发电机
工作状态

推进系统
工作状态

油位

水位

图 11-4 多源异构渔业信息采集示意图

源异构渔业信息的实时、精准采集,有助于全面了解渔船运行设备、生产装备和助渔仪器等的工作状态。通过船载数据中心和陆基大数据中心获取渔船各种设备和仪器的状态信息,可以为渔业船舶的应急救灾、远程故障检测、自动化捕捞和无人驾驶等应用提供数据源,养殖管理者基于精准数据就可以制定各种针对场景的自动控制流程,逐步提升海洋渔业船舶的信息化、智能化水平。

渔业船舶信息类型多样,对应的数据内容和类型也存在较大差异。表 11-1给出了渔业船舶信息采集系统主要采集内容所对应的数据类型。

表 11-1　渔业船舶信息采集系统主要采集内容所对应的数据类型

分类	数据内容	数据类型
海洋气象	风向、风速、气压、空气温度、相对湿度、海面有效能见度、降水量、颗粒物浓度	数字
水文数据	潮汐、海浪、表层海水温度、表层海水盐度、海冰	数字、图像
机舱监测	燃油、润滑油、蒸汽、压缩空气、冷却水等项目的压力和温度,主机转速,电站及用电设备的电压和功率	数字
主动力监测	冷却水进水温度、冷却水出水温度、润滑油温度、进排气温度、增压压力、气缸压力、燃油压力、主机转速、进气空气流量、冷却水消耗量、燃油消耗量	数字
甲板机械监测	液压设备压力和转速、放钓数量监测、舵机压力、低液位报警	数字
助渔设备	探鱼仪数据、测深仪数据、潮流信息、罗经数据	图像、数字
渔政监管信息	船位、渔具渔法、渔获物数量、进出港信息	文字、数字、图像
视频监控	机舱视频监控、驾驶室视频监控、甲板作业区域视频监控	视频
通导设备	各种通信数据,如 GPS/北斗数据	文字、语音、数字

信息化和智能化是现代海洋渔业发展的重要方向,智能渔船构建技术是信息化、智能化在现代渔业中实施的主要手段,目前船舶行业已陆续提出和出台"智能船舶""智能机舱"等概念和相关法规。渔业船联网存在大量异构化传感器、通信设备、导航设备及视频监控设备等,相关仪器和设备会产生大量结构化数据和非结构化数据。仅对单艘船来说,船载数据处理和交换中心所获取的数据量已经很庞大且内容多样化,对于一个船队或整个船联网系统来说,实时获取的数据量将是数十、上百千兆比特每秒。就目前海上通信技术发展现状来

说,其海上通信尤其是远海通信主要依赖卫星中继,其通信带宽满足不了所有船载设备采集数据的实时传输需要。由于对应数据类型和应用需求的不同,系统对数据传输实时性、可靠性和保密性等要求也存在较大的差异,因此,智能化渔船应配备具有较强存储和处理能力的船载智能化处理中心,以便结合数据应用场景的需求和岸-船通信环境情况选择无线移动、卫星或有线方式,在不同通信方式下对数据进行提炼、清洗、分类、缓存等处理。智能化渔船应具备在船上对部分数据进行智能化处理的能力,从而实现船只自身或整个船队的应用需求。此外,对于非结构化数据,智能化渔船应先将其结构化处理后再回传至岸基无线通信基站,以此降低船岸通信的负担。

11.2.3　渔船海上通信技术

1. 渔业船舶海上无线通信技术

由于海上无线通信网络构建的复杂性,近几十年来,海上通信技术的发展远远延迟于陆上通信技术的发展。在中国,海洋渔船的无线通信主要依靠海岸中频/高频和甚高频无线网络以及传统的海洋卫星通信,在近岸场景,岸基无线通信也发挥着极大的作用。20 世纪 90 年代初,为满足全球海上遇险与安全系统(GMDSS)对通信业务的需要,中国建设了奈伏泰斯系统(NAVTEX)、中频/高频系统(MF/HF)等海岸电台系统,这些电台系统虽然可以覆盖较远的海域,但仅能提供很窄的通信带宽,可以满足海上船舶安全信息发布和遇险救助的基本需要。例如,NAVTEX 系统工作频率为 518 kHz,传输距离为 250～400 n mile(1 n mile＝1825 m),传输速率为 50 bit/s;PACTOR 高频电台系统的数据传输系统覆盖范围为 4000～40000 km,传输速率为 9.6 kbit/s 和 14.4 kbit/s。由于该系统主要是利用电离层进行无线传输的,因此难以满足实时语音通信的需求。在中国海洋渔业领域,远洋渔业船舶通常配有 NAVTEX 终端,用于接收气象预报信息、紧急海试通知和导航数据等。为了提高海洋渔业的生产安全保障能力,2005 年农业部(现改为农业农村部)开展建设基于中频/高频系统的全国海洋渔业短波安全通信网,目前,全国建立了 14 座渔业短波岸台,有 6 万多艘海洋渔船配备了短波电台,岸台都实行 24 h 不间断收听值班,提供渔业生产气象信息发布、安全救助、渔政执法调度、渔民日常通信等服务。

为了确保海上航行安全,查找海难事故原因,国际海事组织(IMO)决定增设通用船舶自动识别系统(automatic identification system,AIS)。AIS 是工作在甚高频(VHF)海上频段(甚高频频段为 156.0～174.0 MHz,其中 AIS 工作在 156.025～162.025 MHz 频段)的船舶和岸基广播系统,是集现代通信、网络技术和信息技术于一体的助航、海上安全系统,最大传输距离可达 30 n mile,传输速率为 9.6 kbit/s,增强了船舶航行安全,提高了船舶交通管理效率。中国目前已有 30 座渔业 AIS 基站,近 6 万艘渔船配备了 AIS 终端设备。随着 AIS 在海洋船舶中的大量使用,VHF 频段通信需求逐渐增加,AIS 的可使用频段内已经非常拥挤,在许多繁忙港口已经达到对频段 50% 以上的占用率,导致信息阻塞等严重问题的发生,影响了航行安全。针对上述问题,2013 年国际航标协会(IALA)首次提出了 AIS 的升级版——VDE(VHF data exchange,甚高频数据交换)系统的构想,相比于 AIS,VDE 系统的通信链路更加丰富,且在原来广播信道基础上增加了 VDE 的通信信道。不仅如此,VDE 系统还在设计之初就考虑了地面与卫星两大系统,从系统设计和兼容性分析等多个角度做了大量技术研究工作。

针对中国近海渔业通信的需要,渔业船用调频无线电话机系统在沿海也有一定规模的建设和应用,其工作频段为 27.5～39.5 MHz,通话带宽为 25 kHz,最大作用距离可达 50～100 n mile,提供自动遇险报警、气象、海况、渔业信息预报、话音通信、船位监测等服务,但由于没有建立相应的渔业通信网络管理规定,网内设备制式混乱,设备利用率不高。

上述海上无线通信系统具有应用成本低、使用便捷、满足近海覆盖要求的特点。但是,通信系统受气候条件和海洋环境影响较大,通信可靠性不高,而且系统采用窄带通信方式,导致无法提供高速数据业务,极大地限制了其在渔业船联网中的使用。

2. 近海宽带无线及宽带自组网技术

中国陆基蜂窝移动通信技术发展日益迅速,跟随国际无线移动通信发展过程经历了以频分多址为主要技术的 1G 时代、以时分多址和码分多址为主要技术的 2G 时代,之后的 3G 技术提供了相比于前两代通信技术更宽的带宽,常用的通信标准有 WCDMA、CDMA2000 和 TD-SCDMA 等。随着第三代陆基移动通信在中国陆域的覆盖,2005 年为建立全国海洋渔业安全通信网,中国渔政指挥中心与中国联通通信有限公司签署了《海洋渔业 CDMA 移动通信系统建设项目合作协议》,共同建设适用渔业的通信系统。系统采用 CDMA 1X 广域覆盖解决方案,宏基站覆盖半径达到 120 km,超远覆盖微基站在近海面的实测覆盖半径达到 82 km,可以非常经济有效地解决近海面的无线信号广域覆盖问题,通话质量也完全适应海上恶劣的渔业作业环境。在陆地通信系统中,4G 通信技术正蓬勃发展,日益显示出在数据带宽方面的优势。利用沿海 4G 网络不仅能够实现基本的语音通信、数据传输、远程监控等功能,还能够提供高效的海面增值服务。通过采用多天线增强技术、加大发射功率等方案,4G 信号海面覆盖范围可以达到 70 km,中继技术在 4G 通信中的大量使用,也为实现海上更大范围的通信信号覆盖提供了可能。相比现今广为使用的 4G 移动通信,5G 技术在大规模天线阵使用、资源利用率、传输速率以及频谱利用率等方面都有明显的优势,在提升用户体验、减小传输时延、扩大网络覆盖范围等方面也会有显著的效果。在制定 5G 通信标准的过程中,人们已经在考虑与卫星之间的无缝接入,力图实现永远在线、全球无死角覆盖。这也必将为当前面临发展困境的海洋通信网络建设提供良好的发展契机。

随着无线通信技术的高速发展,种类繁多的无线自组网技术出现并应用在生产和生活当中。其中无线 mesh 网络由于能够整合异构网络、提高网络资源利用率、成本低、易于维护而且能够提供可靠的服务而成了下一代无线通信网络的关键技术。与蜂窝无线网络不同,无线 mesh 网络采用点到点或者点到多点的拓扑结构,具有节点快速移动、多跳通信、拓扑不断变化等优点,能够实现海上通信"无缝覆盖"。mesh 路由器的数据链路层和物理层采用的国际协议标准通常是 IEEE 802.11 和 IEEE 802.16。

图 11-5 给出了基于 mesh 网络的船联网自组网通信方案,该方案在海洋渔业中应用具有较大的优势:

(1) 灵活的节点接入能力。网络具有智能控制和管理功能,可实现突发情况下快速组网和任意点的快速接入/退出,同时对其他节点和正常通信不会造成影响。渔船在海上航行和作业时,多数是在不停地移动位置,船与船之间的距离在不停地变化,mesh 网络的灵活节点接入能力满足了移动渔船作为自组网络接入点的需求,能适应渔业船联网实际的接入条件。

(2) 高度的网络自组织能力。网络中不存在中心节点,支持 16 节点同频组网,并具有路径选择、路由自动管理等功能,保证信息通信以最短路径传输,并根据节点间的实际连接状态,自动选择是否进行中继传输,并找到最优的中继路径。mesh 网络的高度自组织能力和无中心化特性非常适合渔业船舶的航行和作业场景,尤其是在近海沿岸渔船密集的情况下。由于大多数渔船之间没有协作关系,高度自组织的网络可以在没有事先约定的情况下,为这些渔船提供海上通信的扩展功能,从而方便地将岸基无线通信延伸到海上。

(3) 广泛的网络覆盖。节点之间可实现视距 40~50 km 的单点传输,这样的覆盖能力在各种无线宽带网络中处于较高的水平,通过多跳点中继可以大幅提高岸基无线通信的通信能力,提升系统的传输速率和容量。

(4) 强大的带宽传输能力。网络系统可实现最高 6 MHz 的载波带宽,并实现节点之间最高 8.9 Mbit/s 的数据传输速率,能支持多路视频、音频、数据等信息的同时传输,具有最低 2.5 MHz 的载波带宽。带宽在节点之间实现按需实时动态分配共享,满足多路音频、视频和其他数据实时传输需要。船联网中船载设备加装了大量感知器件和设备,会产生大量视频、图片、音频等数据,因此要求网络传输带宽尽可能宽,这样才能为渔业船联网后续的多样化应用提供可能。

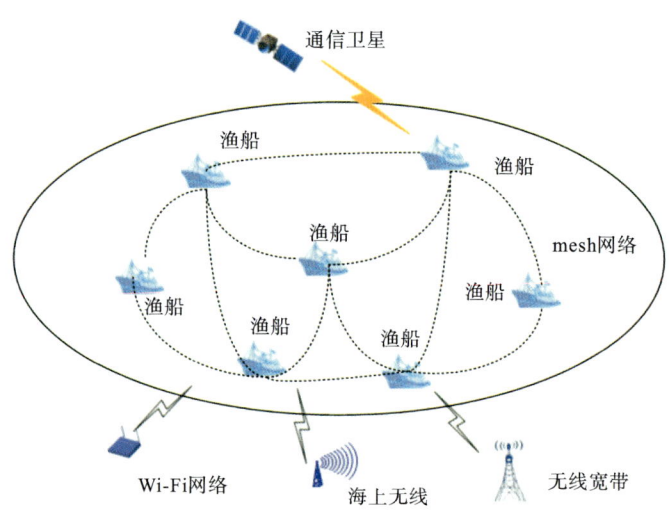

图 11-5　基于 mesh 网络的船联网自组网通信方案

3. 海上卫星通信技术

在海上移动通信领域,尽管基础设施完备的 4G 移动通信网络为中国近海海上用户的高速数据业务提供便利,但远离海岸的区域覆盖依然是岸基移动通信亟待克服的困难。卫星通信具有通信距离远、覆盖范围广、组网灵活、基本不受气候变化和其他自然条件的影响等优点,是远海通信的理想选择。海事卫星通信系统(INMARSAT)、铱系统(Iridium)、Thuraya 系统、Skyterra 系统、全球星(Globalstar)、北斗卫星导航系统(BeiDou)和"天通一号"卫星移动通信系统等是在中国海洋渔业卫星通信中使用较多的卫星通信系统。

基于同步卫星的 INMARSAT 海事卫星通信系统覆盖全球,为处于不同地形、不同高度的终端提供双向通信服务,随着 INMARSAT 海事卫星通信系统业务的发展,它已成为世界上能为海陆空各种环境提供服务的重要卫星系统。INMARSAT 卫星系统陆续演进了五代,目前广泛在用的卫星系统是第三代 L 波段语音通信系统、第四代 L 波段数据通信系统以及第五代 Ka 频段卫星移动宽带通信系统。第五代海事卫星通信系统定位于宽带通信系统,采用点波束方式,提供 72 个固定波束和 6 个移动波束,单颗卫星容量为 4.5 G,可以为宽带卫星终端用户提供下行 50 Mbit/s、上行 5 Mbit/s 的传输速率。2017 年 5 月,IN-MARSAT 第五代第 4 颗卫星发射成功,这颗卫星覆盖中国及"一带一路"共建国家,基本完成了第五代海事卫星通信系统的全球覆盖和针对中国地区的容量增强。

低轨道卫星移动通信系统 Iridium,与 INMARSAT 相比,轨道面距地更近,信号传输损耗较小,无线电波能集中传至地表,信号的品质较高,还可减少回波杂讯,从而促使终端设备复杂性大大降低,终端的体积大大缩小。第二代铱系统 Iridium NEXT 于 2017 年完成两批 20 颗卫星发射,整个系统于 2019 年通过一系列成功的发射任务完成了部署。Iridium NEXT 系统支持包括海事、航空、陆地移动、M2M 以及政府服务等多个应用领域,提供从上/下行 22 kbit/s,到下行 1.4 Mbit/s、上行 512 kbit/s 等不同等级速率组合的数据服务,服务性能相比上一代系统有了大幅提升。

截至 2023 年,中国的北斗卫星导航系统(BeiDou)已经全面建成并投入全球服务。北斗系统具备全天候、全天时的全球定位、导航和授时功能,并且提供短报文通信服务。该系统目前由 30 颗卫星组成,覆盖全球范围,并支持高精度定位和多种增值服务。

在中国海洋渔业领域,北斗系统的应用尤其广泛。截至 2023 年,全国约有 16 万艘渔船配备了北斗终端设备,这些设备广泛用于渔船导航、渔政监管、海洋灾害预警和渔民通信等方面,特别是在远海作业环境中,北斗系统的双向短报文通信功能极大地提高了渔民的安全性和通信效率。北斗系统的短报文服务目前可以一次传输多达 1000 个汉字的信息。

中国启动了多个自主通信卫星计划,其中包括自主研制的卫星移动通信系统"天通一号"。该系统的首颗卫星于 2016 年 8 月 6 日在西昌成功发射,并已完成在轨测试及地面应用和运控系统的集成联试工作。"天通一号"覆盖中国领土、领海及第一岛链以内的区域,提供 S 频段用户链路,可支持超过 100 万用户同时使用,并采用多模方式与陆基 4G 移动通信无缝连接。其功能包括拨打全球任意地面固定电话和移动电话,支持网内和网外的短消息通信,以及实现与地面公网移动终端的互联互通,宽带数据业务的传输速率最高可达 384 kbit/s。

此外,中国还启动了其他重要的通信卫星计划,如全球低轨卫星星座通信系统"鸿雁星座"、天基物联网"行云工程"以及全球覆盖的卫星宽带互联接入系统"虹云工程"。这些计划均在积极推进,未来将陆续完成卫星发射和组网工作。

中国自主的全球覆盖通信卫星系统的组网完成并投入服务,将极大地推动中国海洋通信技术的发展,并为渔业船联网提供更多的通信技术手段。

综上,卫星通信广域覆盖,几乎不受天气和地理条件的影响,可全天时全天候工作;卫星系统抗毁性强,自然灾害、突发事件等紧急情况下依旧能够正常工作。传统卫星通信设备和资费价格昂贵限制了其在海洋渔业中的应用。基于 VSAT(very small aperture terminal,卫星小数据站)卫星通信的卫星 VSAT 集群通信通过 TDMA 技术进行多用户信道资源共享,不需要单一用户租用宽带专线,设备费用和通信资费大幅下降,为卫星通信在海洋渔业中广泛使用提供了可能,据不完全统计,截至 2024 年,已有超过 4 万艘渔船配备了 VSAT 系统。海上渔业船舶通信技术比较见表 11-2。

表 11-2　海上渔业船舶通信技术比较

分类	通信方式	通信距离	速率/带宽	通信成本
海上无线通信	短波	4000～40000 km	9.6 kbit/s 14.4 kbit/s	低
	AIS	30 n mile	9.6 kbit/s	中
	超短波	50～100 n mile	25 kHz	低
近海宽带通信	CDMA 1X	82～120 km	173 kbit/s	中
	4G(TD-LTE)	70 km	100 Mbit/s(下行) 50 Mbit/s(上行)	中
宽带自组网	mesh 网络	40～50 km	8.9 Mbit/s	中
海上卫星通信	INMARSAT	/	50 Mbit/s(下行) 5 Mbit/s(上行)	高
	Iridium NEXT	/	1.4 Mbit/s(下行) 512 kbit/s(上行)	高
	北斗	/	40～60 个汉字/次	中
	天通	/	384 kbit/s	高

11.2.4　船联网组网解决方案

我国陆地公共移动通信系统发展极为迅猛,已建成世界上规模最大的蜂窝通信系统。作为海上无线通信和卫星通信的补充,在近海区域,岸基移动通信系统具有独特的通信优势。我国 2G 移动网络基础设施完善,信号覆盖良好,能提供理想的语音和低速率的数据业务。3G 网络由于基站建设停滞,逐步被新一代网络取代;4G 网络技术先进、系统稳定、应用成熟,成为现阶段主流移动通信网络,能提供宽带、高速数据业务。岸基移动通信的近海覆盖为港口、码头、航道管理、海水养殖、海上救助等提供了可靠的通信保障。

尽管我国的 4G 移动通信网络为近海用户提供了高速数据服务,但远海区域的覆盖仍然是岸基通信面临的主要挑战。相比之下,卫星通信因其通信距离远、覆盖范围广且组网灵活的特点,已成为远海通信的理想选择。卫星通信基本不受气候变化和其他自然条件的影响,能够在各种环境下为用户提供稳定可靠的服务。

无论是近海的 4G 移动通信还是远海的卫星通信,信道条件都会因通信距离和通信环境的变化而受到影响,从而给实现高质量、高稳定的渔船通信带来极大挑战。此外,由于目前卫星通信的成本相对较高,应优先利用岸基无线通信系统来实现船-岸之间的通信,以降低成本并提高通信效率。

移动自组网是一种特定的无线网络结构。它强调多跳、自组织、无中心的概念,网络中的节点是自由移动的。与传统的蜂窝网络不同,移动自组网是一种没有基础设施支持的网络,它由一组带有无线收发装置的节点构成。

每一种海洋通信系统都有其独特的优势,例如,海上无线通信系统的通信成本低廉,卫星通信系统具有广域的覆盖范围,自组网则能够实现高速的船-船通信并扩展卫星和陆地无线通信系统的覆盖范围。因此,在不同海域综合利用这些通信系统,就能够为用户提供性能稳定、高效、可靠且成本相对较低的通信服务。这正是渔业通信系统研究的目标所在。渔业船联网组网有以下几种形式。

1. 岸基 4G＋天基卫星

采用 4G 无线通信、卫星通信,完成对近海远海渔船网络的基本覆盖。不同场景下的船-岸通信链路如图 11-6 所示。

优点:网络架构简洁,船载加装设备较少,实施难度低,技术成熟。

缺点:无线覆盖距离短,系统平均传输速率和容量低,无缝覆盖能力弱,船-

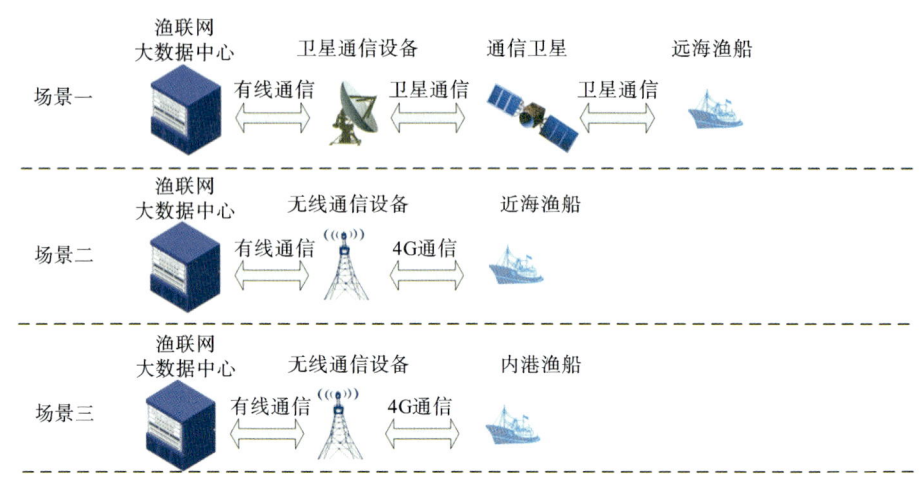

图 11-6　岸基 4G＋天基卫星架构

船间大数据通信能力不足。

2. 岸基 4G＋天基卫星＋海基 mesh 网络

通过综合集成 4G 无线通信、卫星通信与 mesh 组网技术,充分发挥各种通信技术的优势,最终实现对整个海域的无缝覆盖,并提供高质量的船舶通信服务。在不同的场景下,船-岸通信链路的实现如图 11-7 所示。

优点:该方案通过多跳无线覆盖技术,有效填补了无线和卫星通信的盲区,无须依赖自组网中的核心船只,同时系统的平均传输速率和容量较高,且所采用的技术相对成熟,能够确保稳定、高效的通信服务。

缺点:网络架构较复杂,船载加装设备较多。

3. 岸基 4G＋天基卫星＋海基蜂窝扩展

通过综合运用 4G 无线通信和卫星通信技术,实现对近海和远海渔船的基本网络覆盖。在近海和远海区域,选择核心渔船构建蜂窝网络,以此扩展无线通信的海上覆盖范围。不同场景下的船-岸通信链路如图 11-8 所示。

优点:无线覆盖得到了显著扩展;无线和卫星通信的盲区得到了有效填补;系统的平均传输速率和容量较高。

缺点:网络架构较复杂,船载加装设备较多,需设置自组网核心船,部分技术待验证。

目前,陆地上的 4G 网络技术已经非常先进,系统稳定且应用成熟,已成为

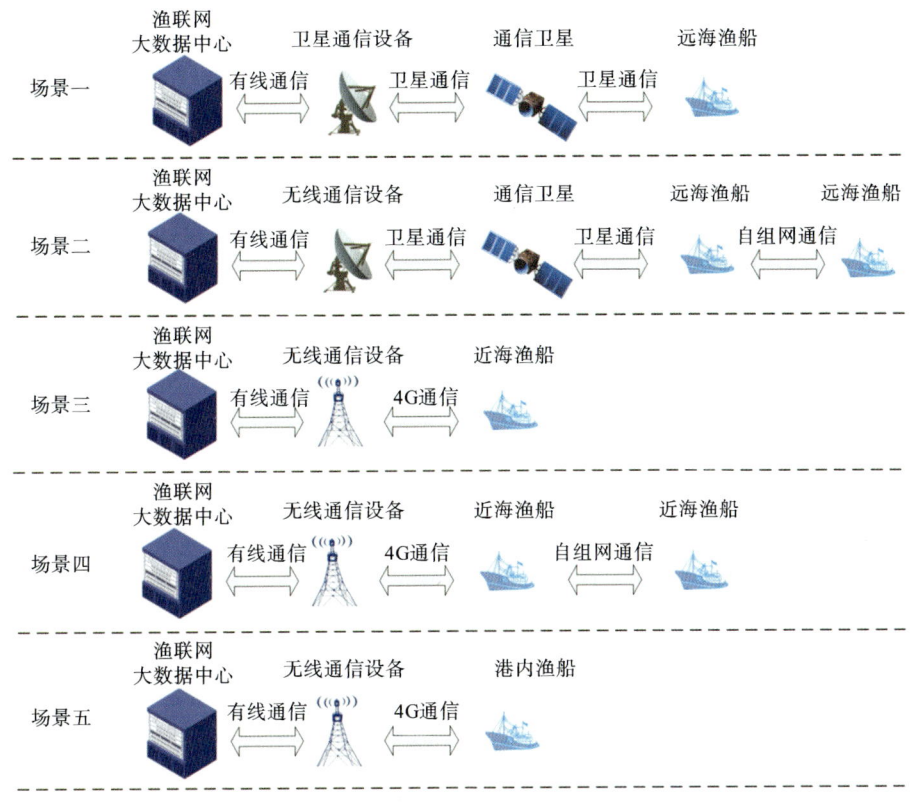

图 11-7　岸基 4G＋天基卫星＋海基 mesh 网络

现阶段主流的移动通信网络,能够提供宽带和高速数据业务。相关的通信设备如 BBU(基带处理单元)、RRU(远端射频单元)、天线、终端和中继器等均具备稳定、可靠和高性能的特点,因此港口和沿海渔业船舶的通信可以利用现有的成熟无线设备。然而,海上通信条件与陆地通信条件存在差异,主要体现在无线信道模型和基站间干扰等方面。因此,系统需要更广的 4G 覆盖范围,所用的无线通信设备需要适应渔业船舶安装条件。

　　尽管卫星通信设备已经在海上船舶通信中得到了广泛应用,但其设备仍然存在价格高、兼容性差和标准不统一等问题。针对这些挑战,研究者们拟通过对现有技术和设备的分析,提出适用于海上渔船通信的无线和卫星设备改进方案,既能充分满足系统性能需求,又能确保系统的可实现性。

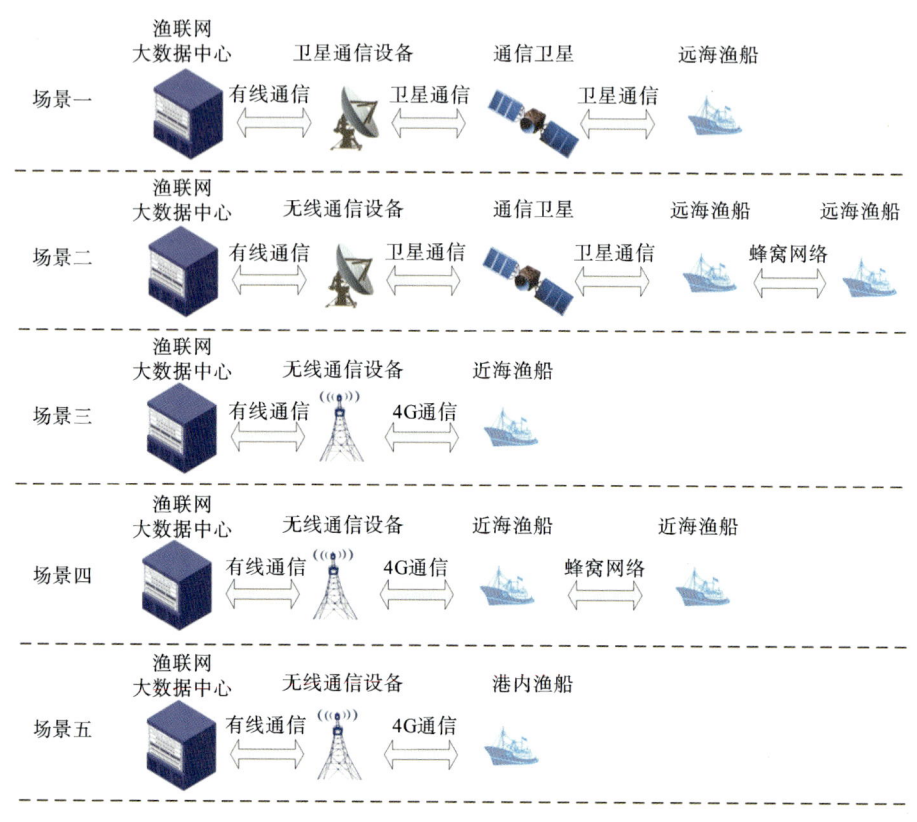

图 11-8　岸基 4G＋天基卫星＋海基蜂窝扩展

11.3　导航技术的渔业应用

海洋渔业常用的导航系统包括 GPS、北斗卫星导航系统、AIS、雷达等。

1）GPS

GPS 全称为全球定位系统（global positioning system），是由美国从 1958 年开始研发于 1964 年完成建设的，是世界上第一个卫星导航系统，该系统主要用于静点和低动态目标定位。但由于速度误差对定位精度的影响较大且无法实现即时定位，一般需要大约十分钟的追踪时间才能完成目标定位，因此，为克服这些限制，美国国防部于 1973 年启动了 GPS 的研发，并在 20 世纪 90 年代初实现了全球覆盖和实时定位功能。GPS 为全球提供了全天候、高精度、连续实时的三维定位和导航信息,军方使用的 GPS 定位精度可以达到 1 m,民用型 GPS 定位精度在 20～30 m。经过几十年的发展,GPS 也成为全球用户最多的卫星导航系统。

2）北斗卫星导航系统

北斗卫星导航系统是我国根据国际形势发展,独立自主研发的全球导航系统。20 世纪中后期我国提出"先区域,后全球"的建设理念来独立研发属于自己的全球导航信息系统。北斗一号系统于 1994 年开始建设,2000 年完成,北斗一号系统主要利用地球同步卫星为国内用户提供导航定位信息。2012 年,北斗二号系统完成建设,能够为亚太地区用户提供导航信息支持。直到 2020 年,北斗三号系统完成建设,实现了全球导航定位功能。北斗导航系统由三部分组成,分别为空间段、地面段和用户段。地面段采用高仰角工作方式使接收器易接收导航信号,即使在偏远地区以及复杂山区,接收器也能够接收导航信息。北斗卫星导航系统目前在全球已具备一定的服务水平,在定位、测速、授时上表现出超高精度。

3）AIS

AIS 全称为船舶自动识别系统,是可以自动接发船舶和航行信息,实现船舶识别、监视以及通信的系统。船载 AIS 设备无须人工干预即可实现船对岸、岸对船、船对船的信息识别,并进行有效的信息交换。AIS 能在海上传输大量、安全、实时的船舶动态数据,节约了其他传感器计算目标航向、航速的时间,在避免海上危险碰撞方面起了重大作用。现有的 AIS 设备分为 A 类和 B 类两种类型。A 类 AIS 设备采用 SOTDMA(自组织时分多址)接入模式,是根据国际海事组织的要求,所有 300 吨及以上的国际航行船舶以及 500 吨及以上的非国际航行货船必须配备的一种自动识别系统。B 类 AIS 设备主要采用 CSTDMA (载波侦听时分多址)接入模式,该协议能够对 AIS 数据链进行监听,并且只在空闲时隙发送数据包,这样既完成了小型船舶的 AIS 入网需求,又不影响 A 类船舶的正常通信,并且价格低廉,在渔业船舶海上交通安全保障方面发挥着重要作用。

4）船用罗经

渔船船用罗经有电罗经和磁罗经两种,主要用于获取船舶船首向,虽然 GPS 也能提供航向信息,但其提供的航向仅是航迹向,并非船舶的真航向。磁罗经根据地磁南北的方向进行指向,但其指向的航向和真航向会受安装位置和周围环境的影响,需进行动态修正。电罗经俗称陀螺仪,是一种利用动力学原理并通过电源供电来工作的导航仪器，用于指示船舶的真航向，通常电罗经的指向精度在 0.5° 左右。磁罗经的精度修正过程比电罗经麻烦。罗经的报文数据满足 NMEA0813 格式且采用明码封装方式。

11.4 智能渔船典型应用场景

11.4.1 渔船作业安全

渔业船联网建设和运行的最基本目的应当是"服务渔业，服务渔民"。

1）应急救助

渔业安全生产作业和运行是关系到渔民生命财产安全和渔业经济健康发展的大事。海上渔船生产作业和运行的安全威胁主要来自自然灾害、船舶间的碰撞、船舶自身事故和火灾等因素。海上渔业生产时空跨度大、个体分散，通信不畅是事故多发的重要因素之一，这也给后续救助工作的开展带来较大的困难。渔业船联网可以发挥其在无缝实时通信、全方位的船舶状态监控等方面的能力，在防范海上渔船碰撞事件，实时掌握海上渔业船舶动态运行信息，科学防台避灾，减少渔民伤亡和财产损失，提高渔船突发事件的应急处置能力及船只互助救援等方面发挥不可估量的作用。

2）远程故障诊断

海洋渔业生产作业环境的复杂性和恶劣性决定了其具有较高风险，因此对生产相关数据的跟踪极为重要，尤其是渔船的船舶运行和生产作业数据，包括船舶推进系统、电力系统、安全系统等关系到船舶安全的数据。渔业船联网的构建实现了渔船和渔业节点的信息互通与共享，并由此衍生出与渔业船舶运行和生产相关的大数据池，利用大数据池可以及时分析并预测潜在的不稳定和危险信号，并准确且及时地实施远程诊断和追踪，保证渔船运行和生产作业的安全。

11.4.2 渔业捕捞监管

多年以来，渔业科研与管理投入严重滞后于渔业活动的发展，渔业资源衰退、生态环境恶化已经使得中国专属经济区的食物供给和生态服务功能大大降低，而生态认知能力的不足和渔业监管手段的落后则严重制约了专属经济区的生态修复和双边渔业管理的主动性。渔业船联网可以实现信息的实时、精准采集，为渔业监管有效落实和巩固提供了可靠的技术手段。

1）作业区域监管

针对非法捕捞，传统的渔船作业区域监管很难落实，不仅作业区域合法性难以评估，执法区域本身也难以区分。渔业跨界和越界捕捞现象时有发生，且涉及敏感水域，造成了一定的国际影响。通过计算机技术与网络技术有机融合的渔业船联网解决方案，可以实现对作业渔船的精准定位与跟踪，对实时信息（船位、报警、短信等）进行采集、处理、存储、分析、展示、传输及交换，从而为渔业管理部门实施全面的、自动化的监管提供有力保障。

2）作业方式监管

渔业监管部门制定了详尽的渔具准用目录，明确了渔具最小网目尺寸，以及渔船携带渔具的数量、长度和灯光强度等标准，引导渔民使用资源节约型、环境友好型的作业方式，但依然无法杜绝违规作业渔具对幼鱼和珍稀濒危水生野生动物的危害和影响，原因还是缺少对渔船作业方式进行监管的有效手段。

通过船联网系统，渔船的空网拖拽作业数据、网目实时图像数据以及渔获物的实时图像与称重数据被传送至渔业船联网数据中心。数据中心通过大数据对比分析和图像识别技术，可以快速判断渔船的作业方式是否违法，并及时采取监管和应对措施。

3）作业时间监管

中国实施的伏季休渔制度对恢复海洋生态功能、保证海洋资源可持续发展、提高渔获物产量等均起到决定性作用，但"偷捕"现象屡有发生，降低了休渔制度的效果。船联网监管端的设备监控节点可以在休渔季节对船载动力设备、导航设备以及捕捞设备进行远程监测，甚至实施有选择性的远程强制控制，从而让渔船不再出现"休渔季不休息"的违法乱纪行为。

11.4.3　渔船综合管理

1）渔船自动驾驶

尽管自动驾驶轮船技术在中国及欧美国家得到了大量的资金和技术投入，并取得了显著进展，但中国渔船的自动化水平仍然相对落后。这意味着虽然整体技术发展迅速，但在渔船领域，中国仍然面临技术应用和普及的挑战。自动驾驶技术在渔船的普及上面临着渔船大小规格多样化、航行轨迹不规律等诸多制约因素。渔业船联网的实施可以在航行条件监测、渔船操作监视、决策支持、船舶安全及其周围环境监测上为渔船进行自动驾驶与管理提供技术保障，促进自动驾驶技术在渔业船舶上应用尽早实现。

2）自动化捕捞和联合作业

中国中小型近海机动渔船的自动化水平近年来有所提升,但相对于欧美国家和大型远洋渔船,自动化程度仍然较低。自动化技术在这些渔船上的应用还面临一些挑战,如设备成本较高、维护工作复杂以及操作人员的技能水平不足等。因此,尽管中国在自动驾驶轮船和渔船自动化领域取得了一些进展,中小型近海渔船的自动化水平仍然需要进一步提高,大型的声呐探测设备或者自动化捕捞仪器由于成本高,无法在中小型渔船上普及,即便在自动化程度较高的大型远洋渔船上,人力成本也在逐年上升。因此,无论是远洋捕捞还是近海捕捞,实施自动化捕捞是渔船升级换代的必经之路。

渔船上的作业装备主要包括助渔仪器和捕捞设备。助渔仪器中的探鱼仪、网位仪、通导设备等如果能通过船联网实现互联互通,进而接入互联网,就可以实现渔场信息和鱼群洄游信息的共享。捕捞设备则可以通过船联网实现智能控制和无人操作。最终,通过船联网的联通,单船或多船的助渔仪器和捕捞设备将可以实现自动协同工作,从而实现渔业自动化捕捞和联合作业,大幅度提高生产效率,促进海洋渔业的精准捕捞和高效捕捞。

11.4.4 其他应用

海洋科考包括地质、海洋地球物理、海洋化学、海洋生物、物理海洋、海洋水声等多个学科,海洋科考船能承担海底地形和地貌、重力和磁力、地质和构造、综合海洋环境、海洋工程以及深海技术装备等方面的调查和试验工作。但由于科考船总体数量无法和中国分布在世界各大洋的渔船数量相比,采集的数据与分析得到的结论多为一定区域性的局部认知与推论。可以在大范围分布的渔船作业之余充分发挥中国的渔船数量优势与地理分布优势,充分挖掘渔船的潜在信息感知能力,为中国海洋科学研究提供更多的海洋基本环境要素数据。因此,渔业船联网可以在众多海洋科考领域发挥作用,这里仅分析水文研究、海洋气象研究和海洋生物资源研究等三个学科与船联网相结合的可行性。

1）水文研究

对海洋的各层级温度、盐度以及区域深度等水文数据进行有效采集,可以认识水环境演变中各种复杂的物理、化学、生物等过程的客观变化规律。渔船可以在作业过程中利用自身配置的传感器设备对这些基础数据进行不间断的采集与存储,并在合适的网络条件下将数据传输至船联网大数据中心实施科研共享。与科考船所得的数据相比,这些基础数据来源更广、分布更均匀、持续时间也更长,未来对海洋水文研究的贡献不可小觑。

2）海洋气象研究

地球表面的绝大部分为海洋所覆盖，而海洋又具有和陆地迥然不同的物理、化学性质，这就决定了海洋在海洋气象学研究中的重要地位，与捕捞业、盐业、海水养殖业、航运、海洋资源勘探、国防建设以及其他各种海上作业有着密切的关系。据统计，20 世纪 70 年代以来，每天可以从世界各大洋获得 9000 多组的实时天气报告，但这种观测在时间上是不连续的，在空间上是不均匀分布的，因此采集参数的时间连续性和空间分布均匀程度对气象研究起着至关重要的作用，而基于渔业船联网的大量传感器节点可以有效解决上述问题，船联网系统将海洋气象研究所需数据及时汇总至大数据中心，为海洋气象研究提供必要的基础数据。

3）海洋生物资源研究

地球上 90％的生物资源都在海洋上，海洋中的生物种类多，数量大。在不破坏水资源的条件下，每年海洋最多可以提供 30 亿吨的水产品。目前而言，人们利用的海洋资源还比较局限和盲目，大量捕捞使得海洋中的食物链发生变化，从而使得海洋中的生态关系发生变化。海洋生态的一些缓慢性变化能否及时得到感知，需要大量的生态与资源数据并进行跟踪比对，仅靠离散的、局部的海洋水域环境调查跟踪是无法准确还原真实的海洋生物链变化情况的。渔业生产作业的主要目的就是获取海洋生物资源，渔业船舶分布广，作业时间持续，因此渔业生产作业过程中所获取的信息对于海洋生物资源的研究具有重要的意义，可以利用渔业船联网完成上述信息的采集、传输和处理工作，实现渔业相关信息服务于海洋生物资源研究的目的。

本章参考文献

[1] 张显良. 我国渔业发展概述（2012—2017）[J]. 中国水产，2017(12)：7-8.

[2] HARTENSTEIN H，LABERTEAUX K. VANET：vehicular applications and inter-networking technologies[M]. Torquay：Wiley Telecom，2010.

[3] 胡庆松，王曼，陈雷雷，等. 我国远洋渔船现状及发展策略[J]. 渔业现代化，2016，43(4)：76-80.

[4] 黄一心，徐皓，刘晃. 我国渔业装备科技发展研究[J]. 渔业现代化，2015，42(4)：68-74.

[5] 李国栋，陈军，汤涛林，等. 渔业船联网应用场景及需求分析研究[J]. 渔业现代化，2018，45(3)：41-48.

[6] 张铮铮,李胜忠. 我国远洋渔业装备发展战略与对策[J]. 船舶工程,2015, 37(6):6-10,66.

[7] 水柏年. 浙江海洋渔政管理现状及存在问题[J]. 浙江海洋学院学报:人文科学版,2001,18(2):13-16.

[8] 张吉喆,李勋,唐衍力.《中韩渔业协定》框架下对两国渔船相互入渔的分析 [J]. 渔业现代化,2015,42(1):65-71.

[9] 李颖虹,王凡,任小波. 海洋观测能力建设的现状、趋势与对策思考[J]. 地球科学进展,2010,25(7):715-722.

[10] 麻常雷,高艳波. 多系统集成的全球地球观测系统与全球海洋观测系统 [J]. 海洋技术,2006,25(3):41-44,50.

[11] 贾敬敦,蒋丹平,杨红生,等. 现代海洋农业科技创新战略研究[J]. 中国农村科技,2014(5):78.

[12] 朱晓东,李杨帆,吴小根,等. 海洋资源概论[M]. 北京:高等教育出版社, 2005:5-15.

[13] 虞丽娟,凌培亮,杨劲松,等.物联网智慧服务系统架构及在远洋渔船中的应用[J].上海海洋大学学报,2013,22(1):147-153.

[14] AL-ZAIDI R,WOODS J C,AL-KHALIDI M,et al. Building novel VHF-based wireless sensor networks for the internet of marine things [J]. IEEE Sensors Journal,2018,18(5):2131-2144.

[15] 凤要武,丁国斌,施志林. 数字化技术在渔船进出港签证中的应用[J]. 渔业信息与战略,2016,31(1):38-43.

[16] 曹建军,郭波. 渔船柴油机动力性参数采集系统设计[J]. 渔业现代化, 2015,42(5):53-57.

[17] 李慧青,朱光文,李燕,等. 欧洲国家的海洋观测系统及其对我国的启示 [J]. 海洋开发与管理,2011,28(1):1-5.

[18] WONG D T C,CHEN Q,PENG X M. Detection probabilities for satellite VHF data exchange system with decollision algorithm and spot beam [C]// 2018 IEEE 4th World Forum on Internet of Things (WF-IoT). Singapore,Singapore:IEEE,2018:326-331.

[19] 江开勇.我国海洋渔业安全通信现状及发展对策[J].中国水产,2008(1): 16-19.

[20] 田诚. 面对发展迟缓的海洋渔业通信[J].海洋开发与管理,2005,22(6):

79-80.

[21] 石瑞,张祝利. 我国渔船用通信导航设备技术与质量现状[J]. 渔业现代化,2009(3):65-68.

[22] 蘅芜. 渔政与联通携手为渔民安全服务——海洋渔业 CDMA 移动通信系统建设项目启动[J]. 中国水产,2005(11):9.

[23] 张小平,黄芬. 海南联通 CDMA 近海通信网开通[J]. 通信世界,2003(1):35-36.

[24] 杨海. 中兴 CDMA 1X 助力"南海覆盖工程"[J]. 邮电设计技术,2002(12):14.

[25] 苏子民,李凤花. 16T16R＋Relay 技术提升 TD-LTE 海面超远覆盖[J]. 山东通信技术,2017,37(2):31-34.

[26] 于力,赵旭淞,郑志刚,等. LTE FDD 与 TD-LTE 海域覆盖对比测试[J]. 电信科学,2015(Z1):53-57.

[27] PARK M，SEO H，PARK P S,et al. LTE maritime coverage solution and ocean propagation loss model[C]// 2017 International Conference on Performance Evaluation and Modeling in Wired and Wireless Networks (PEMWN). Paris，France：IEEE,2017:1-5.

[28] 谌志新,胡佩玉,沈熙晟,等. 我国渔船节能技术发展状况及节能渔船示范应用[J]. 中国科技成果,2017(7):35-38.

[29] 王贵彪,万会发,张海波,等. 浙江沿海小型渔船现状分析及研究[J]. 中国水运,2017,17(11):41-42.

[30] 王军. 小型渔船安全状况分析与对策建议[J]. 齐鲁渔业,2017(6):55-56.

[31] 阴惠义. 辽宁省渔业安全应急管理工作现状、问题与建议[J]. 中国水产,2013(6):30-31.

[32] 李韬. 云计算在舰船设备远程故障诊断中的应用[J]. 舰船科学技术,2016,38(2A):178-180.

[33] 王辉,刘娜,逄仁波,等. 全球海洋预报与科学大数据[J]. 科学通报,2015(5)：479-484.

[34] 赵红萍,方松. 我国海洋渔业资源环境科学调查船发展现状与对策建议[J]. 中国渔业经济,2013,31(1):160-163.

[35] STANKOVIC J A. Research directions for the internet of things[J]. IEEE Internet of Things Journal,2014,1(1):3-9.

［36］张晗.中俄边境水域越界捕捞问题对策研究［J］.湖北警官学院学报，2015（5）：45-47.

［37］张玲玲.海洋捕捞渔具最小网目尺寸新规对海洋捕捞业的影响［J］.齐鲁渔业，2017，34（9）：52-53.

［38］李吉光，宋玉兰，王桐.加强基层捕捞渔具管理若干问题的思考［J］.中国水产，2016（6）：33-36.

［39］农业部重新调整海洋伏季休渔制度［J］.中国水产，2018（3）：11.

［40］潘澎，李卫东.我国伏季休渔制度的现状与发展研究［J］.中国水产，2016（10）：36-40.

［41］KIM H J，CHOI J K，YOO D S，et al. Implementation of MariComm bridge for LTE-WLAN maritime heterogeneous relay network［C］//The IEEE 17th International Conference on Advanced Communication Technology (ICACT). Seoul，South Korea：IEEE，2015：230-234.

［42］CHEN W G，YANG J S，MA J G，et al. New developments in maritime communications：a comprehensive survey［J］. China Communication，2012，9（2）：31-42.

［43］王心尘，叶晓明.中国短波水上无线电业务现状分析［J］.数字通信世界，2013（6）：74-77.

［44］夏明华，朱又敏，陈二虎，等.海洋通信的发展现状与时代挑战［J］.中国科学（信息科学），2017，47（6）：677-695.

［45］刘熙琦.数字短波组网及在船岸无线通信中的应用［J］.中国新技术新产品，2013（18）：31.

［46］YANG Y，HU H L ，XU J，et al. Relay technologies for WiMax and LTE-advanced mobile systems［J］. IEEE Communications Magazine，2009，47（10）：100-105.

［47］WANG C X，HAIDER F，GAO X Q，et al. Cellular architecture and key technologies for 5G wireless communication networks［J］. IEEE Communications Magazine，2014，52（2）：122-130.

［48］YAN Y，CAI H，SEO S W. Performance analysis of IEEE 802. 11 wireless mesh networks［C］// 2008 IEEE International Conference on Communications. Beijing，China：IEEE，2008：2547-2551.

［49］PETROVIC M，ABOELAZE M. Performance of TCP/UDP under ad

hoc IEEE 802.11[C]//10th International Conference on Telecommunications,2003. ICT 2003. Polynesia,French:IEEE,2003:700-708.

[50] AKYILDIZ I F,WANG X D. A survey on wireless mesh network [J]. IEEE Communications Magazine,2005,43(9):23-30.

[51] 陈锐,邵珍珍,陈侃,等.第五代海事卫星通信系统全球网络架构与技术特性研究[J].信息通信,2015,152(8):8-10.

[52] 中新.SpaceX 发射"猎鹰 9"火箭将通信卫星送入太空[J].军民两用技术与产品,2017(11):18.

[53] 李博.第二代铱星(Iridium NEXT)[J].卫星应用,2017(9):70.

[54] 张巍,李博,张晓鹤,等. 2017 年国外通信卫星发展综述[J].国际太空,2018(2):23-30.

[55] 纪明星.天通一号卫星移动通信系统市场及应用分析[J].卫星与网络,2018(4):42-43.

[56] 陈冰.中国航天托举国际"卫星梦"[J].新民周刊,2017(35):45-49.

[57] 朱文斌,陈峰,郭爱,等.浙江省远洋渔业发展现状与探讨[J].渔业信息与战略,2016(2):112-116.

第 12 章
渔业精准捕捞装备

渔业作为农业的重要组成部分,具有较高的工业化水平、产业化水平和机械化效率,同时渔业生产对能源、资源高度依赖,对环境影响较大,目前我国渔业消耗的石油约占石油消耗总量的 1%。提高我国渔业节能减排水平,提升渔业精准捕捞装备质量,开发渔业精准捕捞技术装备,是促进节本增效、发展现代渔业的重要途径,可有效降低我国渔业温室气体排放量,是实现"碳中和""碳达峰"国家战略的关键环节。渔业精准捕捞技术是指采用声学快速定位与运动捕捉跟踪技术实现目标品种、目标规格精确捕捞的一种现代捕捞技术。本章从海洋选择性捕捞装备和大规模养殖收获装备两个方面介绍我国目前渔业精准捕捞装备的主要形式、技术特点和发展趋势。

12.1 海洋选择性捕捞装备

12.1.1 概述

海洋捕捞是海洋渔业的重要组成部分,是供给鱼虾类蛋白、维护国家海洋权益的主要载体。相比于其他产业,海洋捕捞对海洋渔业资源具有较强的依赖性,我国海洋捕捞装备的变迁也与渔业资源的变化息息相关。从新中国建立初期的粗放型近海捕捞业,到 20 世纪 70 年代以后,钢质大型渔船、探鱼仪以及其他助渔助航设备等先进设备的应用,我国海洋捕捞能力迅速增长。与此同时,国家实施了伏季休渔、增殖放流、海洋捕捞计划产量"零增长"、海洋捕捞渔船指标"双控"等多项措施,对海洋渔业资源的保护和开发发挥了一定作用。随着捕捞作业方式和渔船装备的不断改善,目前渔船实际捕捞强度明显超过了渔业可捕资源的修复能力,资源枯竭趋势并没有得到改善,资源状况堪忧,压减渔业总渔获量、实行限额捕捞将成为常态。在此背景下,针对经济性鱼种、商业性鱼类的选择性捕捞装备研发成为渔业转型发展的唯一选择。

选择性捕捞技术是利用捕捞工艺技法、新型网具材料和信息侦测技术，结合鱼类行为学开展针对目标渔获物、目标渔获尺寸采集捕捞的成套渔具渔法技术，其中信息侦测的关键装备是利用现代水声技术、电子信息技术、卫星遥感与信号处理技术开发的声呐等相关助渔仪器，助渔仪器在海洋选择性捕捞中发挥"千里眼"的作用。传统海洋捕捞业的发展依托于先进的装备制造业，其海洋捕捞的大型作业船只装备和助渔仪器具有一定的先进性和系统配套上的完整性，如大型围网作业机械、延绳钓机、鱿钓机械等，其作业性能、自动化程度、工作稳定性等都达到相当高的水平。由于海洋捕捞装备涉及海洋生物、船舶工程、电子信息、材料科学等多学科领域，随着科学技术的发展，新型海洋捕捞技术装备的发展更加注重多学科领域的联合开发。如目前一些渔业发达国家在海洋捕捞机械中采用了先进的自动驱动系统、电子监视器、小型船用雷达等探鱼仪器以降低劳动强度和生产成本，在渔机产品方面注重采用新材料以提高渔机产品的寿命和可靠性，应用遥感、全球定位系统、地理信息系统等高新技术以提高海洋生物育种和渔业资源管理水平。20 世纪 90 年代，欧盟和日本等先后开发出各种类型的选择性捕捞装置，如拖网效能装置和拖网释放副渔获装置、渔获物分离装置、副渔获物减少装置、渔获物大小选择装置及选择性捕虾装置等，这些装置在选择性捕捞作业中起到了积极的作用。日本开发了渔获物与濒危鱼种图像识别系统等自动监视系统，对远洋渔船的捕捞努力量、捕捞产量等进行监控。日本针对国际油价不断攀升的形势，开展了鱿钓船 LED 集鱼灯的新技术研发；为减少误捕海龟和海鸟等，开展了防海龟、海鸟和鲨鱼的特种金枪鱼钓钩等的研发。

我国远洋渔业经过 30 多年的发展，形成了一批具有国际先进水平的技术，为我国远洋渔业持续发展和成为远洋渔业大国提供了技术支撑，其中包括成功设计了双支架拖网，并在西非过洋性渔业中得到迅速推广；研制并改进了 6 片式单拖网，在西非海域捕捞底层头足类渔业中发挥了重要的作用；率先在国内研制了光诱鱿钓作业方式，成功将 8154 型拖网船改装为远洋鱿钓船，设计了大型专业鱿钓船；研发了生态高效性金枪鱼延绳钓技术，以减少对鲨鱼和海龟的误捕；开发了大网目、快速的表水层大型中层拖网技术，实现了智利竹筴鱼的精准捕捞；开展了灯光舷提网捕捞技术的研究，开发了诱鱼、集鱼和捞鱼的一整套系统，现发展成大型中上层拖网、光诱鱿钓、金枪鱼延绳钓、金枪鱼围网、光诱舷提网、深海延绳钓等多种捕捞方式；在国家"863 计划"以及各类省部级项目的支持下，卫星遥感、地理信息系统等技术得以在海洋渔业资源调查和渔情预报等领域开展应用研究,通过整合获得的海表温度、叶绿素浓度、锋面、涡流等多种海洋渔业环境信息,开发构建了针对东海鲐鲹鱼、西北太平洋柔鱼等目标鱼种资源的渔情预报模型,为我国远洋渔船寻找中心渔场提供科学指导。开展现代通信与水声技术的集成应用研究和助渔仪器的产品开发,以选择性捕捞、精准捕捞、节能性与安全性作业为主导方向的助渔仪器、捕捞装备与数字信息系统成为近年来我国渔业捕捞关键技术研究的热点方向。然而,由于国内助渔仪器技术的不成熟与成熟装备的欠缺,我国目前在渔场和资源的调查探捕方面仍处于起步阶段。当前,信息覆盖范围仅限于太平洋和中大西洋,且信息更新频率为每周一次。核心助渔仪器如渔具监测仪器(如围网监测仪、拖网三维监测仪等)、水平声呐(如探鱼仪)以及雷达(用于搜索海鸟和发现鱼群)等设备,仍然依赖进口。尤其是在大型渔具捕捞方面,国外已基本实现精准捕捞,不仅提高了效率,还降低了作业能耗。例如,欧洲在拖网作业中已实现自动控制,能够根据拖网作业的实际受力变化情况,自动调节曳纲长度,确保网具的正常展开,并结合渔获传感器,优化调整拖网作业时间。根据联合国的相关资料,国外发达国家在海洋捕捞的油耗方面表现显著优于我国。例如,加拿大的海洋捕捞油耗仅为 0.47 升/吨鱼,挪威更低至 0.28 升/吨鱼,而我国的海洋捕捞油耗则高达0.63升/吨鱼,是国外油耗的 1.3～2.3 倍。此外,从捕捞单位产量来看,亚洲地区(包括我国)每人年捕捞能力仅为 2.1 吨,而欧洲高达 25.7 吨,北美洲为 18 吨,拉丁美洲为 6.9 吨。这些数据表明,我国在捕捞效率方面与国外存在着显著差距。

本节将从海洋拖网捕捞、海洋围网捕捞、延绳钓捕捞等 3 个方面介绍选择性捕捞装备的技术特点和装备形式。

12.1.2 海洋拖网捕捞

拖网渔业是利用拖网捕捞法捞取渔获物的一种产业,在渔船拖曳过程中迫使渔具经过水域中的鱼、虾、蟹等捕捞对象进入网内,从而达到捕捞目的。拖网捕捞的渔获选择性较差,渔获物一旦入网即被捕获。拖网渔业的研究内容包括拖网渔船、拖网渔具、渔获量、捕捞品种、作业方式、渔场和渔汛等。我国黄渤海区水域广阔、海底平坦,非常适合拖网作业,因此拖网作业是该区域的主要捕捞方式,且捕捞产量通常高于其他作业方式。

在黄渤海区,拖网作业主要分为以下几种方式。

(1) 底拖作业:包括单船框架底拖和单船桁杆底拖。底拖作业的拖速一般在 3 节左右,主要捕捞底层鱼类、虾类、蟹类等。

(2) 浮拖作业:包括双船浮拖和单船浮拖。浮拖作业的拖速一般为 4～5

节,主要捕捞中上层鱼类。

（3）框架拖网和桁杆拖网:这些作业的拖速一般在 2 节左右,主要用于捕捞底层的小杂鱼、虾蟹类和螺类等。

通过上述分类,我们可以看到不同的拖网作业方式对应不同的捕捞对象和拖速,以适应黄渤海区丰富的渔业资源和作业需求。

目前海洋拖网选择性捕捞技术的研究主要集中在变水层拖网捕捞和拖网渔具释放装置上。变水层拖网捕捞是通过改变收纲拉力与网具受力平衡状态实现的,其实现形式有两种:一是如果船速升高,网具将在水流作用下向水面移动,曳纲的水平角随之变小,最终收纲拉力与网具形成新的平衡状态,如果拖网绞机放出钢丝绳,网具将向水底移动,此时收纲拉力与网具仍然保持受力平衡状态;二是改变网具的俯仰角,迎浪面积的变化导致网具浮力状态的改变,达到上浮或下沉的调整目的。

1. 主要的拖网捕捞机械

拖网捕捞机械主要有拖网绞机、卷网机、辅助绞机等,其中应用最多且最早的是拖网绞机,它的作用是绞收全部的曳纲;卷网机主要是收放、储存全部或部分网衣;辅助绞机有很多,既有手纲绞机、放网绞机、声呐绞机等专用绞机,也有多功能绞机。其中,卷网机和手纲绞机、放网绞机、声呐绞机等辅助绞机都为单卷筒结构,而拖网绞机作为拖网作业最重要的捕捞机械,一般具有两个主滚筒并设置有辅助绞盘和自动排绳装置。拖网绞机最常用的是串联式和分列式。串联式绞机的左右曳纲卷筒是同轴布置的,并通过联轴器串联在一起,其结构如图 12-1 所示;分列式绞机的左右曳纲卷筒及其驱动装置是独立布置的。拖网绞机的主滚筒通常通过棘爪离合器与主轴连接,主滚筒上还设置有带式制动器。放网时,绞机可以通过离合器使滚筒脱离主轴传动,从而使滚筒进入自由轮状态,放网速度则通过制动器进行调节。

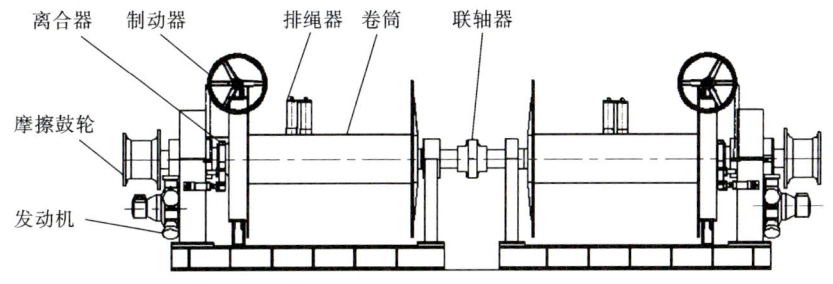

图 12-1　串联式绞机的结构示意图

针对远洋渔业向深水区发展,有关研究机构研制出 H8L1/R1 型 350 kW 大功率高速深水拖网绞机,用于西非远洋深水拖网作业;开发的深水拖网绞机能满足 1000 m 深水拖网的作业需要,起网速度达 110 m/min。

拖网渔船辅助绞机一般采用绞盘结构,绞盘根据布置方式划分有卧式绞盘(图 12-2)和立式绞盘(图 12-3)两种。

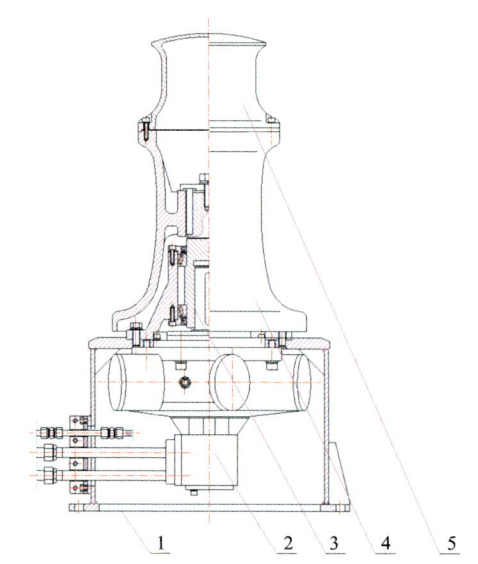

图 12-2 卧式绞盘结构示意图

1—安装机座;2—动力装置;3—主轴;4—主摩擦鼓轮;5—辅助鼓轮

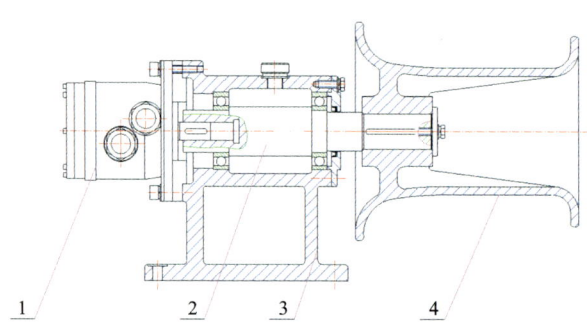

图 12-3 立式绞盘结构示意图

1—动力装置;2—主轴;3—安装机座;4—摩擦鼓轮

2. 拖网渔具释放装置

拖网渔具释放装置是利用鱼群在拖网中的游弋差异,在拖网渔具网衣、囊网中设置的用于将非目标渔获物释放的装置,常见的释放装置有海龟逃逸装置(TED)、幼鱼释放装置、水母分离释放装置、垃圾释放装置等。释放装置多在上网片开设释放口,释放口前段内侧有一片斜置的引导网,后段布置有斜置的分离栅,分离栅中部至上部均布纵向栅用于非目标物释放,分离栅下部用于将目标渔获物导入后方囊网中。释放口布置见图 12-4。

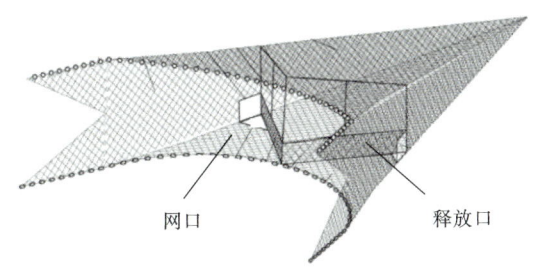

网口　　　　　　释放口

图 12-4　释放口示意图

出于防止网目堵塞、网具爆破、增加目标渔获物收获率的目的,释放装置由网衣的空心框架和设于空心框架内的空心锥形分离体组成,其中,空心锥形分离体由网片与空心框架底部的网衣围合而成;网片至少有三片,空心锥形分离体大口径一端与空心框架的一侧缝合,空心锥形分离体的小口径一端伸入空心框架内,空心锥形分离体近小口径一端的底部设有自动释放口结构。海龟逃逸装置见图 12-5。

图 12-5　海龟逃逸装置示意图

3. 拖网曳纲张力仪

拖网曳纲张力仪是安装在渔船拖曳钢丝绳上,用于测量网具拖曳力的仪器。曳纲张力仪由力敏传感器挂轮、信号采集及处理控制器、数字显示器等组成。拖网曳纲张力仪常做成销轴式,安装在曳纲导向滑轮转轴上,用于静态或动态力的测量,在钢丝绳滑轮上进行载荷测量时,销轴传感器可替代原滑轮轴。如图 12-6 所示,曳纲张力仪的销轴是一个中空的圆柱体,由防锈钢、防酸钢制成,结构上分为压力承载区(中间部分)、传感器支撑区和两个测量槽。销轴传感器中间部分的受力为剪切载荷,作用在传感器左、右两部分的支撑力使传感器发生变形,由剪切应力引起的变形被转换成与负载成正比的电信号输出。

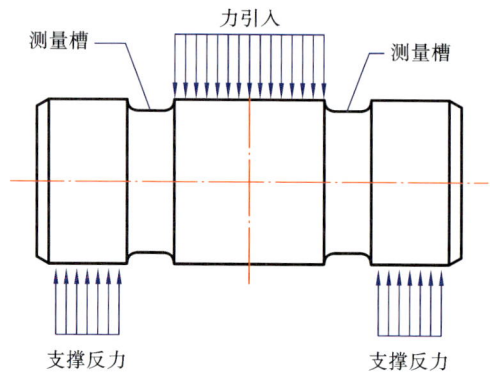

图 12-6 拖网曳纲张力仪原理示意图

渔船绞机放出网具时,曳纲穿过曳纲张力仪和导轮组件后,悬挂网具,拖曳过程中钢丝绳压迫传感器挂轮,由力敏传感器测定管轮轴变形量以间接测量曳纲张力。张力仪多用于监测拖网渔船在渔场作业时,由风浪、地质、渔获量的变化及海底障碍物等外因引起的曳纲张力值波动,作业人员根据曳纲张力变化曲线分析得知拖网状态信息。浪涌使曳纲张力呈周期性波纹状变化,若网中容纳物过量或碰到障碍物则曳纲张力迅速增大且长时间居高不下,若网具损坏或主机停机则曳纲张力迅速下降并趋于零。根据曳纲张力变化曲线分析得知的拖网状态信息可作为自动调整渔船拖速的参变量,用以防止拖网作业中因负载过大或拖速过高而导致的破网、丢网等事故。

曳纲张力仪除了作为各类拖网渔船的曳纲张力监测装置外,也可用于海上、码头及陆上其他需要监测拉力或重力的场合,也可满足船舶修造厂、拖网渔具设计部门等测量要求。

4. 拖网自动化张力平衡控制技术

拖网自动化张力平衡控制技术是根据曳纲受力状态自动地调整拖网绞机放出或绞收钢丝绳的自动化控制技术，应用于大型拖网渔船中能够显著地降低起放网的工作强度，提高起放网效率。

拖网自动化张力平衡控制技术的工作原理如图 12-7 所示。该技术通过集中控制器调节先导溢流阀 X-9 的溢流压力，从而控制发动机高压端的溢流压力。油泵始终处于开启状态，持续供油，保持溢流阀在开启状态下运行。这种设计确保了马达高压端的油压稳定，从而实现曳纲绞车的恒定张力控制。通过调节溢流压力，可以灵活改变张力值，因此该系统具有良好的控制性能、广泛的补偿范围，适用于多种工况，能够实现实时控制。

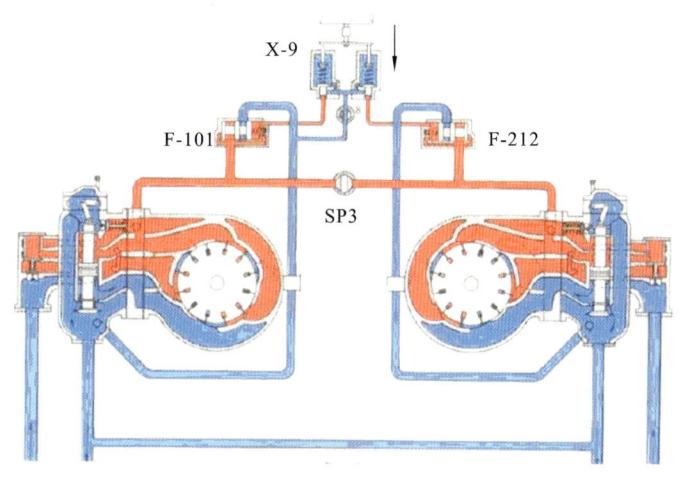

图 12-7　拖网自动化张力平衡控制原理图

虽然溢流阀长时间保持开启状态，但由于系统仅需要克服少量的油液泄漏就可维持平衡，因此系统的功耗和散热问题并不严重。先导溢流阀 X-9 负责调节溢流阀 F-101 和 F-212 的溢流压力，而开启阀 SP3 则控制左右曳纲绞车高压端的油路通断。

12.1.3　海洋围网捕捞

虽然近年来，围网、流刺网和钓具等选择性较强的捕捞方式的市场占比有所增加，但目前我国海洋捕捞的主要作业方式仍是拖网和张网。这些在捕捞作业中占比较高的方式对海洋资源的破坏性依然较大，因此，海洋生态系统面临着巨大压力。与此同时,中国的渔业政策和管理策略正在不断改进,包括实行夏季休渔期和加强渔具管理,以减轻对渔业资源的负面影响。

针对远洋围网高效作业的需要,我国研制出远洋围网高效捕捞成套装备,旨在提高围网作业的效率和自动化水平,如将负载敏感调速技术应用在国内渔船中。这些技术的引入使得捕捞作业更加协调和高效,符合现代渔业的发展需求。

1. 主要的围网捕捞机械

围网捕捞机械主要有绞纲机、起网机、吸鱼泵和辅助机械等。绞纲机主要用于收放各类纲绳,主要有括纲绞机、网头绳绞机、跑纲绞机等。其中收放括纲的括纲绞机也称围网绞机,它的应用范围最广,其结构和工作原理与拖网绞机类似,该类绞机主轴与滚筒间一般会设置棘爪离合器,同时滚筒配置有带式制动器和自动排绳装置。起网机主要用于起收网衣,主要有悬挂式围网起网机、落地式围网起网机等,其中悬挂式围网起网机也称为动力滑车。辅助机械也有很多,如理网机、抄网机、底环解环机等。一般围网渔船作业最常用的配置有并联式绞机(集成收放括纲、跑纲和网头绳的功能)、动力滑车起网机(有时兼做理网机)、三滚筒起网机。并联式绞机一般并联 2 个滚筒,用于金枪鱼围网作业时则并联 3 个滚筒。图 12-8 展示了双卷筒围网绞机的结构。

动力滑车起网机是利用 V 形结构的楔形摩擦原理(通常称为欧拉原理)进行工作的。这一原理使得动力滑车能够通过摩擦力有效地绞拉渔网。绞拉力在 60 kN 以下的起网机,通常不配置压轮,而当绞拉力超过 60 kN 时,为防止网衣打滑,起网机会额外配置压轮。动力滑车通常安装在回转吊杆上,起网时,通过吊杆的变幅和回转来实现理网操作。图 12-9 展示了动力滑车起网机的结构。

在船侧围网起网作业中,通常使用三滚筒起网机。这种设备基于欧拉原理,通过设置多个滚筒来增大网包角,从而显著提升起网时的拉力。三滚筒的设计使得每个滚筒都能有效增加摩擦力,确保网具在起网过程中更加稳定和高效。其结构如图 12-10 所示。

围网作业通常需要配备专用的理网机,其结构与动力滑车起网机类似,具备变幅和回转功能。这种设计使理网机能够更加灵活地调整角度和位置,确保围网作业在收网过程中保持顺畅和稳定。图 12-11 展示了围网理网机的结构。

吸鱼泵(fish pump)是以水或空气为介质抽吸渔获物的装置,是围网作业中起获鱼类,完成转运的关键装备。国外吸鱼泵的研制工作开始于 20 世纪五六十年代,发展至今,种类繁多、产品规格各异,排量跨度非常大,能够应用于各类

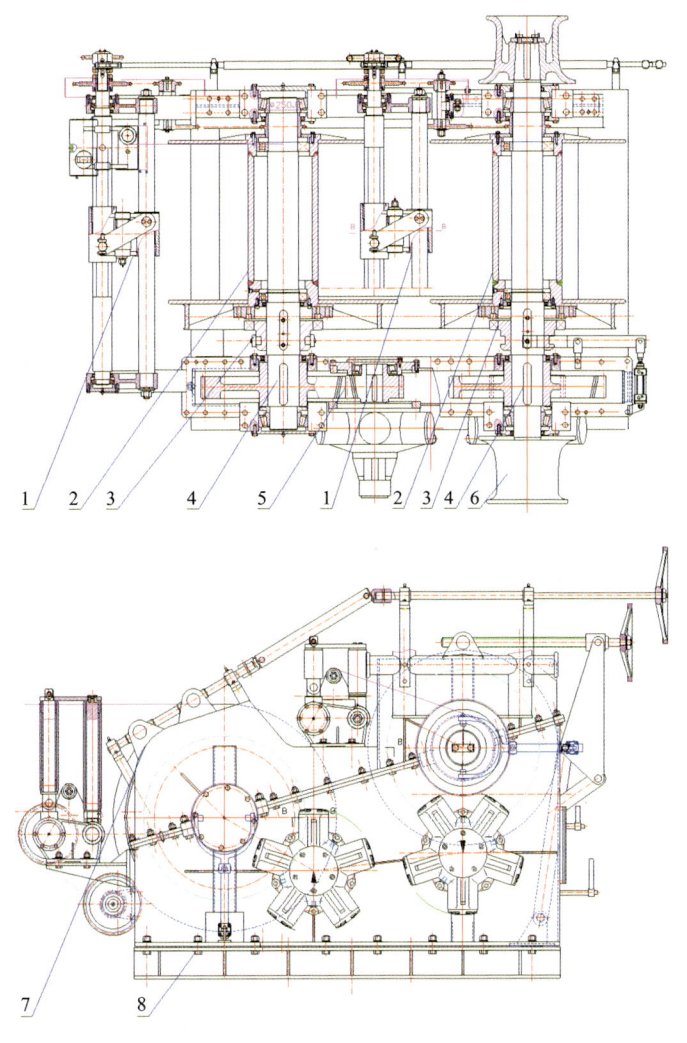

图 12-8　双卷筒围网绞机结构示意图

1—自动排绳器；2—绳索卷筒；3—棘爪离合器；4—主轴；
5—动力驱动装置；6—摩擦鼓轮；7—带式制动器；8—安装机座

船舶和大型网箱。吸鱼泵的使用实现了起获鱼类的机械化、自动化作业，减少了人为因素对生产过程的影响，提高了渔业生产的效率和渔获产品的品质。吸鱼泵最早应用于拖网和围网渔业，主要用于海上或者港口的转运和卸载渔获产品。早期的吸鱼泵利用蜗壳内离心式叶片高速旋转，将鱼水混合物压送上来，鱼水需经过高速旋转的叶片，鱼体损伤严重，死亡率很高。到了 20 世纪 60 年

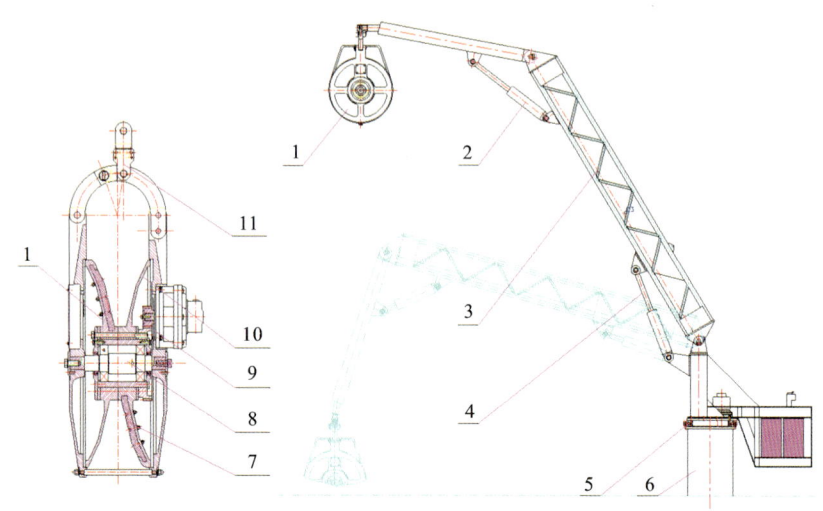

图 12-9　动力滑车起网机结构示意图

1—动力滑车;2—变幅油缸 1;3—变幅吊杆;4—变幅油缸 2;5—回转装置;
6—安装机座;7—橡胶块;8—主轴;9—动力驱动装置;10—V 形滚轮;11—回转吊耳

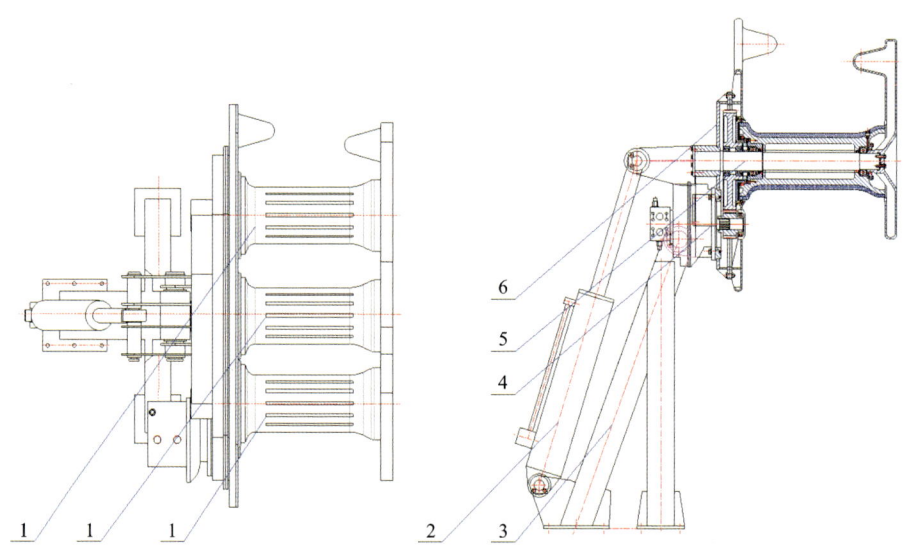

图 12-10　三滚筒起网机结构示意图

1—起网滚轮;2—变幅油缸;3—支座;4—动力驱动装置;5—主轴;6—齿轮箱

代,一种新型的用于"海上过鲜"的气力吸鱼泵研制成功,该吸鱼泵采用了逆风分离鱼、气的原理,空气由吸管外缘的孔中逆向被抽出,逆向气流使鱼体平稳地落在卸料器的内壁上,减轻了鱼体的摩擦与碰撞,鱼损率降低,但仍对渔获产品

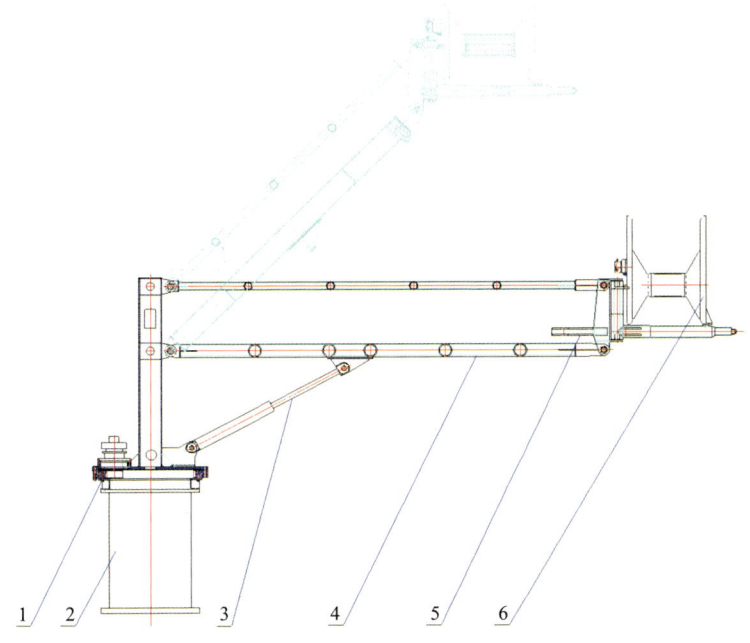

图 12-11 围网理网机结构示意图

1—回转装置；2—安装底座；3—变幅油缸；4—变幅吊杆；5—理网回转油缸；6—理网机

品质有所影响，且存在罗茨鼓风机噪声大、机件较易腐蚀、需要人工喂料、劳动强度较大的缺点。

随着水产养殖业的发展，特别是大型深水网箱的使用，养殖面积和数量的增加使得取鱼工作变得困难。为了渔获产品的无损传输，人们致力于解决收获、传输、分级、计数时的劳动强度高、效率低等问题。真空吸鱼泵是一种低损伤率甚至能实现无损输送的吸鱼设备，其研制工作早在 20 世纪五六十年代就已经开始。如荷兰 KUBBE 公司试制成功的真空吸气卸鱼装置，其抽吸渔获量达到 20～80 t/h。丹麦 IRAS 公司生产研制出大型 PV 系列真空吸鱼泵，其流量能够达到 500 t/h，小型的真空吸鱼泵可在工厂化养殖池中用来输送小鱼小虾。美国 ETI 公司生产的 TRANSVAC 型真空吸鱼泵，其抽吸量可达 300～360 t/h，功率达到 190 kW，且鱼体不受损伤。

吸鱼泵可分为离心式吸鱼泵、真空吸鱼泵、气力吸鱼泵和射流吸鱼泵。

① 离心式吸鱼泵。离心式吸鱼泵是依靠离心力吸送鱼水混合物的专用泵，结构示意图见图 12-12。20 世纪 50 年代，美国马可公司就已成功研制离心式潜

水吸鱼泵。它利用液压驱动泵的叶轮旋转来抽吸渔获物,最早用于围网渔业中,效率高、速度快。

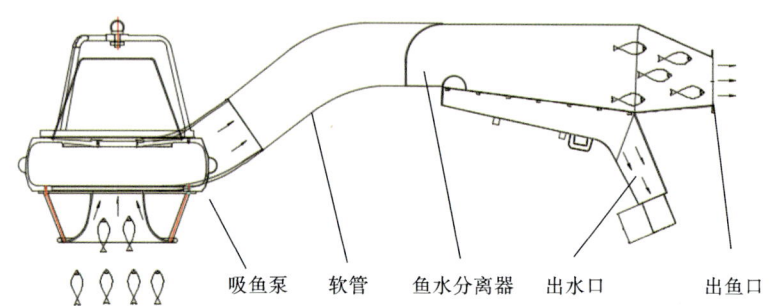

　　　　　　吸鱼泵　　软管　　鱼水分离器　　出水口　　　出鱼口

图 12-12　离心式吸鱼泵结构示意图

　　离心式吸鱼泵主要由叶轮、壳体和动力装置等部件组成。面向活鱼输送的离心式吸鱼泵,其叶轮以双叶片为主,也有无叶片叶轮;流道较宽,便于渔获产品通过;壳体有环状或半蜗壳状;进口为轴向,出口为径向或切向。由于吸鱼泵主要用于渔获的起捕、转运等工作,其工作环境面向各种水体,一般采用耐海水腐蚀的轻质材料制成,目前多采用镁铝合金制作蜗壳和叶轮。吸鱼泵的动力装置通常为电动机或液压发动机。在活鱼输送领域,比较著名的离心式吸鱼泵是日本共荣造机株式会社制造的旋转式无叶片活鱼吸鱼泵,其口径从 75 mm 到 250 mm,为了减小活鱼在经过叶轮时的损伤,需选定适当流速,以超过鱼逆流而逃的速度为宜,其效率比其他类型的泵低得多。高效率泵的叶轮形式不适合活鱼输送,即流速低、损伤小,流速高、效率高。挪威、西班牙和美国都有类似的离心式吸鱼泵产品。离心式吸鱼泵有潜水式和固定式之分。

　　潜水式离心吸鱼泵由泵体、压出管、鱼水分离器和液压传动系统等组成。吸鱼泵潜入水中使用时,通过液压传动系统驱动吸鱼泵发动机,鱼水混合物从进口吸入,经回转叶轮和壳体压送到输送软管,进入鱼水分离器。潜水式离心吸鱼泵常用于吸送网内或鱼舱中渔获物,或与灯诱配合,直接从海中实现无网捕鱼。

　　固定式离心吸鱼泵主要由泵体、吸管、压出管、鱼水分离器、动力源和减速装置等构成。其工作原理是依靠叶轮在泵壳体内旋转,将机械能转化为水的动能,从而利用水流输送渔获物。泵的壳体通常呈环状或半蜗壳状,出液口则为切向或径向设计。当吸鱼泵安装在陆地或甲板上使用时,吸口处会安装止回阀,通过向吸管注水或使用真空泵抽气,即可启动鱼泵。

② 真空吸鱼泵。真空吸鱼泵利用真空泵抽真空形成的鱼罐内外压力差进行渔获起捕、转运等,结构如图 12-13 所示。真空吸鱼泵根据罐体数量可以分为单罐间歇式和双罐连续式。真空吸鱼泵具有设计原理合理、自动化程度高、起捕量大、对鱼体无损伤等优点,但是其设备体积大、重量大、扬程有限。

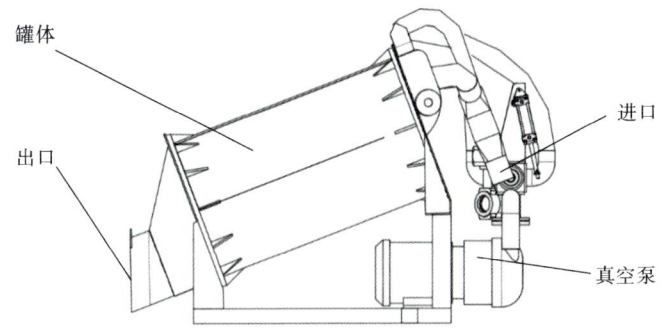

图 12-13　真空吸鱼泵结构示意图

真空吸鱼泵主要由罐体、真空泵、进出口管道以及控制阀等部件组成,双罐连续式真空吸鱼泵还需加管路控制系统。其操作流程为,启动后,罐体出口通过阀件关闭,真空泵开始工作,通过抽真空操作使罐体内压力低于外界大气压力,所形成的负压使得渔获与水的混合物从进口吸入,当混合物液面达到传感器位置时系统打开出口阀件开始排出渔获和水的混合物。

③ 气力吸鱼泵。加拿大在 20 世纪 60 年代成功研制了虹吸管式气力吸鱼泵,是较早的利用负压原理气力提升活鱼的吸鱼泵,它的主体是一根 U 形管,左端为压出管,右端为吸入管,在吸入管通入压缩空气,推动压出管中的气水混合物从压出管端流出,再利用虹吸原理连续地将鱼水从船舱中吸出。这种方法因受作业面水位差的限制而未被广泛应用。

成熟的气力吸鱼泵一般采用罗茨鼓风机或离心式鼓风机在整个管路系统中抽风,当系统风速高于鱼的悬浮速度时,渔获随气流吸入,再经扩容器进入卸料口排出。罗茨鼓风机的风压大、风量小,吸口不易堵塞;离心式鼓风机的风压小、风量大,吸鱼时要控制吸口与被吸鱼之间的距离,防止吸口堵塞。吸口装有三个楔形回转刮板,用以使冰结鱼块松散,并将冰、鱼喂入吸口。吸管是垂直刚性套管,可任意伸缩,并由舱口架控制移动。吸管随同舱口架可作前后左右任意移动,以吸起鱼舱内不同位置的冰鲜鱼。操作时,驱动电机、鼓风机从系统中吸气,处于吸口的鱼被吸入机内,经吸管进入扩容分离器内。在分离器中,因容积扩大,气流速度降低到鱼的悬浮速度以下,鱼就沿着分离器周壁下滑到卸鱼器内。由此,鱼被卸到机外的输送带上,空气则从分离器顶端由鼓风机抽出,经消声器排到大气中。因卸鱼器由内外两层门组成,当外门关闭、内门开启时,卸鱼器内部进鱼;当内门关闭、外门开启时,卸鱼器将鱼卸出。气力吸鱼泵经试验可抽吸冰鲜鱼,虽然减轻了鱼体的摩擦与碰撞,鱼损率降低,但仍对渔获品质有所影响,因此一般不用于活鱼的输送,只做"海上过鲜"用。

④ 射流吸鱼泵。射流吸鱼泵是利用高能量工作水流吸送低能量鱼水混合物的渔获输送泵。

射流吸鱼泵由美国 ETI 公司在 1988 年研究成功并拥有专利权,它的商品型号为 SILKSTREAM。截至 2024 年,全球范围内已有 200 多台该型号的吸鱼泵在使用,遍及世界各地的养殖渔场。该泵可用来输送活的鲶鱼、虾、海鲈鱼、海鲷鱼、罗非鱼、鳗鱼等渔获产品。

射流吸鱼泵主要由吸口、吸管、主水泵、喷射腔、压出管、鱼水分离器及水泵供水系统、动力源组成。靠水力射流抽吸管道中的鱼水混合物,其作用原理与射流水泵相似。操作时,将吸口及吸管插入鱼水混合物中,启动水泵供水系统,使其压出的高压水引入鱼泵的喷射腔,从而在吸管内形成负压,鱼水混合物随即被吸入吸管和喷射腔,与高压水流混合后一同进入压出管再到分离器,实现鱼水的分离。

在工作过程中,水泵产生的高能量水流经过管道中逐渐减小的喷嘴时,流速显著增加,并以高速射入混合室,使室内产生低压。此时,鱼水混合物被吸入室内,与工作水混合,并随工作水一起进入管道逐渐增大的扩压室。在扩压室内,流速降低,静压升高,最后经输出管排出。

射流吸鱼泵要求管径较大且内壁光滑,以减少对鱼体的损伤。其优点包括结构简单、重量轻、体积小、可靠性高、启动迅速、操作简便、自吸能力强。然而,该泵也存在一些缺点,如效率较低,以及鱼体在受水冲击时容易受损,因此其应用范围相对较窄。

2. 科学探鱼仪

探鱼仪能够直接测量鱼体的目标强度,估计出鱼体的长度和鱼群的数量,结合声学评估方法能够对渔业资源进行定量评估。和普通探鱼仪不同,科学探鱼仪能够精准地控制发射能量,并精确测量回波能量。此外,科学探鱼仪还使用了分裂波束技术,可以精确测量目标在波束中的位置,对换能器的指向性进行补偿,获取准确的目标强度。科学探鱼仪常用的工作频率为 18～400 kHz,不同频率适用于不同的调查对象,其中 200 kHz 以上的频率一般用来探测浮游生物。

探鱼仪由发射器、接收器、换能器、显示器等部件组成,探鱼仪工作原理示意图如图 12-14 所示。

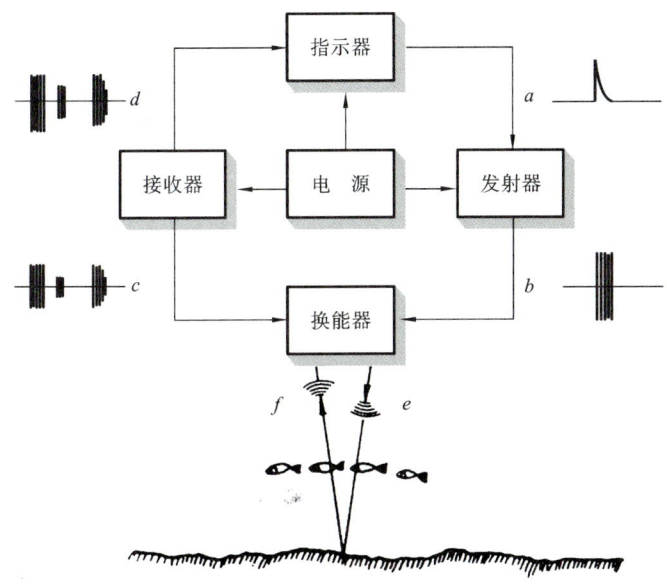

图 12-14 探鱼仪工作原理示意图

发射器的基本功能是产生具有指定特征和一定功率的电信号;换能器将发射器产生的电信号转变为声信号向水下发射,当声信号"照射"到某个物体时会反射回来,换能器再将反射回来的声信号还原为电信号;电信号被接收器接收处理后显示在显示器上。由于声音在水中传播的速度已知,故通过测量回波到达时间就可估计物体的距离,通过多个换能器构成的阵列可以估计物体的方位,回波中还携带了物体的特征信息,操作人员通过适当的处理和分析,可估计鱼群的数量和品种。

12.1.4 延绳钓捕捞

延绳钓是钓具作业方式中分布面最广、数量和产量最高的一种。如图 12-15 所示,延绳钓的基本结构是在一根干线上系结许多等距离的支线,末端结有钓钩和饵料,利用浮子、沉子装置,将其敷设于表层、中层和底层,通过浮标和浮子将干线敷设于表层、中层;控制浮标绳的长度和沉降力的配备,将钓具沉降至所需要的水层,钓具作业时随流漂动。延绳钓捕捞一般适用于渔场广阔、潮流较缓的海区。金枪鱼延绳钓是捕获金枪鱼最常规的作业方法,其钓具主要由干绳、支线、浮子、浮绳、钓钩等组成,即在延伸的干绳上垂挂若干根带钩的支线。干绳上系结若干浮子,干绳和浮子之间的浮绳以及支线的长短起着调节捕捞水层的作用。钓钩上需装饵料。饵料主要有冷冻秋刀鱼、乌贼、沙丁鱼、鲐鱼等。

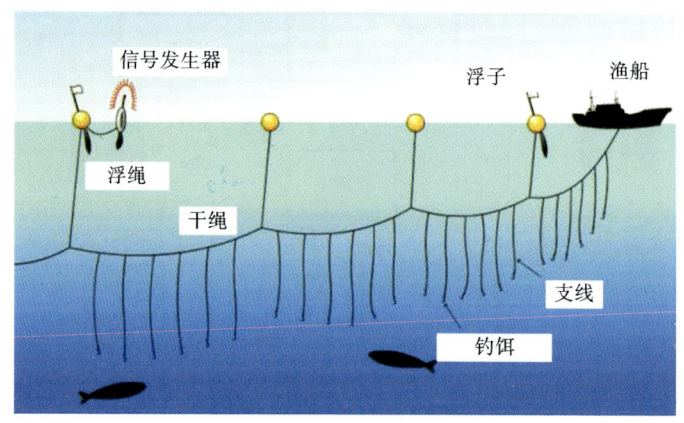

图 12-15　延绳钓工作原理示意图

大型延绳钓作业设备的技术关键在于针对不同作业方式的功能需求,实现设备的自动化与协调操作。关键设备包括用于起钓干绳和支线的起钓装置、用于输送和存储干绳的辅助设备、自动装饵和抛绳的放绳设备,以及能够协调这些设备自动运行的控制系统。通过这些设备的精密配合,延绳钓作业可以更加高效、自动化,有助于提升整体作业效率和操作的安全性。

① 干绳起钓机用于起收延绳钓干绳,一般采用轮式结构,由导向轮、主轮和压轮组成,如图 12-16 所示。

② 绞收支线的支线卷绕机,采用立式卷盘结构,如图 12-17 所示。

③ 绞收自动排绳并存储干绳的干绳理绳机,结构如图 12-18 所示。

④ 投放干绳的放钓机,又称抛绳机,其结构类似于干绳起钓机,如图 12-19 所示。

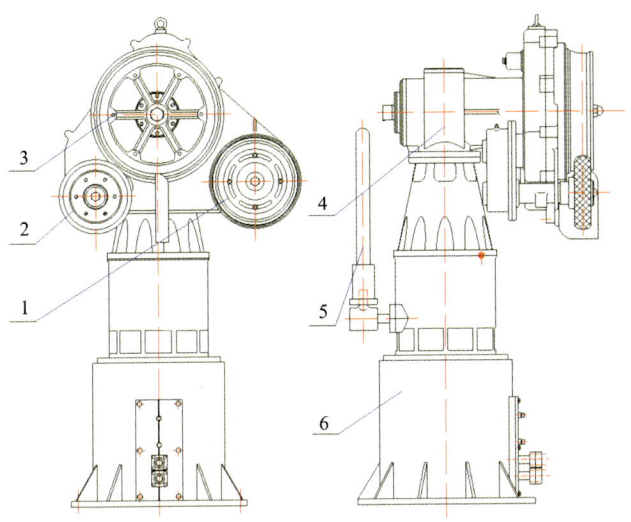

图 12-16　干绳起钓机工作原理示意图

1—电动机；2—减速器；3—绞盘滚筒；4—制动器；5—联轴器；6—基座

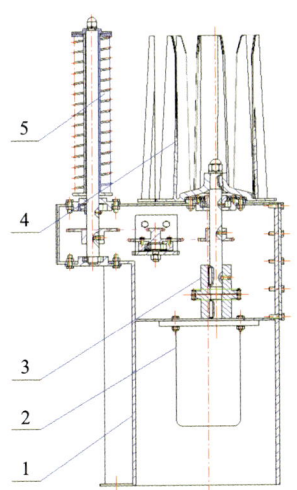

图 12-17　延绳钓支线卷绕机

1—安装机座；2—动力装置；3—联轴器；4—绞线盘；5—排线弹簧

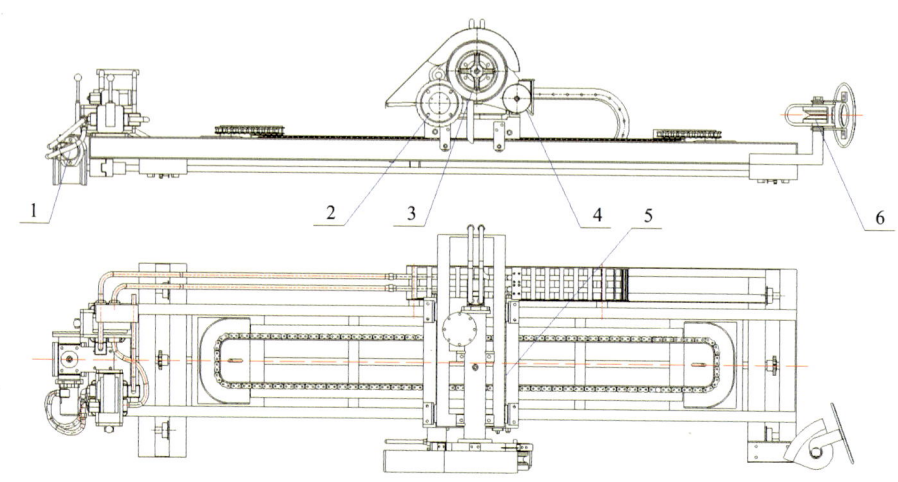

图 12-18　延绳钓干绳理绳机结构示意图

1—动力装置;2—压轮;3—排绳主轮;4—移动导轮;5—移动排绳架;6—导轮

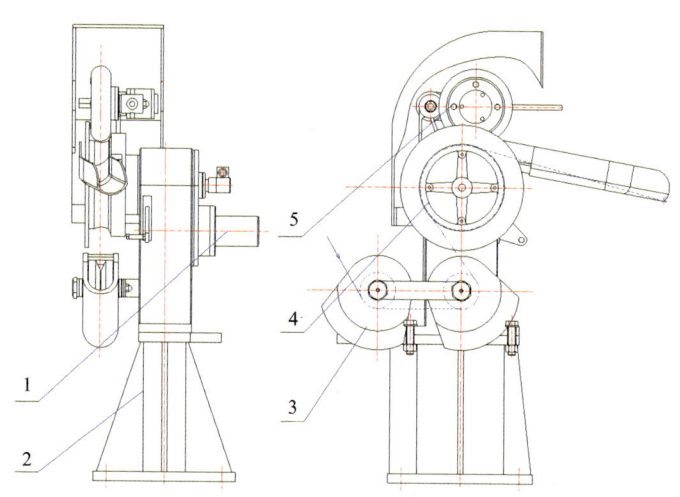

图 12-19　抛绳机结构示意图

1—动力装置;2—安装支座;3—导轮;4—主轮;5—压轮

12.1.5　海洋选择性捕捞装备的发展趋势

海洋选择性捕捞装备需要加强对捕捞对象选择性较强的围网、流刺网和钓具等作业方式的研究,我国围网作业的发展比欧洲早 100 多年。在长期的渔业实践中,我国创造了各种各样的围网渔具,例如福建的大围、浙江的对网等。这些创新不但为我国围网渔业的发展打下坚实的基础,也对世界围网渔业的发展具有一定的借鉴意义。随着工业时代、信息时代的发展,我国围网技术逐渐落后于其他发达国家。为使围网技术达到国际先进水平,应积极开发中上层鱼类资源及渔场分布探测仪,推动传统探鱼、诱鱼方式向现代化、电子化方向发展。同时,应借鉴欧洲的先进围网技术,提升渔船性能及捕捞操作的机械化程度,并加强对深海作业渔具和渔法的研究。

挪威 Ytterstad 渔业公司建造的新型拖围兼作渔船,船长 75 m,宽 15.4 m,鱼舱容量达 2100 m³。该船装备了一套独立的柴电推进系统,通过安装在渔船尾部的侧推器实现动力定位。渔船还配备了双减摇水舱,以更好地调控不同运行条件下的渔船运动。该船配备了 2 台 40 t 的围网绞车,1 台 40 t 的起网机和 1 台 20 t 网头纲绞车,供围网作业时使用。用于拖网作业所配备甲板机械包括 2 台 80 t 的拖网绞机,1 台 40 t 的船尾绞机和 2 台 90 t 的卷网机。该船还配备了船上鱼品处理系统,包括鱼水分离装置以及将渔获送入和取出冷海水舱的相关设备。这些系统共同作用,确保渔获在处理过程中得到有效的保鲜和管理。美国 SmartCatch 公司推出的"智能捕捞技术"产品,不仅能够让渔民远程监控渔网内的实时状况,还为他们提供了操控逃逸面板的方法,从而更好地控制网内渔获情况,实现更为精准的目标物种捕捞。需要注意的是,逃逸面板通常安装在渔网的某个部分,而不是直接"位于网内",它的作用是允许非目标物种逃逸,帮助渔民减少不必要的捕捞。

海洋捕捞走向选择性捕捞需要自动化、集成化的捕捞装备做支撑,高度信息化和精准判别技术是海洋选择性捕捞装备的发展方向,以最大限度地降低捕捞作业对濒危种类、栖息地生物和环境的影响,减少非目标鱼的兼捕。通过监测和控制技术的智能化应用,现代渔业得以依靠先进的探鱼和捕捞技术,实现对鱼群的精准跟踪和捕捞。在渔情预报及物联网技术应用方面,结合遥感、GIS、卫星通信和全球定位等高新技术,人们开发了大洋性渔业的渔海况信息与决策服务系统。该系统利用物联网技术,实现对渔船关键场所的工作运行状态以及渔船定位、渔业生产和后勤补给等方面的远程监控与管理。此外,利用计算机技术和全球动力学模型,重点远洋渔场的海面风、浪、流和海温的数值预报得以实现,从而增强了信息技术对远洋渔业发展的支撑作用。这些技术的集成和应用,使得渔业操作更加智能化、精确化,并为渔业的可持续发展提供了有力的技术保障。日本政府联合有关企业利用海洋遥感技术进行三大海域的海况分析和渔情预报工作,以期提高寻找渔场的准确度,大幅度降低生产成本。相比之下,我国对主要渔业合作国和公海海域渔业资源不够了解,对资源和渔场掌握不准,根据最新数据,中国公海作业渔船的情况仍然不容乐观。虽然近年来中国在渔业现代化方面做出了一些努力,但截至 2024 年,许多公海作业渔船的技术状况仍然落后。超过 50% 的超低温金枪鱼延绳钓船、大型拖网加工船和金枪鱼围网船的船龄已经超过 20 年,且大部分是 20 世纪 70 至 80 年代设计建造的近海船舶。这些老旧船只的总体性能较为落后,船体状况较差,安全设施不可靠,能耗高,缺乏国际竞争力。这些问题导致中国在全球渔业竞争中处于不利地位,尤其是在面对其他国家更加现代化和高效的渔业船队时。此外,中国对主要渔业合作国和公海海域的渔业资源信息掌握不够准确,这也使得管理和作业效率受到影响。

为进一步加快我国远洋渔业捕捞的现代化步伐,必须迅速提升我国远洋渔船的设计水平,船型标准化、渔捞装备自动化集成化是提升远洋渔船现代化水平的有效手段。在重点船型方面,应抓好远洋渔船标准化建设,以降低能耗为最终目的。此外,建议从技术指标、经营效益、捕捞手段和捕捞人员素质的差异性方面来考虑,研究和出台远洋渔船的现代化发展规划,加大科研投入,成立专业的国家级渔业装备研究院所,按标准化要求设计新船型,从根本上改变传统作业方式,提升生产效率。

12.2 大规模养殖收获装备

12.2.1 概述

自 20 世纪 70 年代以来,我国近海渔业资源衰退趋势持续加重。传统的捕捞种类数量急剧下降,对捕捞业发展造成了巨大打击。近些年,我国在海洋渔业捕捞中实施"零增长"制度、捕捞许可证制度、伏季休渔制度、转产转业制度、双控制度等海洋渔业制度,但从实际效果看尚未达到预期管理目标,海洋渔业资源的恢复仍任重道远。未来在严格执行现有渔业管理制度的同时,应继续发展资源养护型海洋渔业,大力推进近海渔业资源养护,加大海洋生物增殖放流力度,加强人工鱼礁和海洋牧场建设,通过增加养殖产量来弥补海洋捕捞产量的不足。因此针对大规模养殖生产的收获装备也越来越受到重视,尤其是目前养殖收获机械化装备的创新日益重要。

本节将从池塘养殖、大水面养殖、筏式养殖和网箱养殖等方面阐述用于养殖收获的机械化装备的技术特点和装备形式。

12.2.2 池塘养殖、大水面养殖的收获技术

池塘、大水面养殖机械化收获装备均以网具为核心,借助渔网完成养殖鱼种的聚集与起捕,采用"拦、赶、刺、张"方法联合集中捕鱼,主要包括侦察鱼群、设置包围圈、刺网赶鱼和收网起鱼等流程。

养殖鱼类根据鱼群生活水层不同可分为中上层鱼类和底栖性鱼类,池塘养殖中底栖性鱼类如鲤鱼等喜欢在水体下层活动,在生产捕捞过程中起捕率很低。针对池塘养殖鱼类,在长期生产实践中形成了几种行之有效的方法,介绍如下:

① 干塘捕鱼。干塘捕鱼是提高池塘起捕率简单且有效的方法。成鱼在起捕时,除大面积池塘、框隔水体或外荡的水体外,对于中小型池塘在冬季集中捕捞时应提倡干塘作业。干塘捕鱼具有许多优点,可以提高池塘捕捞总产量,利用常规捕鱼方法如拉网时,往往由于水面大、塘底形态复杂等原因,放养鱼的起捕率只在 90% 左右,对许多底栖性鱼类特别是鲤鱼、鲫鱼更是难以捕净,采用干塘捕鱼可以把它们充分起捕,做到丰产丰收。此外,排干的鱼池经干冻曝晒,既能杀灭多种病原体又便于清淤整理,还有利于底泥的理化性状的改良,养殖户对来年鱼种放养的数量、规格及种类的搭配能做到心中有数,这样在放养时可以避免盲目性,为来年打好基础。

② 利用食场引诱捕鱼。干塘捕鱼只适用于一些中小型面积的池塘和封闭的框隔湖泊、河沟等。对一些较大面积的池塘等养鱼水体,可以通过搭食台投饵来引诱鲤鱼等底层鱼类集中,以便捕捞。对于人工养殖的鲤鱼等吃食性鱼类,其生长的物质基础除了部分饵料生物外主要是人工投喂的充足且适口的饲料,如各种饼、渣、谷实等。在平日饲养过程中,应将固体沉淀的商品饵料投放在固定的食场,食场要求设在地势平坦便于起网的池水处,使鱼类养成去固定场所摄食的习惯,这样不仅便于观察其摄食情况,更重要的是对提高鲤鱼等底层鱼的起捕率具有很大的作用。冬季来临时,养殖鱼类并不完全停止摄食,仍然要摄食一定的饵料。根据这个特点,起捕鲤鱼时,先在几天前将池塘中的鲢鱼、鳙鱼、草鱼、鳊鱼捕捞起来,这样池塘里剩下的主要是鲤鱼,其活动空间就会相对增大,有利于提高起捕率。在捕捞鲤鱼的前两天应停止投饵,以此增强鲤鱼的摄食欲望,捕捞鲤鱼时应从食台的对面拉网,同时在食台附近投放少许饵料然后集中投放在食台上,引诱鲤鱼摄食。拉网时最好采用两层网(间隔 2~3 m)一起捕捞,这样可以有效地提高起捕率。

③ 利用连续阴雨天捕捞。冬季有时会出现连续阴雨的天气,长时间的阴雨天会影响水中的溶解氧含量,这是由于池水中缺少了氧气的主要来源(浮游生物的光合作用产生氧气),氧气含量逐渐减少,此时原本溶解氧含量就很少的底部就更加缺乏氧气,鲤鱼等底层鱼就会因缺氧而上浮到水体中层或上层。捕捞时以早晨为好,这样便于捕捞、运输和保鲜,捕捞过程中可单网操作也可双层网间隔捕捞。这种捕捞方法对主养鲤鱼的池塘较适用。

④ 电捕机捕鱼。除以上几种方法之外,对于某些底质复杂的池塘,在条件许可的情况下,可以采用电捕机捕鱼。电捕机捕鱼具有设备简单、劳动强度低、起捕率高等优点。通常采用的电捕机是三相交流电式,它适用于无障碍的开阔水域或其他类似水域,主要捕捞底层鱼和野杂鱼。捕鱼时将电极通入水中形成电场,处于有效击昏电场中的鱼即被击昏,击昏后大部分鱼浮在水面上,可用网捕捞。在电捕过程中要注意避免触电事故发生。

12.2.3　筏式养殖收获技术

筏式养殖牡蛎收获与传统的延绳吊养牡蛎收获,主要依靠小型收获船人工作业的模式,通过人工把主缆绳提起,再把吊养牡蛎串拉拽到船舱,船舱内铺设网兜,收获满舱后返回码头,通过起吊设备将装满牡蛎的网兜吊到运输车上,再折返继续作业,存在收获效率低、工人劳动强度大等问题。针对这些问题,有关研究院所开展了延绳吊养牡蛎海上机械化收获与处理专用装备研发,设计研制了吊养绳状态保持的牵引设备、水下提升输送设备、脱料设备、高压喷淋清洗设备,集成了导向系统、视频监控管理系统等,构建了延绳吊养牡蛎海上机械化收获与清洁作业生产线,成功实现牡蛎海上机械化收获、运输、分离、原料清洗、装箱,提高了收获效率,降低了工人劳动强度,减小了收获损失。海上清洗可减少陆上污染,增加海洋生物饵料的回收;视频监控系统可实时了解收获设备运行状态和牡蛎清洁生产情况,可为建立生产线自动化控制及产品品质追溯体系奠定基础。这种机械化收获模式也可扩展应用到其他吊养模式贝类品种的收获。

挪威 Smart Farm 公司发明的贻贝养殖收获新系统可确保贻贝良好地生长。该系统适用于贻贝幼苗在中上层水位浮动且资源丰富的地区。系统由几个长期位于水中的组件构成,这些组件为贻贝生长提供支持。其中,用 PE(聚乙烯)管件取代了目前常用的浮球或筏以提供浮力。贻贝收集器沿着 PE 管的长度方向系缚在管上,因此整体外观更加美观。该系统的维护和贻贝的采收都在水中进行,无须拆卸或组装收集器及浮球。此外,该系统还具备简单的锚泊和操作功能,系统可方便地移动,并且在海浪中摆动轻柔。

国内海带目前都是由人工采收,效率低,劳动强度大。海带亩产量一般为880~1000 斤,丰产时可达 1200~1500 斤,隔断绳将海带捆成捆,熟练的工人一天能收割海带几十吨,人工劳动强度极大(图 12-20)。

图 12-20 人工收获、转运海带

国内的海带采收机械化装备均处于研发阶段,市场上并没有真正实用和得到推广的设备,研究型的设备均是采用拖曳方式的装备,也有拖曳、剪切一体化的装备,威海荣志成功海洋科技有限公司设计的海带收割装置设置在船体前方,船体在推进的过程中利用该装置两侧的切割器将苗绳两端的吊绳切断,然后利用传送带上的挂钩钩住苗绳,利用传送带将苗绳及苗绳上的海带拖入船体中,如图 12-21 所示。但由于实际海况有比较大的风浪流等,传送带并不能实现整根苗绳的平稳运输,在拖拉过程中极易造成海带损伤。目前海带收获装置都存在可靠性低、难以适应复杂海上状况的缺点,收获效率难以得到真正提高,还不能满足企业机械化收割海带的要求。

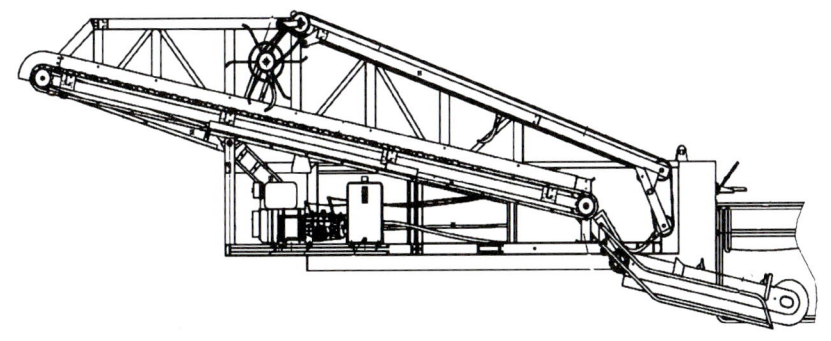

图 12-21 海带收获装置

文蛤属于滩涂贝类,多分布在较平坦的河口附近沿岸内湾的潮间带,以及浅海区域的细沙、泥沙滩中。文蛤有潜沙习性,起捕前需通过刺激使其钻出泥沙。目前文蛤的收获主要依靠人工挖掘的模式,收获前采用踩踏或振动的方式使文蛤钻出沙面,机械化程度低,收获效率低,劳动强度大。为了解决文蛤机械化收获的难题,国内有研究开展了振动、超声波、高压脉冲等刺激条件下的文蛤钻沙实验。通过分析钻沙响应时间、概率等实验数据,研究人员设计并研制了文蛤采捕沙滩行走动力装置。该装置可在滩涂上自如行走,有效避免采捕过程中陷入泥沙。有研究发明了一种智能滩涂文蛤采捕小车,采捕作业时,滩涂小车的行驶路径及定位由导航芯片控制,采捕小车行驶到收获区域后,通过调节电脉冲诱捕滚筒的高度使电脉冲诱捕滚筒上的放电针扎入沙土中,释放脉冲电信号,刺激滩涂文蛤迅速地钻出沙土;采捕小车缓慢向前行驶,由机器视觉系统采集沙土表面图像,并进行图像处理,计算钻出沙土的滩涂文蛤数量,收获滚筒将收获的滩涂文蛤传递到输送系统,输送系统将文蛤输送到收集筐中,完成收获作业。

12.2.4 深水抗风浪网箱养殖收获技术

网箱养鱼是将池塘密放精养技术运用到环境条件优越的较大水面而取得高产的一种高度集约化的养殖方式。以前的网箱只用浮子与沉子在水中将网张开,悬浮于水中即可。这种简易的网箱现在多不使用。随着时代的发展,如今网箱做法也不一样,有的做成六面体框架,六面体框架可用金属、木料或毛竹做成。这种整体框架安装后,在水中抗风浪能力强,网箱整体移动也十分方便。用太阳晒网衣消灭附着物也十分方便,但搬运麻烦。有的网箱框架十分简易,只做一个平面方框,再配上浮子、沉子,将网悬于水中。这种简易网箱晒网衣十分简单,搬运也很简单。网箱起捕较为容易,收获时不需要特别的捕捞工具,只需要减少网箱配重,提升网箱到一定水体高度即可,网箱中活鱼常采用螺旋提升机起捕。基于阿基米德螺旋线原理的螺旋提升机,主要通过滚筒内的叶片旋转将网箱内的活鱼螺旋提升至渔船船舱。起捕时将渔网抬起聚集鱼群,提高鱼的密度,螺旋提升机倾斜安装在船侧,下端为进鱼口,放置于网箱鱼群聚集处,上端出鱼口连接盛鱼箱或借助软管通到船舱内。当滚筒开始转动时,鱼在螺旋叶片推力的作用下,沿滚筒轴向移动。在提升过程中,水被排出,鱼最终被输送到盛鱼箱内。螺旋提升机的角度可以根据网箱位置进行调节,以方便起鱼,在整个输送过程中,鱼体不会碰撞损伤,但该设备不适用于起捕较大规格的活鱼。国内开展了该设备的相关试验应用,效果良好,国外有些工厂化养殖中将该设备用于养殖过程中的分级起捕。

近年来,国外的发展成就主要体现在网箱容积日趋大型化。挪威的高密度聚乙烯(HDPE)网箱的最大容积现已发展到 22000 m³ 以上,单个网箱产量可达 250 t,大大降低了单位体积水域养殖成本。网箱装备的结构定型对产业发展具有重要意义,因为相关的配套设施如投饲机、网衣清洗机、换网机械、鱼类起捕装置等需要围绕网箱形式进行研发。国外已基本形成了特有的几种网箱类型。我国推广的网箱主要是挪威的 HDPE 网箱和日本的浮绳式网箱,这两类网箱约占深水网箱总数量的 90% 以上。然而,这两类网箱均属于重力式网箱,依靠配重维持有效养殖体积,而且受配套技术限制,多数没有升降功能,因此不能很好地适应我国(尤其是东海)浪高流急、台风频发的海域;网箱多数布置于水深在 15 m 以内的浅海域,距离真正的深水网箱养殖还有差距。目前,大型深水网箱的机械化起捕主要有吸鱼泵和起吊杆带抄网起捕两种方式。

HDPE 圆形重力式网箱,依靠网箱制造材料的物理性能、圆形结构受力的均一性以及特殊的锚泊固定方式来抵抗强风和大浪的袭击。该类型网箱逐渐向大型化发展,现阶段网箱的主要规格为直径 13～35 m,最大的周长已达到 200 m,网深 40～50 m,可养鱼 1000 t。与其他结构形式的大型抗风浪网箱相比,其最大优点是操作方便、管理方便。由于此类网箱的上部具有较大的敞口面积和操作空间,因此,网箱鱼类的聚集与起捕相对容易。首先采用集鱼网具在网箱中拖曳,使鱼类聚集并达到一定的密度,然后采用吸鱼泵或起吊杆带抄网的方法起捕。国外常用的起吊杆带抄网的起捕操作方式是在鱼类聚集到一定密度后,通过工作船的吊机和起吊杆将一圆形框架的抄网放入网箱中,使鱼类进入抄网内,然后收绞吊索并操纵起吊杆,将抄网内鱼类快速转移到活鱼运输船的舱内。

12.2.5 养殖收获装备的发展趋势

我国养殖渔业已经取代捕捞渔业成为渔业发展的主战场,要想真正实现我国当前渔业生产的转型,就必须将传统的渔业发展方式转变为现代化养殖渔业发展方式。为了达到这一目的,包括远洋深蓝渔业在内的大规模养殖渔业都需要现代海洋科技作为支撑。海洋领域的科技水平与创新能力仍然滞后于发展需求,海洋科技的总体布局仍然不能满足现代养殖渔业的发展需要,无法为其提供坚实的保障。现代养殖装备尚没有与养殖技术实现融合发展。近年来,我国不断加大对养殖行业的扶持,不论是养殖装备还是养殖技术相较于之前都有较大的发展。但是,当前我们的目光仅局限于装备与技术的创新,并没有对其融合发展道路进行充分而深入的思考,因此,由于装备与技术不能结合发挥其应有的作用,这就为现代养殖渔业的发展带来了巨大的阻碍。总而言之,由于当前科学技术、管理技术的限制,我国现代养殖渔业的发展仍然需要精耕细作,实现产业升级。

要真正推动现代养殖渔业的发展,就必须在统筹规划的基础上加快对科技的创新,必须以科技创新为引领,加大科技投入与政策扶持,打破限制现代渔业发展的技术瓶颈与装备瓶颈,促进产业融合与产业化进程。我们可以借助当前发达的互联网信息技术,将其运用至现代养殖渔业中,建立智慧化信息交互平台,对发展过程中所收集的数据进行分析、对比与整理,在总结失败经验的基础上加快现代养殖渔业的科技创新,进而为其稳定可持续发展提供坚实的基础与保障,促进现代渔业的转型升级。同样,随着大规模养殖收获装备的发展,现代养殖渔业的升级转型呈现出新的发展趋势。

(1)养殖收获装备工业化程度、作业水平不断提高。

大规模养殖收获装备的发展特点为收获装备大型化、专业化、机械化、自动化。养殖收获装备经历了机械传动、低压液压传动、中高压液压传动、直流电力传动的发展过程,随着交流变频电力传动与控制技术的发展,现代养殖收获设备开始探索应用全电力驱动技术,以解决液压传动效率低、管路复杂和油液污染等问题,交流变频电力传动与自动控制技术是现代养殖收获设备实现节能环保的重要方向。

(2)助渔仪器信息化,加工装备功能化,渔具渔法节能化。

科学技术的飞跃发展,推动现代养殖收获技术步入高科技时代。围绕海洋渔业资源合理利用,综合应用现代化的计算机、卫星通信、多媒体和声学技术,开发信息化助渔仪器,与自动化收获机械系统高度集成,提高节能减排水平和收获效率是现代养殖收获装备发展的重要方向。养殖收获助渔仪器朝着精准化、信息化、数字化方向发展,将全面提高渔业收获效率与管理效率,这也是未来体现养殖渔业竞争力的核心技术;收获水产品综合利用是渔业产品高值化的主要方向,围绕养殖鱼类综合利用,一体化高精加工装备将越来越普及,加工装备种类更丰富、功能多元化,加工效率日益提高,加工模式不断创新,精深加工技术不断完善,精深加工产品不断涌现,将逐步形成产品价值最大化、利用率最大化。

(3)新材料、新技术不断在现代养殖收获装备中得以应用。

玻璃钢、铝合金等轻质材料具有良好的节能效果,欧美日韩以及我国台湾已经基本实现了中小型渔船玻璃钢化,轻小型、便于携带操作的收获装备也在逐步得到认可。网具材料种类也多种多样,在渔业上广泛使用的合成材料有聚乙烯、尼龙、聚丙烯、聚氯乙烯、聚酯。随着深水抗风浪网箱的发展,网具度和网目尺寸逐步增大,网具材料正向高强度发展,以适应海况的需要。当前,以智能机器人为代表的新一轮工业革命在全世界爆发,以装备转型升级为代表的新旧动能转换将在中国掀起一场波澜壮阔的"海洋工业革命"。毫无疑问,各种新兴技术的应用将为养殖收获装备的发展提供强劲动力。

本章参考文献

[1] 张祝利,王玮,何雅萍. 我国渔船作业过程碳排放的估算[J]. 上海海洋大学学报,2010,19(6):848-852.

[2] 史磊,秦宏,刘龙腾. 世界海洋捕捞业发展概况,趋势及对我国的启示[J]. 海洋科学,2018,42(11):126-134.

[3] 郑建丽,李胜勇. 世界渔船捕捞装备最新发展动向[J]. 中国船检,2019(4):22-26.

[4] 贺波. 世界渔业捕捞装备技术现状及发展趋势[J]. 中国水产,2012(5):43-45.

[5] 岳冬冬,王鲁民,张勋,等. 我国海洋捕捞装备与技术发展趋势研究[J]. 中国农业科技导报,2013(6):20-26.

[6] 徐皓,陈家勇,方辉,等. 中国海洋渔业转型与深蓝渔业战略性新兴产业[J]. 渔业现代化,2020,47(3):1-9.

[7] 蒋猛,冯武卫,王棣. 关于蟹笼渔船捕捞过程及渔具的研究[J]. 农村经济与科技,2019,30(17):89-91.

[8] 孙中之,陈宇,孟维东,等. 黄渤海区拖网渔业现状与分析[J]. 渔业现代化,2013(1):50-56.

[9] 梁铄,王金枝. 我国远洋捕捞业发展研究综述[J]. 产业与科技论坛,2017,16(6):20-21,106.

[10] 刘景景,龙文军. 我国海洋捕捞政策及其转型方向研究[J]. 中国渔业经济,2014,32(2):29-34.

[11] 郭庆祝. 开展海洋捕捞渔船减船转产的对策与思考[J]. 中国水产,2016(11):48-49.

[12] 宗艳梅,魏珂,李国栋,等. 海洋渔业声学装备关键技术研究进展[J]. 渔

业现代化，2021，48(3)：28-35.

[13] 常宗瑜，张扬，郑中强，等. 筏式养殖海带收获装置的发展现状[J]. 渔业现代化，2018，45(1)：40-48.

[14] 丁永良，巫道镛. 国外养鱼池塘的起捕机械[J]. 电工技术，1983(11)：42-45.

[15] 杨家朋，王健，刘兴国. 养殖池塘集鱼与起捕机械化的研究[J]. 南方农机，2019，50(18)：1.

[16] 罗准，周中华，付宗国，等. 贻贝收获装置的设计和研究[J]. 中国水运，2018，18(2)：109-110.

[17] 谭永明，谌志新，楚树坡，等. 自动拖拽转挂式海带采收船的设计[J]. 渔业现代化，2018，45(5)：69-74.

[18] 江涛，谌志新，朱烨，等. 海带收获转运装置设计[J]. 渔业现代化，2020，47(1)：16-23.

[19] 关长涛，黄滨，林德芳，等. 深水网箱养殖鱼类的分级与起捕技术[J]. 现代渔业信息，2005，20(7)：3-6，13.

[20] 黄温赟，鲍旭腾，蔡计强，等. 深远海养殖装备系统方案研究[J]. 渔业现代化，2018，45(1)：33-39.

[21] 李道亮，包建华. 水产养殖水下作业机器人关键技术研究进展[J]. 农业工程学报，2018，34(16)：1-9.

第 13 章
水产品加工与流通智能装备

13.1 水产品加工系统概述

水产品加工是指对水产原料进行机械、物理、化学或微生物学处理并使之成为水产加工品的过程。经过加工的水产品具有以下特点：① 良好的保藏性；② 较高的营养价值和食用价值；③ 便于贮藏、运输、销售和食用；④ 适合不同消费对象的习惯和嗜好要求。根据加工方式及工艺的不同，水产加工食品包括冷冻水产食品、干制水产食品、腌熏水产食品、鱼糜制品、水产罐头食品、水产休闲食品、水产功能食品及水产调味料等。

我国是水产品生产、贸易和消费大国，渔业是农业的重要产业。水产品加工业是渔业捕捞和养殖的延伸，共同构成了水产业的三大支柱，涵盖水产品的保鲜保活、初加工、精深加工和综合利用等；水产品加工业的发展对于渔业的发展起着桥梁纽带的作用，不仅是加快发展现代渔业的重要内容，而且是优化渔业结构、实现产业增值增效的有效途径。

改革开放以来，随着渔业产业化的推进，我国的渔业发展迅速，水产品总产量连续 35 年稳居世界首位，2020 年，我国水产品生产总量为 6549 万吨，其中水产品加工总量达 2091 万吨，水产品加工企业达 9136 家，加工比例约占水产品总量的 32%，呈逐年上升的趋势，水产品加工业显示了空前的活力和巨大发展潜力，我国水产品加工技术水平逐步提高，已发展成为包括冷藏、冰鲜、干腌制、熏制、罐制、调味熟制、鱼糜加工、生鱼片加工、模拟水产制品、药物与保健品、鱼粉与饲料、海藻化工等十几个专业门类的庞大行业，形成了较为完善的水产品加工体系(农业农村部渔业渔政管理局，2021 年)。

13.1.1 水产品加工业发展现状

我国的水产品加工是从最早的"三去"(去头、去鳞、去脏)开始的，加工水平非常落后。随着科学技术的进步及国外先进技术设备的引进,我国水产品加工的整体水平有了明显提高,加工规模快速壮大。据统计,我国水产品加工能力由 2002 年的 1240 万吨提高到 2022 年的 2970.41 万吨,水产品加工总量由 2002 年的 795 万吨提高到 2022 年的 2147.79 万吨,水产品加工业产值由 2002 年的 761.1 亿元提高到 2022 年的 4787.61 亿元,占渔业总产值的比例达到 60.8%。

随着水产品加工业结构的不断优化调整和升级,以鱼糜制品为代表的精深加工品的比重持续提升,水产精深加工品的产量由 2005 年的 480 万吨增加到 2023 年的 2195 万吨,形成了广东、海南、广西的对虾和罗非鱼加工,福建和广东的烤鳗鱼加工,江苏的紫菜加工,浙江的大黄鱼加工,湖北的淡水鱼加工,山东、辽宁的海藻、贝类及海参加工等一批特色鲜明的养殖水产品加工区域产业带。各地水产加工企业以市场为导向,产品结构出现了三个转变:腌制品向鲜、活产品转变;大包装向小包装,大冻块向小冻块,冻块向条冻、单冻的转变;初级加工向精、深加工方向转变。副产物综合利用率也大幅提高,产品附加值显著提升。在我国形成了一批在国内外具有一定知名度的水产加工品品牌,如广东的“金曼”,广西的“南珠”,海南的“加华”,浙江的“兴业”和舟山的“明珠”,上海的“龙门”,烟台的“金贝”,青岛的“海丰”,辽宁的“远洋”等数十家品牌企业,为我国水产品在国际市场上赢得了声誉。

13.1.2 水产品加工装备发展现状

我国的水产品加工目前总体上仍以劳动密集型为主,机械化、自动化程度不高,特别是前处理工序,80%左右依赖人工,加工效率较低,仅有少数大型加工企业引进了成套加工生产线,大部分中小型企业基本上以手工作业为主,部分工段采用单机设备作为辅助,品质和工效难以保证。据统计,水产品加工企业使用的加工装备,约有 50% 还处于 20 世纪 80 年代的水平,40% 左右处于 20 世纪 90 年代水平,只有不到 10% 达到目前世界先进水平。发展现代水产品加工业,依靠传统劳动密集型方式难以实现持续发展,必须走机械化、规模化的发展道路,不断提升加工装备水平。

1. 国外水产品加工装备现状

欧美日韩等发达国家在水产品加工装备研究方面起步比较早,经过几十年的发展,目前处于行业领先水平,具有加工精度好、自动化水平高等特点。

日本研发的海洋食品加工装备集机、电、光、声、磁于一体,自动化和智能化程度高,加工效率高,尤其在鱼糜加工设备、大型鱼类切割设备、船载鱼类加工装备等方面处于世界领先水平,在生产线集成方面经验丰富,如鱼类前加工处理生产线、鱼糜及制品加工生产线;德国是世界上机械化程度最高的国家之一,其生产的水产品加工装备具有加工精度高、自动化智能化程度高的特点,如德国 BAADER 集团开发了针对鲑鱼、鳟鱼、鳕鱼等鱼种的鱼片加工生产线,该生产线在加工过程中创新性引入光电测量系统,结合计算机控制和鱼体导向装置,可以实现鱼清洗、去头、切腹、去脏、开片、整理和称量包装等工序全自动生产,整个生产线通过控制系统集中控制,大大降低了人工成本,提高了鱼片的生产效率。以三文鱼生产为例,该生产线每分钟平均可以处理 25 条鱼,仅需要少数几个工人配合即可完成生产。这类鱼类产品生产线实现了规模化、全自动化、安全卫生,满足食品生产安全标准的要求;美国率先研制出了对虾剥壳设备,并形成了集分级、剥壳、清洗于一体的加工生产线,研制的超高压扇贝加工设备,可使扇贝在很短的时间内实现壳肉分离;由冰岛马瑞奥公司(MAREL)研发的水力喷射鱼片切割机,以高压水为切割刀,可实现鱼片的快速切割,同时能通过 X 射线对鱼片中的鱼刺进行快速检测,与人工作业相比,加工效率提高 10 倍以上;挪威是南极磷虾最大的开发国家之一,其专业化南极磷虾捕捞船具有泵吸式连续捕捞系统,可以在拖网捕捞的同时,将磷虾吸至船载加工厂进行快速加工,大大提高了捕捞效率和生产能力;韩国研制生产的鱼类自动去骨切片机可进行半解冻产品的去骨切片作业,研发的鱿鱼加工生产线可实现鱿鱼的脱皮、剖片、切圈和切花等机械化作业。

2. 国内水产品加工装备现状

近年来,随着水产品加工产业规模的不断壮大,加工装备的需求量持续增加,加工装备的研究不断深入,取得了一定的研究成果,一批具有自主知识产权的新型装备被开发出来并投入使用。在鱼类加工装备方面,我国近年来陆续成功研制了去鳞、去头、去脏、剖切等装备,并在部分鱼类的加工生产中得到了应用;研发了活鱼运输设备,实现了淡水鱼的长距离保活运输;成功研制了鱼糜及制品加工成套设备,实现了鱼糜加工装备的国产化;创新研发了鱼副产物破碎、动植物蛋白复合发酵等设备,改进了酶解设备、鱼粉加工成套设备。在对虾加工装备方面,我国研发了对虾剥壳设备,部分应用到了实际生产。在南极磷虾加工方面,渔业机械仪器研究所创新研发了南极磷虾脱壳设备,脱壳效果良好,目前正在进一步熟化和推广应用。在蟹类加工方面,我国成功研制了河蟹壳肉分离专用设备,并应用于实际生产。在贝类加工方面,研制了蛤类清洗分级机、牡蛎组合式高效清洗机、鲍鱼喷淋保活等装备。在海藻前处理加工方面,研制了基于 PLC 控制夹持力的海带自动上料机,以及基于悬链线理论的海带打结机。在海参加工方面,开发了预检筛分、连续蒸煮及整形等关键装备,集成了国内第一条海参机械化前处理生产线。在副产物综合利用方面,研制了车阵式和履带式连续发酵装置,提高了发酵过程的均衡性,研发黏性物料流化干燥设备,集成了成套生产线。以上装备的成功研发与应用,大大提高了生产效率及产品质量,并极大改善了水产品企业工人的劳动环境。

3. 国内外水平对比分析

在加工产品方面,受饮食习惯的影响,欧美国家喜欢食用无刺的水产品,如鱼片、鱼糜制品、贝类食品、头足类和水产保健品等,加工装备主要侧重于中大型鱼类的初加工、贝类加工、活性物质提取等;而国内饮食习惯具有多元化和多样性的特点,生鲜、腌、熏、烘烤、油炸等各类产品都有涉及,加工对象覆盖了鱼、虾、贝、藻等,装备需求多而杂,加工装备研发难度较大。在加工装备类型方面,国内应用的水产品加工装备以前处理和初加工装备居多,精深加工装备水平比较落后,如活性物质提取、鱼油精炼、自动称量包装等大型生产线,除部分单机已国产化之外,核心装备还依赖进口;国外发达国家则非常重视精深加工装备的发展,注重产品附加值的提升,精深加工装备具有较高的水平。在加工装备性能方面,国产装备在加工效率、精度、连续性、稳定性、自动化程度等方面与国外装备还存在较大差距,材质、外观、耐用性等也还有待提高。在生产线集成方面,国内水产品加工装备以单机设备为主,成套设备研发、工艺创新和集成能力与国外还存在较大差距,如中国远洋捕捞船载加工装备集成能力落后;而国外专业化捕捞加工船上配备的加工装备,针对性强,自动化程度高,可以实现机械化初加工、冷冻包装及品质控制,生产线集成度高。国内外水产品加工装备对比分析见表 13-1。

表 13-1　国内外水产品加工装备对比分析

比较项目	国外	国内
加工产品	以无刺产品为主,如鱼片、鱼糜制品、贝类食品、头足类和水产保健品等	产品多样化,生鲜、腌、熏、烘烤、油炸等各种产品都有涉及
加工装备类型	重视精深加工装备的发展,注重产品附加值的提升,精深加工水平较高	前处理和初加工装备居多,精深加工装备水平比较落后
加工装备性能	装备性能、材质、外观、加工精度、耐用性等都处于行业领先水平	在加工效率、精度、连续性、稳定性、自动化程度等方面与国外先进装备还存在比较大的差距

续表

比较项目	国外	国内
生产线集成	生产线集成度高,实现集中控制,自动化程度高	以单机设备为主,成套设备研发、工艺创新和集成能力与国外先进水平还存在较大差距,自动化水平较低

13.1.3　水产品加工装备存在的问题

我国的水产品加工装备取得了长足的进步,但与国外发达国家相比,还存在着较大的差距,主要表现在以下几方面。

1. 自主创新设计能力有待提高

我国水产品加工装备创新设计能力、机械制造水平与发达国家(如德国、日本)还存在较大的差距,总体上还属于劳动密集型产业,机械化水平较低,能耗和排放较高,特别是精深加工装备与成套装备,其智能化、规模化和连续化水平相对较低,加工装备的精准性、稳定性、可靠性以及设备的质量、性能等也还有较大的提升空间。长期以来,我国的水产品加工装备研发形成了引进消化吸收再创新的模式,基础理论研究积累较少,自主创新设计能力还有待提高。全面提升我国水产品加工装备制造的整体技术水平,打破国外的技术垄断,实现水产品加工装备的更新换代,有待于自主研发能力的提高。

2. 成果推广应用难度较大

我国水产品加工企业比较分散、规模不一,受制于成本等因素,除部分大型加工企业之外,大部分中小企业存在加工设备简单、缺乏专用装备等问题,加工装备普及率低,加工仍以人工为主。水产品原料的种类很多,形状和大小各不相同,加工特性存在较大差异,针对不同的原料,设备参数也不一样,这给通用机械的操作带来了一定的难度,也导致装备的通用性差,加工精度无法保证,不利于加工装备的推广。国内的机械制造业水平还比较落后,加工精度不高,导致生产的加工装备精度较低、故障率高,影响了生产的连续性,因此生产效率偏低。一些国产生产线在生产能力上不如国际先进的生产线,加工同样数量的产品需要配备多条生产线才能达到进口生产线的水平,而进口生产线的成本很高,中小型企业没有能力引进。

3. 研发机构少,投入不足,成果产出较慢

国内从事水产品加工专用装备研发的机构非常少,技术创新能力不足,造成加工装备的研发水平滞后。由于加工装备的设计和制造周期较长,研发和改进的生产成本又比较高,国家在加工装备基础研究方面的科研投入较少,因此,企业更愿意购买成熟的产品,不愿在共同研发上投入太多。这些现实情况导致加工装备研发经费不足、更新速度慢,而加工工艺的更新速度较快,故加工装备不能满足加工工艺的要求。

13.1.4　水产品加工装备发展趋势

加工机械化、自动化、智能化是水产品加工装备发展的三个重要过程,是水产品加工实现规模化发展、保证产品品质、提高生产效率的条件保障,未来的水产品加工装备将朝着机械化、规模化、精准化、智能化、绿色节能方向发展。

1. 水产品加工装备向机械化、规模化发展

水产品加工业依靠传统劳动密集型模式的发展不可持续,要实现从劳动密集型向技术密集型的转变,必须走机械化、规模化发展道路,不断提升加工装备水平。在水产品加工各环节要加快装备的研究和应用,在保鲜储藏方面,通过装备的研发和应用,完善冷链物流系统,提高保鲜储藏效率,保障水产品品质安全;在前处理与初加工方面,通过单机设备的应用及生产线的集成,提高处理效率,降低人工成本;在精深加工方面,通过装备的研发和应用,提高产品附加值,减少活性物质损失,实现节能降耗;在副产物综合利用方面,通过装备的研发和应用,提升资源利用率,开发高值产品,实现加工过程零废弃、零排放。

2. 水产品加工装备向精准化、智能化发展

工业领域智能制造产业为水产品加工智能化装备的发展提供了坚实的发展基础。国务院印发的《中国制造2025》,将发展智能制造作为长期坚持的战略任务,"十三五"期间将同步实施数字化制造普及、智能化制造示范引领;工业和信息化部、财政部联合发布了《智能制造发展规划（2016—2020年）》,提出到2025年,基本建立智能制造支撑体系,重点产业初步实现智能转型。水产品加工智能化装备发展将迎来重要的发展时期。近年来,随着PLC技术的不断成熟,部分加工装备逐渐向自动化控制发展,可通过变频器、传感器、三维激光、红外定位、机器视觉等技术进行信息采集和定位,通过控制模块实现精准加工和自动控制。智能化是指由现代通信与信息技术、计算机网络技术、行业技术、智能控制技术汇集而成的应用,是水产品加工过程智能感知、数字化分析与智慧决策结果在加工装备上的具体体现,如通过智能感知技术对体形、体色进行判别以实施分级筛选,对鱼体部位和方位进行判断,对骨刺和残留异物进行探测及去除等。

3. 水产品加工装备向绿色节能方向发展

随着国家节能减排战略的全面实施,节能绿色发展越来越受重视。《农业部关于进一步加强农业和农村节能减排工作的意见》指出,要开展水产品加工综合利用技术研究,提高产品附加值,推进加工副产品、废弃物的资源化利用;《农业部关于推进渔业节能减排工作的指导意见》同时指出,加快水产品加工企业节能技术改造,大力推广节电、节水技术,降低冷冻冷藏电耗,研发并推广加工清洁生产技术,减少废气、废水、废渣排放。因此,未来的海洋水产品加工装备将朝绿色节能方向发展,如太阳能等清洁能源将越来越多地应用到水产品的加工中;冷库、冷藏车等保鲜储运设备将更加节能环保;鱼糜加工等耗水量大的加工方式将通过工艺和装备的改进,减少废水的排放;加工副产物综合利用装备水平将不断提高,逐步实现零废弃加工。

13.2 水产品初加工智能装备

水产品初加工装备主要有洗鱼机、分级机、去鳞机、鱼类排序机、去头机、去内脏机、去鳍机、鱼体开片机、去皮机和鱼类切断机等。洗鱼机用于清洗鱼体表面的黏液和污染物,防止鱼体表面繁殖细菌而降低鲜度;分级机可将同类鱼按重量或体厚分成几个等级,便于分等级销售和机械化处理;去鳞机负责成批或逐条地清除鱼体的鱼鳞;鱼类排序机是将鱼体按鱼头或鱼腹进行方向一致且有序的排列,方便其后的各种机械化处理;去头机用于切除长有鱼鳃的鱼头,方便其后的去内脏处理;去内脏机的主要功能是剖开鱼体腹部并清除内脏;鱼体开片机用于对鱼体按两片或三片的要求进行剖切;去皮机用于对已经剖切成鱼片的表面鱼皮进行完全去除。

目前水产品初加工装备还是以机械替代人工、提高生产效率、减轻工人劳动强度为主要目的,近年来,水产品初加工装备的自动化水平逐年提高,涌现出了一批自动化加工装备,只需要少数的工人即可完成加工作业。随着智能化技术的发展,部分加工装备逐步从自动化向智能化升级。

国外在智能化水产品初加工装备方面处于领先水平,如:德国 BAADER 公司研发的鱼片加工生产线、鱼糜加工成套生产线,自动化程度高,操作工人少,产品安全卫生;冰岛 MAREL 公司研发的鱼片切割机,以高压水为切割刀,结合 X 射线、计算机算法以及水力喷射等技术,能在不到 1 s 时间内切割出鱼片;VALKA 公司研发的鱼片切割机能够切除腹部鱼骨,通过事先设定的切割方式对鱼片进行最优化切割,操作工人能快速高效地对设备进行调整,以满足固定切割重量、长度、宽度、厚度等要求。瑞典在中小型鱼类加工设备开发方面具有丰富的经验。ARENCO 公司开发的中上层鱼类加工生产线可实现自动化去鳞、切头去尾、剖腹、去脏、去背鳍等操作;开发的船用全自动鱼类处理系统能精确去除鱼头和鱼尾,并采用真空系统抽除鱼的内脏,开片、去皮操作全自动且可调节。日本研制的基于三维激光成像的冷冻鱼切身定量分割装置,通过对鱼片的立体监测,能准确分割出所需切身的大小和重量。

近年来,国家对加工装备的智能化越来越重视,通过一批项目的支持,国内在水产品初加工装备智能化研究方面取得了一些重要进展。在形态识别与姿态调整方面,通过机器视觉和深度学习,构建了基于混合高斯模型的鱼体部位形态识别模型,设计了基于卷积神经网络的鱼体形态识别系统,能获取基于鱼体图像特征的关键定位点,实现鱼体在输送和加工过程中横竖、头尾、腹背朝向以及堆叠等状态的精准识别,形成鱼体形态精准识别技术,自动获取鱼体的形态数据,根据精准识别技术获取鱼体形态信息反馈结果,通过旋转、离心、翻转等手段,实现鱼体头尾、腹背等姿态的调整,使头尾、腹背等保持一致,从而实现连续进料。在去鳞装备方面,有研究通过实验测定和图像识别技术获取了不同规格鱼体的鳞片分布及结合力特性,建立并验证了"鳞片特性-图像特征-去鳞参数"的对应关系模型,通过图像信息采集与反馈,确定射流区域,调节去鳞参数,从而实现射流压力和去鳞区域的智能控制。在去脏设备方面,通过开展鱼体腹腔结构特征研究,建立了鱼体几何形态与腹腔结构特征数据库,构建去脏参数与腹腔结构的对应关系,从而实现去脏设备的智能化。在切割装备方面,根据切割目标产品形式,确定切割特征部位,自动规划并输出切割路径,从而引导切割设备实现智能切割。

13.3　水产品综合利用加工智能装备

随着养殖水产总量的不断增大和加工需求的增大,水产品加工废弃物给环境带来的压力也日益显著,目前利用这些下脚料虽然也开发生产了一些如胶原蛋白质、鱼粉、鱼油等产品,但受限于技术和成本问题,水产品加工综合利用程度依旧不高,大量下脚料被直接废弃,造成浪费和环境污染。因此,对水产品进行综合利用,在渔业资源日渐衰竭的今天便显得尤为重要和迫切,如日本早在1998 年就实施了"全鱼利用计划",2002 年开始积极推进实施水产品加工的零排放战略,形成了低投入、低消耗、低排放和高效率的节约型增长方式。目前,日本的全鱼利用率已达到97%～98%。

近年来,水产品加工副产物的综合利用水平不断提高,通过酶解等技术的应用,将鱼内脏加工成鱼油和蛋白肽等高附加值产品,将鱼鳞加工成鱼鳞胶和胶原蛋白肽,将碎鱼肉加工成鱼糜及鱼糜制品,将鱼血加工成血粉和血红素,最后将上述加工后的副产物与植物蛋白(豆粕、废弃果蔬等)进行生物复合发酵,制成高品质复合鱼粉肽,基本上实现了全鱼利用。

以罗非鱼为例,我国已开发出罗非鱼加工副产物的高值化利用系列产品,促进了罗非鱼加工产品的多元化发展,提高了罗非鱼资源的利用率,开拓了罗非鱼加工"零废弃"的途径,全面提升我国罗非鱼产业经济效益。我国还开展了水产品加工副产物与植物蛋白复合发酵制备高品质饲料的技术与装备研究,形成了加工生产线,技术日益成熟;开展了虾头高效利用关键技术研究,设计虾头营养素提取分离方案,建立了微生物发酵虾头的清洁生产工艺,该工艺中微生物以虾废弃物作为唯一碳源和氮源进行发酵转化,利用其生长过程中所产生的蛋白酶脱去虾头的蛋白质来生产甲壳素,便于工业化大量生产,避免了环境污染;开展了水产品加工副产物与植物蛋白复合发酵技术与装备研究,建立了水产品内脏与大豆蛋白的复合发酵工艺,探索了水产品加工副产物中的复合内源酶与外加菌种在半固态发酵工艺中对植物蛋白(豆粕)的抗营养因子的协同作用,发酵时间缩短至 48 h 以内,研究成果已经在生产企业进行应用与示范。

目前,我国水产品加工副产物综合利用设备总体水平低、开发能力不足、标准水平低,在实际生产中大都采用通用加工设备,技术相对落后,生产环境恶劣,劳动强度大,对物料的适应性差,产品品质不稳定,生产规模小,自动化程度低,不能完全适应生物饲料加工的需要,与国外的专用生产装备相比有很大的差距。

13.4　水产品鲜活储运智能装备

随着我国食物供给的有效保证,消费者对食品的关注重点从"吃饱"转向"吃好",从单纯追求数量充足转向同时要求安全、营养、品质等各项指标。中国是世界水产养殖捕捞生产和鲜活海鲜消费大国,水产养殖面积和产量居世界首位,海鲜产品批发零售市场遍布全国各地。随着我国经济的迅速发展,科学技术水平逐步提高,居民生活水平不断提高,水产品的人均消费量迅速上升,与此同时,消费者对水产品的需求正在发生着质的变化,即人们对水产品的需求从"冻、腌、干"等传统产品转变为对"鲜、活"特色产品的迫切需求。

13.4.1　常见的水产品保鲜储运方式

长期以来,我国居民喜欢食用鲜活水产品,水产品中有超过 60% 被用于鲜活销售,其中海水产品中 40% 以上用于鲜活销售;加工品中冷冻品占 60% 以上,且其中 50％为原料直接冻藏。由此可见,鲜活海洋食品是我国居民消费水产品的主要形式,冻藏保鲜或加工为水产品的主要储藏方式,因此发展鲜活储运技术和装备具有非常重要的意义。常见的水产品保鲜储运方式主要有冷冻、冰鲜和活体储运等三种。

1. 冷冻储运设备

冷冻储运是将水产品的中心温度降至低温,使其体内组织的水分绝大部分冻结后进行储藏和流通的保鲜储运方法。作为储藏或流通前的预处理,速冻处理是一种重要的加工方法,也是冷冻储运技术的核心。所用的速冻设备、冷却介质和冻结方法对于水产品的保质期有很大的影响。水产品的冻结方法一般分为空气冻结法、平板冻结法、单体冻结法等,液氮冷冻、液体浸渍冷冻、流态干冰冷冻等新技术也逐渐应用到水产品加工中,常用的冷冻储运设备主要有隧道式速冻设备、平板速冻设备、螺旋速冻设备、流态化速冻设备等。

随着冷冻技术的发展和智能控制水平的进步,冷冻储运设备的智能化程度不断提高,一些冷冻设备已具备智能调控温度、制冷量的功能。物料进入冷冻设备前,通过传感器获取物料的重量和初始温度,根据设置的冷冻目标温度及最大冰晶生成带温度估算出所需的制冷量,从而在冷冻初始阶段使物料快速通过冰晶生成带。冷冻过程中对物料进行全程温度监测,及时控制制冷量,在物料出口处再一次进行温度确认,实现冷冻温度及冷冻速率的精细调控。此外,有些企业在冷冻储运过程中,引进了智能仓储与物流系统,运用自动搬运机器人实现原料进出冷库、成品进出冷库和车间各生产线间物料输送的全自动化。

2. 冰鲜储运设备

冰鲜储运是将新鲜水产品用冰覆盖或与冰混合后进行储藏和流通的一种保鲜储运方法。由于冰鲜鱼的品质最接近鲜活鱼的生物特性,并且冰制作、携带、使用方便,保鲜过程不需要动力,因此这种传统的保鲜方法至今仍是水产品储运过程中使用最为普遍的保鲜技术。

用于冰鲜储运的冰有淡水冰和海水冰两种,海洋水产品最好采用海水冰。冰按形状可以分为块冰、管冰、片冰和颗粒冰等。块冰在使用前必须轧成碎冰,碎冰在运输过程中又很容易凝结成块,使用时需要重新敲碎,操作烦琐,而且碎冰棱角锐利,容易损伤鱼体,与鱼体的接触面较小,因此实际生产中倾向于使用管冰、片冰、颗粒冰等。近年来,流态冰技术取得了突破,开始部分应用于水产品的保鲜,其具有流动性好、蓄冷量大的优点。冰鲜储运设备主要有块冰机、管冰机、片冰机、颗粒冰机、流态冰机等制冰设备,以及冷藏运输车、运输箱等冷链运输设备。

3. 活体储运设备

活体储运是保持水产品最佳品质、满足消费者需求的有效方式。从 20 世纪 50 年代开始，我国陆续对梭子蟹、珍珠贝、石斑鱼、青虾、鳗鱼、牙鲆等水产品的活体储运进行了研究。

不同的活体水产品具有不同的生物特性和环境要求，为了提高其运输存活率、降低运输成本，应采取不同的保活方法进行运输。目前已开发的水产品保活技术主要有低温保活、充氧保活、麻醉保活、休眠保活和模拟保活等。

低温保活是通过制冷机械的运行来维持水产品运输微环境温度恒定的保活方法；充氧保活是通过使用氧气发生器或氧气罐来维持水中溶解氧含量恒定的保活方法；麻醉保活是通过添加化学麻醉剂抑制生物机体神经系统的敏感性，降低鱼体对外界的应激反应，使鱼体失去反射功能、降低呼吸强度和代谢强度，提高运输存活率的保活方法；休眠保活是通过物理或化学方法使待运活体处于半休眠或完全休眠状态的保活方法；模拟保活是通过模拟运输对象的自然生活环境以提高运输存活率的保活方法。

目前采用最多的是低温保活和充氧保活，这两种保活方法的成本较小、运输量大，技术相对容易掌握，主要用于大宗水产品的活体储运；麻醉保活、休眠保活和模拟保活成本较高、运输量小，但存活率要高于前面两种保活方法，主要用于名贵水产品的活体储运。

活体储运的具体操作是，将待运的活体水产品装入带水箱的车、船等运输工具中，同时配备一系列活体运输装置，并实行相应的保活技术。活体运输装置包括制冷系统、增氧系统、杀菌系统及水净化系统等，具有自动控温、增氧、消毒杀菌、循环过滤等主要功能，能够保证运输过程中水温、氧气及水质的恒定。

常用的活体储运设备主要有活鱼运输箱、活鱼运输罐、活鱼运输车、活鱼运输船等运输设备及与其配套使用的水体净化、杀菌、充氧等设备。近年来，随着智能化技术在水产品加工中的不断应用，智能控制系统也被集成到保活流通运输车内，其主体为嵌入式工控机，连接着智能数据采集器、无线数据传输模块、GPS 定位模块、驾驶室触控屏和智能控制系统触摸屏。驾驶室触控屏实时显示系统状况，系统通过无线数据传输模块能实现远程控制和数据传输，实现实时远程监控，通过 GPS 定位模块能实时监控运输地点和路线，控制从出发地至目的地的整个保活过程，从而实现整个运输过程中的可监可调可控。

13.4.2 水产品鲜活储运存在的问题

水产品种类繁多，保鲜储藏方法存在差异，主要的共性问题有保鲜成本高、不能广泛应用于生产,如纯天然的生物保鲜剂制作成本高、技术复杂;保鲜时间短,不能大幅度提高水产品的货架期,如一般的冰温和冷藏保鲜并不能有效延长水产品的货架期;保鲜过程中水产品营养流失大,如经过冻藏的水产品口感降低、营养价值损失。因水产品的品种不同、产地不同,其保鲜方法各异,选择合理有效的保鲜方法才是关键。此外,各种新型保鲜技术在水产品中的应用及其保鲜机理研究有待进一步深入,尤其是保鲜过程中水产原料的生化特性、品质变化以及优势菌群的探明,这将有助于从根本上对水产品的鲜度进行有效控制。

1. 水产品冷链流通体系尚不完善,冷链构建较分散,缺乏统一性

我国居民的饮食习惯倾向于直接购买活体水产品和冰鲜水产品,鲜销市场需求巨大,而我国国土辽阔,目前配套的保活保鲜与储运技术尚不能满足市场高存活率、高存活品质、高运输效率的要求。冷链物流是水产品保鲜、储运、加工过程中必不可少的关键环节,是保证水产品品质的必要条件。目前我国尚未建立完整的、可控可追溯的、标准化的从捕捞到消费者的水产品完整流通链体系,冷链断链现象时有发生。

水产品冷链较多的是集团性或企业独自性的配置,区域性、全国性的冷链网络尚未建立起来。片段分散式的冷链系统使得冷链标准无法连贯地执行,全程冷链温度记录无法发挥作用,冷链交替过程比较复杂;一般市场上冷链配置建设不完善,水产品物流设备比较落后,造成水产品品质损失较大,严重制约着我国水产品保鲜加工与流通业的发展。

2. 水产品保鲜储藏前,原料处理规模化、集中化程度不高

原料处理是水产品保鲜与加工的前道工序,原料品质的好坏直接影响着后续的保鲜、储藏与加工,目前水产品原料处理大多数还是采用人工方式,缺少连续快速的分级、去头、去鳞、去内脏、解冻等原料处理专用装备,劳动强度大,处理效率低,产品品质参差不齐,而且容易造成二次污染,不利于加工副产物的集中回收利用。采用机械化处理代替人工操作,开展原料的规模化、集中化处理,是水产品加工产业未来的发展趋势。

13.4.3 水产品鲜活储运装备的发展趋势

冷冻新技术:为了改善传统低温加工方式中海洋水产品的品质下降问题,目前的研究集中在快速冷冻技术上。常规冷冻过程中,缓慢的冻结速度和冰晶的形成会损害水产品的品质。因此,研究重点包括浸渍快速冷冻和液氮快速冷冻两种技术,以期通过提高冷冻速度来减少冰晶对产品的影响,从而提升水产品的质量。

解冻新装备:在解冻方面,研究者们正在探索多种新型解冻技术,包括喷射声空化场解冻、超声波解冻、射频解冻和高压脉冲解冻。这些技术旨在提高解冻效率,同时减小对水产品品质和营养成分的损害。

保鲜保活装备:为了保持水产品的活力和新鲜度,研发人员正致力于开发一系列新的保鲜技术和装备。这些技术包括无水保活、电麻醉保活和生态冰温保活等。其目的是延长水产品的保鲜时间,确保在运输和存储过程中保持其活力和优质状态。

冷链物流实时动态监测系统开发:为保障海洋食品的物流质量和安全,研究人员正在开发基于 RFID(无线射频识别)和 EPC(电子产品代码)物联网技术的水产品供应链追溯平台。这一实时动态监测系统可以通过无线网络监控水产品在运输、储藏和销售全过程中的质量安全,降低物流风险,并为保活运输工艺和系统的构建提供理论依据。

本章参考文献

[1] 农业农村部渔业渔政管理局. 中国渔业年鉴[M]. 北京:中国农业出版社,2021.

[2] 贾敬敦,朱蓓薇,张光军. 现代海洋食品产业科技创新战略研究[M]. 北京:科学出版社,2020.

[3] 欧阳杰,沈建,郑晓伟,等. 水产品加工装备研究应用现状与发展趋势[J]. 渔业现代化,2017,44(5):73-78.

[4] 李乃胜,薛长湖. 中国海洋水产品现代加工技术与质量安全[M]. 北京:海洋出版社,2010:404-443.

[5] 高翔,虞宗敢,周荣. 我国常用发酵饲料加工设备概述[J]. 粮食与饲料工业,2014(9):47-51,55.

[6] 欧阳杰,沈建. 中国贝类加工装备应用现状与展望[J]. 肉类研究,2014,28(7):28-31.